U0172210

·教育部人文社会科学研究规划基金项目『汉口原租界建筑装饰图形谱系研究』（项目批准号：16YJA760033）成果
·湖北省社科基金一般项目『汉口近代建筑装饰研究』（项目批准号：2019224）成果
·湖北省公益学术著作出版专项资金资助项目

汉口原租界建筑装饰

任康丽 著

華中科技大學出版社
http://press.hust.edu.cn
中国·武汉

图书在版编目(CIP)数据

汉口原租界建筑装饰/任康丽著. —武汉：华中科技大学出版社，2023.12(2024.5重印)

ISBN 978-7-5772-0206-8

Ⅰ.①汉… Ⅱ.①任… Ⅲ.①租界-建筑装饰-研究-汉口 Ⅳ.①TU241.5

中国国家版本馆 CIP 数据核字(2023)第 223076 号

汉口原租界建筑装饰 任康丽 著

Hankou Yuanzujie Jianzhu Zhuangshi

策划编辑：彭中军

责任编辑：狄宝珠

封面设计：孢 子

责任监印：朱 玢

出版发行：华中科技大学出版社(中国·武汉) 电话：(027)81321913

武汉市东湖新技术开发区华工科技园 邮编：430223

录 排：武汉创易图文工作室

印 刷：湖北新华印务有限公司

开 本：710 mm×1000 mm 1/16

印 张：27.25

字 数：534 千字

版 次：2024 年 5 月第 1 版第 2 次印刷

定 价：199.00 元

前言

一座城市的文化脉络，体现在历史建筑的细节上，有其文化自信的重要根基。作为从小生活在汉口原租界区的居民，不仅从内心里对这座历史文化名城满怀热情，而且因为那些独具特色的建筑记忆而感到自豪与荣耀。汉口镇生发于河口型沙洲之上，作为地理单元的“汉口地方”最早见于宋代黄干《勉斋集》中“本军城下并汉口共三千家”的记载；清同治《汉阳县志》中“明洪武间，汉口亦芦洲耳”，“嘉靖四年丈量，上岸有张天舜等房屋六百三十间”；嘉靖时汉口地方民居渐多始有街市，市镇初具规模；万历二十二年前，汉口因街成镇，渐成长江中游重要商埠，货集四方，与河南朱仙镇、江西景德镇、广东佛山镇并称全国四大名镇；清《广阳杂记》中也将汉口、北京、苏州、佛山共称“天下四聚”，当时河南、江西、四川、湖南、广西、云南等地货物，都在汉口转输。随着商业与文化交流活动的推进，汉口更为繁荣，演绎出多样共生的地域性传统建筑文化。

1851 年汉口开埠，汉口与上海、天津、广州、青岛成为中国五大商埠，外轮进入内江内河，沿汉口英租界河街出现多个洋码头。20 世纪初京汉铁路相继铺设，水陆交通趋向发达，使汉口成为联系国内市场与国际市场的现代都市。江轮、港轮能够从汉口抵达荷兰、德国、日本、美国、英国、比利时等国家，到 20 世纪初各国侨民纷纷来汉口开设洋行、银行及商业代办机构，致使西方的酒店、医院、剧院、公寓等不同类型的建筑在汉口相继出现，呈现风格迥异、多姿多彩的局面。汉口原五国租界区成为具有鲜明特色、中西方会聚的文化区。

目前，汉口原五国租界各类历史建筑成为武汉市重要的文化地标。尽管在城市现代化的时代背景下，这些历史建筑正面对着高楼大厦的视觉冲击，但其特有空间形态、装饰风格却成为地域性特色亮点。不仅研究者们在不断分析、扩展汉口建筑研究领域，了解那个时代汉口建筑工匠、材料、建筑构造技术等一系列建构问题，而且热衷汉口历史的城市居民也自发形成特定的研究团队，逐楼逐栋地考察、调研、挖掘这些近代建筑的历史文化奥秘与建筑艺术精髓。

汉口原租界建筑中装饰图形异彩纷呈，不仅融入内陆地区传统风格，而且还受到西方多个国家近代装饰风格影响，呈现出国际性、民族性、地域性的多元文化整合形式。从技术层面上看，汉口近代建筑装饰材料普遍务实，利用地方特有砖、瓦、红砂岩等材料表现出卓越的建造智慧，并能节约用料，讲究品质。

汉口近代建筑装饰多元呈现，其风格与审美表达还包括本民族固有传统形式与中西结合独特形式。在原租界区，西方建筑风格的巴洛克样式、洛可可图案、新古典主义、新艺术运动、现代装饰艺术等充分融合，其建筑装饰特征具有鲜明倾向，特别是在建筑女儿墙、檐口、外窗、墙面、外廊、拱券、柱式、楼梯、扶手等构造中，生动呈现。从装饰题材看，大多数为植物图像和几何图像，动物和人物图像也有发现，色彩清晰。研究这些带有典型特征建筑装饰图像来源、构造方式、材料特点，以及与之对应的图形象征性内涵都具有现实意义。希望这本书能给武汉古旧建筑保护再设计、施工、学术研究提供发掘汉口历史建筑新的视角，为汉口原租界历史建筑装饰图形理论研究提供明细资料，为建筑装饰风格再识别、材料技术科考提供实证内容，为中西方图形设计在建筑结构上的运用方法提供可视性参考，为科学规划、保护、修复、合理利用历史建筑提供多维度设计思路。

Preface

The cultural context of a city, reflected in the details of historical buildings, is an important foundation for its cultural confidence. As a resident who has lived in the original concession area of Hankou since childhood, I am not only passionate about this historical and cultural city from the bottom of my heart, but also proud and honored because of the unique architectural memories. Hankou is located in the sandbar with the river mouth. As a geographical unit, the "Hankou area" was first seen in Huang Qian's 《Mian Zhai Collection》 of the Song Dynasty, which recorded "there are three thousand households in the city of Hanyang and Hankou"; in the 《Hanyang County Chronicles of Tongzhi》 of the Qing Dynasty "During the Hongwu period of the Ming Dynasty, Hankou was reed area", "In the fourth year of Jiajing's reign measurements, there were 630 houses of Zhang Tianshun and others on the shore"; during the Jiajing period, there were more and more local residents in Hankou and markets and towns began to take shape; Before 1594, Hankou became a town due to its more streets. It gradually became an important commercial port in the middle valley of the Yangtze River. In the country with goods from all directions, it was one of the four famous towns along with Zhuxian Town in Henan, Jingdezhen in Jiangxi, and Foshan Town in Guangdong. It was also listed in 《Guangyang Miscellaneous Notes》 of the Qing Dynasty, Hankou, Beijing, Suzhou and Foshan were collectively known as the "Four Gatherings of Chinese Nation". At that time, products from Henan, Jiangxi, Sichuan, Hunan, Guangxi, Yunnan and other places were transferred through Hankou. With the advancement of commercial and cultural exchange activities, Hankou has become more prosperous, interpreting a diverse and symbiotic regional traditional architectural culture.

In 1851, Hankou opened the port. Hankou, together with Shanghai, Tianjin, Guangzhou and Qingdao, became the five major commercial ports in China. Foreign ships entered the inner rivers and many foreign ports appeared along the river street of the British Concession in Hankou. At the beginning of the 20th century, the Beijing-Hankou Railway was laid successively, and water and land transportation became more developed, making Hankou a modern city connecting the domestic market and the international market. River ships and ocean ships could reach the Netherlands, Germany, Japan, the United States, the United Kingdom, Belgium and other countries from Hankou. By the beginning of the 20th century, foreigners from various countries came to Hankou to open foreign companies, foreign banks and commercial agencies, Western hotels, hospitals, theaters and apartments. Different types of buildings have appeared one after another in Hankou, presenting a colorful and different style. The former Five-Nation Concession areas in Hankou have become a cultural area with distinctive characteristics and a gathering of both East and the West.

At present, various historical buildings in the former Five-Nation Concession in Hankou have become important cultural landmarks in Wuhan City. Although these historical buildings are facing the visual impact of high-rising buildings in the context of urban modernization, their unique spatial forms and decorative styles have become regional highlights. Not only are researchers constantly analyzing and expanding the field of Hankou architectural research, and understanding a series of construction issues such as Hankou's construction craftsmen, materials, and building construction techniques in that era, but also are urban residents who are passionate about Hankou's history and also spontaneously formed specific research teams to conduct research on each building one by one. We will inspect, research, and unearth the historical and cultural mysteries and architectural art essence of these modern buildings.

The decorative graphics in the original concession buildings in Hankou are colorful, not only incorporating the traditional inland styles and earlier colonial architectural styles, but also being influenced by the modern decorative styles of many Western countries, showing international, national and regional diversity. They reflects cultural integration imprint. From a technical perspective, Hankou's modern building decorative materials are generally pragmatic, showing excellent construction wisdom by using local materials, saving materials and paying attention to quality.

Hankou's modern architectural decoration is diverse and its style and aesthetic expression also include the nation's inherent traditional forms and the unique combination of Chinese and Western forms. In the original concession areas, Western architectural styles such as Baroque, Rococo, neoclassicism, Art Nouveau, and Art

Deco were fully integrated. Its architectural decorative features have a distinct tendency, especially in building parapets, cornices, exterior windows, walls, verandahs, arches, columns, stairs, handrails. Judging from the decorative themes, most of them are plant images and geometric images. Images of animals and figures are also found with clear colors. It is of practical significance to study the sources, construction methods, material characteristics and corresponding graphic symbolic connotations of these typical architectural decoration images. I hope that this book can provide a new perspective for the protection and renovation of Wuhan's historical buildings, design and construction and academic research, provide detailed information for theoretical research on decorative graphics of historical buildings in the original concession in Hankou and provide information for the re-identification of architectural decoration styles and scientific research on material technology. The empirical content provides a visual reference for the application of Chinese and Western graphic design on architectural structures and provides multi-dimensional design ideas for protection, restoration and rational utilization of historical buildings.

目录

第一章　汉口原租界历史建筑与风格类型 …………………………… (1)
1.1　汉口原租界历史建筑价值 ……………………………………… (2)
1.2　汉口原租界历史建筑类型 ……………………………………… (16)
1.3　汉口原租界建筑装饰风格 ……………………………………… (26)
第二章　汉口原租界领事馆、工部局建筑装饰 ………………………… (40)
2.1　原英国领事馆、工部局建筑装饰……………………………………… (43)
2.2　原美国领事馆建筑装饰 …………………………………………… (53)
2.3　原俄国领事馆、工部局建筑装饰……………………………………… (56)
2.4　原法国领事馆、工部局建筑装饰……………………………………… (62)
2.5　原德国领事馆、工部局建筑装饰……………………………………… (69)
2.6　原日本领事馆、工部局建筑装饰……………………………………… (79)
第三章　汉口原租界洋行建筑装饰 ……………………………………… (83)
3.1　汉口洋行建筑装饰特征 …………………………………………… (87)
3.2　原英租界洋行 ……………………………………………………… (93)
3.3　原俄租界洋行 …………………………………………………… (131)
3.4　原法租界洋行 …………………………………………………… (141)
3.5　原德租界洋行 …………………………………………………… (149)
3.6　原日租界洋行 …………………………………………………… (159)
第四章　汉口原租界银行建筑装饰 …………………………………… (170)
4.1　早期外廊式银行建筑装饰 ……………………………………… (178)
4.2　巴洛克风格元素银行建筑装饰…………………………………… (191)
4.3　新古典主义风格元素银行建筑装饰……………………………… (217)
4.4　Art Deco 风格银行建筑装饰 …………………………………… (270)

4.5 折中主义风格银行建筑装饰 …… (282)
第五章 汉口原租界公寓建筑装饰 …… (293)
5.1 原英租界公寓建筑装饰 …… (295)
5.2 原俄租界公寓建筑装饰 …… (313)
5.3 原法租界公寓建筑装饰 …… (331)
5.4 原日租界公寓建筑装饰 …… (334)
第六章 汉口原租界公馆(故居)建筑装饰 …… (339)
6.1 原英租界公馆 …… (342)
6.2 原俄租界公馆 …… (351)
6.3 原法租界公馆 …… (369)
附录 …… (381)
附录A 汉口原租界洋行、航运、公寓、娱乐建筑一览表 …… (382)
附录B 汉口原租界区建筑结构、材料一览表 …… (393)
附录C 汉口原租界区建筑墙面、地面艺术装饰一览表 …… (400)
附录D 汉口原租界建筑装饰图形一览表 …… (403)
附录E 汉口轮船公司旗帜图形 …… (409)
参考文献 …… (410)
后记 …… (420)

Contents

Chapter 1　Historical Buildings and Styles in the Original Concession of Hankou in the Republic of China Era …… (1)

1.1　Value of Historical Buildings in the Original Concession of Hankou …… (2)

1.2　Historical Building Types in the Original Concession of Hankou …… (16)

1.3　Architectural Decoration Styles in the Original Concession of Hankou …… (26)

Chapter 2　Architectural Decoration of the Consulate and the Municipal Council in the Original Concession of Hankou …… (40)

2.1　Architectural Decoration of the Original British Consulate and the Municipal Council in Hankou …… (43)

2.2　Architectural Decoration of the Original U. S. Consulate in Hankou …… (53)

2.3　Architectural Decoration of the Original Russian Consulate and the Municipal Council in Hankou …… (56)

2.4　Architectural Decoration of the Original French Consulate and the Municipal Council in Hankou …… (62)

2.5　Architectural Decoration of the Original German Consulate and the Municipal Council in Hankou …… (69)

2.6　Architectural Decoration of the Original Japanese Consulate and the Municipal Council in Hankou …… (79)

Chapter 3　Architectural Decoration of the Foreign Companies in the Original Concession of Hankou …… (83)

3.1　Architectural Characteristics of Foreign Companies in Hankou …… (87)

3.2　Foreign Companies in Original British Concession …… (93)

3.3　Foreign Companies in Original Russian Concession …… (131)

3.4 Foreign Companies in Original French Concession …… (141)

3.5 Foreign Companies in Original German Concession …… (149)

3.6 Foreign Companies in Original Japanese Concession …… (159)

Chapter 4 Architectural Decoration of the Banks in the Original Concession of Hankou …… (170)

4.1 Decoration of Early Banks within Outer Corridor …… (178)

4.2 Decoration of Baroque Banks …… (191)

4.3 Decoration of Neoclassical Banks …… (217)

4.4 Decoration of Art Deco Banks …… (270)

4.5 Decoration of Eclectic Banks …… (282)

Chapter 5 Architectural Decoration of Apartments in Hankou in the Republic of China Era …… (293)

5.1 Architectural Decoration of Apartment in the Original British Concession …… (295)

5.2 Architectural Decoration of Apartment in the Original Russian Concession …… (313)

5.3 Architectural Decoration of Apartment in the Original French Concession …… (331)

5.4 Architectural Decoration of Apartment in the Original Japanese Concession …… (334)

Chapter 6 Architectural Decoration of Mansions in Hankou in the Republic of China Era …… (339)

6.1 Architectural Decoration of Mansions in the Original British Concession …… (342)

6.2 Architectural Decoration of Mansions in the Original Russian Concession …… (351)

6.3 Architectural Decoration of Mansions in the Original French Concession …… (369)

Appendix …… (381)

Appendix A Tables of Foreign Companies, Shipping, Apartment, Mansion and Entertainment Architectures in the Original Concession of Hankou …… (382)

Appendix B Tables of Building Structures and Materials in the Original Concession of Hankou …… (393)

Appendix C Tables of Wall and Floor Art Decoration of Buildings in the Original Concession of Hankou …… (400)

Appendix D Tables of Architectural Decoration Patterns in the Original Concession of Hankou …… (403)

Appendix E Tables of Steamship Company Flag Graphics of Hankou …… (409)

References …… (410)

Postscripts …… (420)

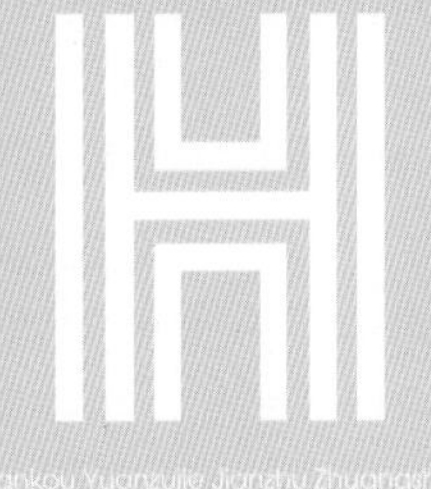

第一章

汉口原租界历史建筑与风格类型

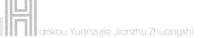

1858年6月《天津条约》签订，中国增辟十个通商口岸，汉口在列。“1861年3月，英国最先与汉口通商并建立租界。美、法、德等国也相随在汉口通商。同治年间，在汉口通商的有丹麦、荷兰、西班牙、比利时、意大利、奥地利、日本、瑞士、秘鲁。光绪年间还有巴西、葡萄牙、刚果在汉通商。”[①]第二次鸦片战争后，外国来汉通商的国家多达20多个，汉口逐渐由一个典型的内陆封闭型城市转变为开放型国际都市。目前，原五国租界区遗留下来的历史建筑类型多样、风格独特，体现在建筑装饰上，内容丰富，是汉口城市社会生活变迁的细微缩影，具有时代史料印迹和建筑艺术研究价值。（图1-1）

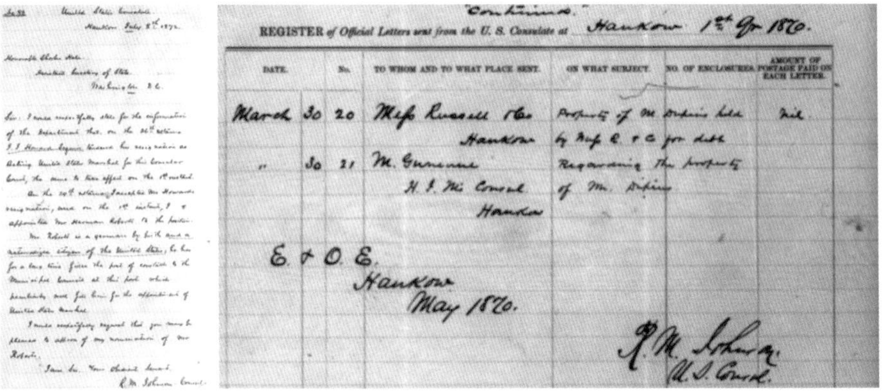
REGISTER of Official Letters sent from the U. S. Consulate at Hankow

DATE.	No.	TO WHOM AND TO WHAT PLACE SENT.	ON WHAT SUBJECT.	NO. OF ENCLOSURES.	AMOUNT OF POSTAGE PAID ON EACH LETTER.

图1-1　美国领事签署的商贸报表及信函

（图片来源：美国UTEP图书馆）

1.1
汉口原租界历史建筑价值

汉口近代租界建筑，是那个时代留给城市最有力的实证，其历史建筑核心价值与租界中各类人物、事件有着密切关联。对于原五国租界中历史建筑的研究与解读，需要从多维度进行，如对历史建筑的设计时间、设计者、图纸原稿、施工详情、居住者信息、历史大事件等均需要建立详细的历史建筑档案库，其中，针对建筑装饰部分的工作需非常细致，对于汉口历史建筑的保护与更新具有重要意义。

① 皮明庥，邹进文.武汉通史·晚清卷(上)[M].武汉：武汉出版社，2006：90.

另外，关于汉口历史建筑装饰的变迁原因，以及当时国际上流行的建筑风格、五国租界建筑业的发展状况等需要做出具体分析，这样才能对这些历史建筑是在何种社会条件下形成的独特风格做出准确判定。汉口原五国租界历史建筑见证汉口近代建筑的开端、发展、高潮、衰落，同时也丰富地呈现出中国近代大都市建设过程中各类建筑装饰材料、审美要素形式、施工技术方法，以及中外建筑师的文化背景、设计内涵等多方面内容。重构、融合、更新、再造，历史建筑赋予城市独特的风貌，随着时间流逝，这些近代留存数量多且类型丰富的建筑，其深厚的文化财富也将为武汉这座历史名城发挥新的历史作用。

1.1.1 汉口五国租界建筑形成

1861 年汉口开埠成为对外通商口岸，经济迅速发展，由于水陆交通便利，汉口成为内陆最重要的货物集散中心之一，各国商人陆续在长江沿岸兴建各类加工厂、打包厂、砖茶厂等，汉口镇的城市面貌逐步发生变化。汉口开埠后成为仅次于上海的国际性大都市，被誉为“东方的芝加哥”，码头航运业发展迅速，汉口的经济贸易、城市建设进入高速发展阶段，尤其是以原五国租界的洋码头区域为主体的建筑空间形态孕育出近代码头文化风貌，见证汉口沿江码头区域从荒芜到繁荣的过程。（图 1-2、图 1-3）1863 年，英国宝顺洋行在汉口建造出沿江第一个“洋码头”[①]宝顺码头。1871 年俄国人在汉口俄租界沿江建立顺丰砖茶厂及码头，其他国家也在汉口租界沿江区域修建各类方便运输货物的码头，那时将汉口货物运输到荷兰、美国、日本等世界各国，码头设有趸船，沿长江建有轮船公司，形成集办公、货运、仓储、运输为一体的复合型沿江工业建筑群。租界内开设领事馆、洋行、银行，并建立教堂等各类建筑，其风格各异、鳞次栉比，为汉口城市建设兴盛打下基础。目前，汉口早期俄国砖茶厂、英国货栈、美国领事馆等建筑在沿江地带还有遗存，其造型典雅、材料构筑稳固，是汉口城市历史建筑风貌的亮点。1865 年，麦加利银行在英租界建立，是汉口第一栋外商银行建筑。随后，英国工部局、巡捕房等相继设立。同年，法国在英租界建领事馆。这些建筑多为两至三层外廊式风格，砖木结构居多。1895 年，德、俄、法、日相继在汉口划定租界，1898 年以后纷纷“越界筑路”，扩展租界。[②] 美国、意大利、比利时、丹麦、荷兰、瑞典等国也来汉设领事署，原五国租界内外廊式建筑风格发展为西方各

① 洋码头：汉口开埠以后其他国家在长江沿岸设立的轮船码头。

② 《汉口租界志》编纂委员会. 汉口租界志[M]. 武汉：武汉出版社，2003：32.

图 1-2　汉口原租界区江滩景观

（图片来源：《The Illustrated London News》，Oct. 5，1889）

图 1-3　汉口江滩原租界区建筑群

（图片来源：Photograph by John Thomson，ca. 1870. https://www.jstor.org/stable/community.24881988）

国的古典主义风格。

当时，外国洋行还在武汉兴建了 20 多个出口商品加工厂，涉及制茶、面粉、肉禽等加工业务。（图 1-4）洋行建筑、工业建筑也相继发展，洋人还倡导铺设粤汉铁

图 1-4　太古洋行航运广告及早期怡和洋行货栈

（图片来源：《Glimpse of China》《Twentieth century impressions of Hong Kong, Shanghai, and other treaty ports of China: they are history, people, commerce, industries, and resources》）

路、设置江汉关税务司以适应开埠和商务需求，为武汉的间接贸易和直接贸易提供便捷服务。开埠使汉口崛起为万商云集的国际化大都市，之后，大量外资银行建筑、洋行建筑、工业建筑、居住建筑拔地而起。

1.1.2　汉口租界地域扩展

各国租界自建立之日起就不断扩张，“1898 年扩界后的英租界东南至长江边，西南从江汉关至今后花楼街北口，东北至合作路，西北至中山大道”①。法、德、日三国租界也都进行着拓展，各国在租界内改建马路、修建工部局、派设巡捕，汉口租界面积增至 3000 亩左右，沿江长达 3.6 千米。同时，外国商民还在界外修建占地数百亩的跑马场，日本军队在界外建立可驻扎数千士兵的兵营，形成“租界外的租界”。至此，汉口沿江地段基本成为外国租界地，并按照欧洲城市规划思想进行建设。各国租界既相互独立，又具有一定协调性，影响和改变着近代武汉的城市

① 《汉口租界志》编纂委员会. 汉口租界志[M]. 武汉：武汉出版社，2003：33.

空间格局，汉口从一个沿河发展的封建内向型市镇转变为沿长江发展的半殖民地近代大都市。(图 1-5)

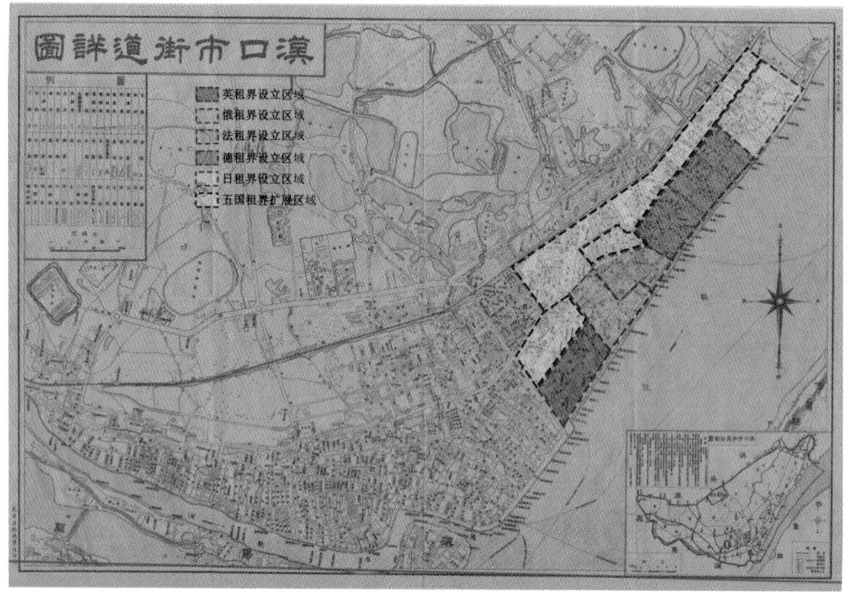

图 1-5　汉口五国租界设立区域及扩展区域

(图片来源：1938 年汉口市街道详图上改绘)

英、德、俄、法、日五国在汉口沿江租界区域划分如下：

英租界：1861 年 3 月 21 日，英国驻华使馆参赞巴夏礼(Harry Smith Parkes)与湖北布政使唐训方订立《汉口租界条款》，汉口的第一块外国租界地开始设立。[①] 1898 年 8 月 31 日，英国与清政府正式订立《英国汉口新增租地条款》。两次租地合计 795.33 亩，扩界后的英租界范围，东面沿江从江汉关起到今合作路止，西面沿今中山大道自江汉路起至合作路止，南至太平街(今江汉路至鄱阳街段)，越过鄱阳街，伸展到今中山大道边。

德租界：甲午中日战争后，俄、德、法借口干涉日本归还辽东半岛有"功"，取得在汉口划定租界的特权。1895 年 10 月 3 日，湖北汉黄德道兼江汉关监督恽祖翼与德国驻上海领事施妥博(O. V. Struebel)在汉口订立《汉口租界条款》。1898 年 8 月 27 日，清政府与德国修订了《汉口租界界地》，规定"议得德国租界，准顶到通济门(当时汉口的一个城门，大概位置在今一元路政府礼堂北面，1907 年拆除)外

① 费成康. 中国租界史[M]. 上海：上海社会科学院出版社，1991：26.

城根，所有前留护城余地及后段空地增入租界，前自江边城脚中间起，抵后面深120丈为止，前宽12.5丈，后宽25丈"[①]，德租界实际面积达到636.83亩。1917年第一次世界大战期间，北京政府对德宣战，决定对德、奥在华的一切权利概予没收，由此德租界成为最早收回的租界。汉口原德国租界西南起自一元路，北抵六合路，东南临长江，西北抵中山大道。

俄租界：俄租界与英租界毗连。1896年4月，沙俄、法国以干涉日本归还辽东半岛有"功"为由，同时要求在汉口设立租界。6月2日，俄国驻汉领事与江汉关监督瞿廷韶签订《俄国汉口租界条款》。俄租界占地414.65亩，上自今合作路起与英租界相邻，下到今黎黄陂路与黄兴路之间；西靠今中山大道，东抵江边。[②] 1897年12月9日，俄国领事与江汉关监督瞿廷韶签订《俄国汉口永租江岸地基条约》，规定坐落在江边的四段地基共61.78亩永租给俄国。扩界后，汉口俄租界面积为0.27平方千米。

法租界：1896年6月2日，法国驻汉领事与瞿廷韶签订《法国汉口租界条款》。法租界与德租界相接。法租界占地187亩，沿江岸上起俄租界(今车站路东段)，下至德租界通济门止；在大路之内，西南自俄租界起，东北抵今一元路城墙止。[③] 1902年11月12日订立《汉口展拓法租界条款》，新拓展的租界包括现在的长清里、德兴里、庆平里、三德里、海寿里、复兴街、如寿里，以及车站路至黄兴路一段，新增面积185亩，合计372亩。1902年以后，法租界向北扩展到大智门附近。

日租界：日租界占地面积仅次于英租界。1898年7月16日，湖北按察使汉黄德道兼江汉关监督税务瞿廷韶与日本驻上海总领事代理小田切万寿之助正式签订《汉口日本租界专管条款》，议定汉口日租界区域为：从德租界北首起，沿江下行100丈，东起江口，西北抵达卢汉铁路；南首从六合路起，北抵今郝梦龄路，东到江边，西到中山大道，占地面积247.5亩。[④] 1907年2月9日，中日双方签订《日本添拓汉口租界条约》，从今张自忠路向北拓展150丈，新增面积375.25亩，总面积达到622.75亩。

1907年，汉口五国租界的总面积达到20000平方千米，其租界边界或筑砖墙，或立铁栅，或以道路为标记，与华界隔离。华人进出租界如出入国境，租界内有一套完整的政治制度，同时也有宽敞的道路和现代化设施。西式洋楼连延相接，建筑装饰

---

① 《汉口租界志》编纂委员会. 汉口租界志[M]. 武汉：武汉出版社，2003：31.

② 费成康. 中国租界史[M]. 上海：上海社会科学院出版社，1991：29.

③ 费成康. 中国租界史[M]. 上海：上海社会科学院出版社，1991：30.

④ 费成康. 中国租界史[M]. 上海：上海社会科学院出版社，1991：31.

风格显示出各国的营造特点。作为长江中游的一个航运枢纽，租界内进出口贸易繁荣，随着租界地的扩展，工厂厂房也相继增多。除了在英租界内建有大量码头和货栈外，日租界内建有油栈，德租界内建有电厂等大型工业厂房。民国初年，罗汉在《汉口竹枝词 · 轮船码头》中写道："招商太古到怡和，又向华昌大阪过。海船江轮排似节，大船争比小船多。"①从中可以发现当时汉口租界码头后面有洋行、外轮、工厂，对繁荣城市经济产生重要的商业价值。码头建筑密集是一个广泛的社会概念，码头文化的实质也是在水运贸易过程中形成的，货物通过码头进出口转换其商业价值，汉口船运业的发展也使得五国租界内的洋行建筑、轮船公司日益兴盛。

1917 年中国对德宣战，德租界被收回。此后不久，1925 年俄租界也被收回。1927 年英租界被收回并设立第三特别区，1945 年日租界和法租界也分别被收回。由于战争原因，租界内的经济活动、交通运输、工业生产和各项建设均停滞，直到 1949 年新中国成立。

1.1.3 租界道路格局与街区风貌

近代汉口租界与汉口老城区紧密相邻，以江汉路为界，租界区的道路系统基本上是与长江平行或垂直，呈网格状布局。五国租界相互毗连，并由南北向的河街(今沿江大道)、洞庭街、鄱阳街、胜利街四条主街将租界地深入连接。虽然汉口五国租界开辟时间先后不一，建筑风格也有所不同，但是在道路格局的建设上保持着一致，至今仍在沿用。(图 1-6)

图 1-6 英租界河街及码头环境

(图片来源：https://www.dailymail.co.uk/ushome/index.html)

① 徐明庭，张振有，王钢. 民初罗氏 汉口竹枝词校注[M]. 武汉：武汉出版社，2011：11.

最早开辟的英租界道路系统奠定了其他四国租界街区路径的基本格局。总体上看，租界区道路均呈矩形或菱形网格状布局。其中，纵向道路与长江平行，为主干道，横向街道与长江垂直，为次干道，道路较多。[①] 相对于汉江边复杂的“鱼骨形”街道，租界内的街道更为宽敞、洁净，主要街道一般宽 12 至 15 米，有些空间设计街道中心花园，保证公共区域有足够的休闲空间，道路两旁建筑一般都向后缩 1 至 3 米，留出足够大的车行空间。租界内各道路功能性质也有不同，主要分为交通性街道、步行商业街、生活性街道、滨江步行道。（表 1-1）

表 1-1　汉口原五国租界道路名称、数量统计（作者自绘）

（数据参考哈佛大学图书馆收藏《1934 年汉口市土地区图一览图》和 1991 年 2 月出版的《武汉市志·外事志》）

<table>
<tr><th rowspan="2">租界区</th><th colspan="2">平行于长江的道路</th><th colspan="2">垂直于长江的道路</th></tr>
<tr><th>原道路名称</th><th>总计</th><th>原道路名称</th><th>总计</th></tr>
<tr><td rowspan="9">英租界</td><td rowspan="2">河街（今沿江大道，江汉路至合作路段）</td><td rowspan="9">6 条</td><td>太平街（今江汉路江边至鄱阳街段）</td><td rowspan="9">9 条</td></tr>
<tr><td>歆生路（今江汉路，鄱阳街至中山大道段）</td></tr>
<tr><td>洞庭街（今洞庭街，江汉路至合作路段）</td><td>怡和街（今上海路）</td></tr>
<tr><td>领事街（今洞庭街，天津路至合作路段）</td><td>阜昌街（今南京路江边至中山大道段）</td></tr>
<tr><td>鄱阳街（今鄱阳街，天津路至合作路段）</td><td>华昌街（今青岛路）</td></tr>
<tr><td>湖南街（今胜利街，江汉路之合作路段）</td><td>北京街（今北京路）</td></tr>
<tr><td rowspan="3">湖北街（今中山大道，江汉路至黄石路段）</td><td>宝顺街（今天津路江边至鄱阳街）</td></tr>
<tr><td>天津街（今天津路，中山大道至鄱阳街段）</td></tr>
<tr><td>界限街（今合作路）</td></tr>
</table>

① 李媛媛. 城市文化遗产的保护与更新——以汉口原租界风貌区为例[J]. 歌海，2021，(03)：111-119.

续表

<table>
<tr><th rowspan="2">租界区</th><th colspan="2">平行于长江的道路</th><th colspan="2">垂直于长江的道路</th></tr>
<tr><th>原道路名称</th><th>总计</th><th>原道路名称</th><th>总计</th></tr>
<tr><td rowspan="5">俄租界</td><td>一德街(今沿江大道,合作路至车站路段)</td><td rowspan="5">5条</td><td>界限街(今合作路)</td><td rowspan="5">5条</td></tr>
<tr><td>鄂哈街(今洞庭街,合作路至车站路段)</td><td>列尔宾街(今兰陵路)</td></tr>
<tr><td>中国街/开泰街(今鄱阳街,合作路至黎黄陂路段)</td><td>铁路街(今黎黄陂路)</td></tr>
<tr><td>玛琳大街(今胜利街,合作路至黎黄陂路段)</td><td>领事街(今洞庭小路)</td></tr>
<tr><td>亚历山大街(今中山大道,合作路至黄兴路段)</td><td>银行街/威尔逊街(今车站路,沿江大道至洞庭街段)</td></tr>
<tr><td rowspan="6">法租界</td><td>法兰西大街/河南街(今沿江大道,车站路至临近一元路段)</td><td rowspan="6">6条</td><td>新街(今海寿街)</td><td rowspan="6">6条</td></tr>
<tr><td>吕钦使街(今洞庭街临近黎黄陂路段,至临近一元路段)</td><td>克勒满沙街(临近原大智门火车站,中山大道至京汉大道段)</td></tr>
<tr><td>德托美领事街(今胜利街临近黎黄陂路段,至临近一元路段)</td><td>巴黎街(今黄兴路)</td></tr>
<tr><td>霞飞大将军街(今岳飞街)</td><td>玛玺理大街(今车站路,中山大道至洞庭街段)</td></tr>
<tr><td>亚尔沙罗兰尼省街(今中山大道段,黄兴路至临近一元路段)</td><td>福熙将军街(今蔡锷路)</td></tr>
<tr><td>玛尔纳得胜纪念街(今友益街,车站路至临近一元路段)</td><td>威尔逊街(今车站路,洞庭街至沿江大道段)</td></tr>
</table>

续表

租界区	平行于长江的道路		垂直于长江的道路	
	原道路名称	总计	原道路名称	总计
德租界	汉江街、江岸街（今沿江大道，一元路至六合路段）	3 条	皓街（今一元路）	10 条
	胜利街（今胜利街，一元路至六合路段）		福街（今二曜路）	
	汉景街（今中山大道，一元路至六合路段）		禄街（今三阳路）	
			寿街（今四唯路）	
			宝街（今五福路）	
			实街（今六合路）	
			青岛路（今一元小路）	
			胶州路（今二曜小路）	
			山东路（今四唯小路）	
			萍乡路（今五福小路）	
日租界	河街（今沿江大道临近六合路至卢沟桥路下首段）	6 条	山崎街（今山海关路）	9 条
	中街（今胜利街临近六合路至旅顺路折转至长春街末端）		成忠街、东小路（今张自忠路）	
	大和街（今胜利街，郝梦龄路至卢沟桥路段）		大正街（今为卢沟桥路）	
			南小路（今为陈怀民路）	
	平和街（今中山大道，卢沟桥路至陈怀民路段）		北小路（今为沈阳路）	
	西小路（今长春街，陈怀民路至刘家祺路段）		夔昌小路（今郝梦龄路）	
			上小路（今旅顺路）	
			中小路（今大连路）	
			新小路（今刘家祺路）	

五国租界中建造的洋行、银行、里份、别墅、公馆、官邸等分布在沿长江的“河街”和主要街道。租界区的街道经历过几次大的改造，一些道路两边种植了行道树，楼前种植有草坪，最初这些道路是土路和石板路，后铺设石灰三合土人行道，在此基础上又改造为水泥三合土人行道。20 世纪初，开始有碎石路、石沙路。至 20 世纪 20 年代，以柏油、石沙混合的油渣马路取代石沙路。1937 年租界开始铺设沥青路面，原租界荒凉的江滩被笔直宽阔的马路，鳞次栉比的花园洋房，现代的排水、供电、医疗、邮政、娱乐等完善的城市设施所取代。在江边河街一带还建有河滩花园，仿造西式公园设计大草坪，道路宽敞美观，种植柳树、杨树、梧桐等，并对行道树做定期维护，每年冬季还对树木涂刷石灰水，以防虫害。各国工部局对租界内的道路清洁、道路洒扫、灰渣搬除也承担相应责任，建立制度，汉口租界区呈现出较为现代化的城市公共空间管理格局。（图 1-7、图 1-8、图 1-9）

图 1-7　原英租界与华界相邻风貌

（图片来源：https://www.douban.com/event/photo/422894631/#next_photo）

图 1-8 原德租界江边街景

(图片来源:ebay 网)

图 1-9 原俄租界、日租界河街风貌

(图片来源:《那个年代的武汉 晚清民国明信片集萃》)

1.1.4 租界内人口数量与结构

汉口开埠以前,在汉的外国人主要是传教士、游历者及从事茶叶贸易的俄国商人。汉口开埠以后,外国商人、领事馆官员及他们的眷属、传教士、医生等各类人员纷纷来到汉口。从数量上看,商人居多。据《武汉市志 · 外事志》记载,"汉口外侨人数:1861 年为 40 人,1862 年 127 人,1863 年 150 人,1864 年 300 人。到

1892 年，在各国领事馆注册的外国公司 45 家，外国人 374 人”[①]。(图 1-10)

图 1-10　汉口跑马场 1878 年活动

(图片来源:《博览中华图志》)

1895 年起，德、俄、法、日租界相继设立，以及汉口对外进出口贸易的发展，在汉口租界居留的外国人数量大增。1910 年，英租界人口增加到 1061 人，商民有 309 人；德国随着西门子洋行、礼和洋行等相继在汉口开设分行，各类商贸服务人员迅速增加至 235 人；俄商虽然来得最早，数量却不多，1910 年仅有 34 人，以后逐年增加；法商最少，1910 年前只有 16 人；日本人到汉口经商比西方列强都要晚，日租界建立后，驻汉总领事水野幸吉向日本朝野极力鼓吹经营汉口，促使一批日本商民抵汉，日侨达 1079 人，总人数在外侨中跃居第一。1917 年以后，德租界、俄租界、英租界相继被收回，汉口租界的外侨人数由巅峰时期的 4500 人，减至 1927 年的 1300 人。租界内的人口结构也发生变化，居住在俄、德、英租界的人员开始流向法租界。法租界成为达官显贵、富户巨室以及各类边缘人员争相往赴的地方，五方杂处，人员众多。(表 1-2)

① 武汉地方志编纂委员会. 武汉市志・外事志[M]. 武汉：武汉大学出版社，1991.

表 1-2　原五国租界外商、外侨人数统计(表格数据来源:作者自绘)

租界区	1891 年	1910 年		1928 年		1937 年	1939 年
	商人人数	总人数	商人人数	总人数	商人人数	总人数	总人数
英租界	151	1061	309	344	—	239	—
德租界	—	235	47	280	106	—	—
俄租界	41	79	34	399	—	52	200
法租界	16	91	16	570	—	481	318
日租界	10	1079	244	1910	—	1984	1241

第一次世界大战爆发后,中德之间的贸易被英、法切断,许多德国侨民回国参战。德租界被收回后,德侨减至 40 余人。十月革命后俄租界被收回,大量俄商依然留在汉口,人数不仅没减少,反而呈增长之势。1927 年英租界被收回后,在汉的英国侨民大幅减少。德商 1928 年又增至 106 人。1929 年,居留在汉口租界的俄国侨民仍有 179 人,其中三分之一都是拥有资产的商人或是原俄租界驻汉口领事官员。1937 年,居留在汉口的外国人共有 3938 人,其中日侨 1894 人,占整个外侨人数的一半左右。“1938 年 10 月汉口沦陷后,仍有不少英侨、美侨滞留武汉。太平洋战争爆发后,英、美外侨被日军驱赶至无一人,但仍有德、法、意等国侨民 722 人。抗日战争胜利后,汉口有外侨 15 288 人,其中日本人占大多数。”[①]1945 年日本投降后,日侨人数有 1 万多人。租界最初不准中国人居住和购置房产,后来,随着华洋互市的加剧,租界里“挂旗”[②]行为增多,加上租界当局为了繁荣市面、增加税收,对华人居留租界放宽限制,因而租界里居留的中国人逐渐增多,远远超过外籍人口。

1911 年辛亥革命后,大批华人涌入租界,导致租界内拥挤不堪,尤其是英租界。国内的战乱又进一步促使华人大量涌入租界,到了 20 世纪 30 年代,除日租界外,在其他四国租界的人口构成中,华人已大大超过外国人。1923 年,汉口法租界的总人口达 8787 人,其中华人多达 8250 人,占总人口的 93.9%,外国人只有 537 人,其中法国人只有 52 人。1928 年,法租界的总人口突破 1 万人,居汉口各租界人口数量首位。抗日战争时期,法租界人口继续骤增。到 1938 年底,大批中国难民前往法租界避难。此时,华人在法租界总人口中的比例已经达到 99%,已经成为法租界人口的主体(表 1-3)。租界中华人多是中上层绅商、买办、工商业主阶

① 《汉口租界志》编纂委员会.汉口租界志[M].武汉:武汉出版社,2003:3.

② “挂旗”是旧时华人在租界内购置房产的一种业务规定,属于私有房地产经营,在武汉等地称为“挂旗经租”,在天津等地称为“契证托管”,取其挂外国招牌的含义。

层。此外,失意的政客、携款而来的军阀、前清的遗老遗少、当时的文化名流也在租界内兴建公馆。租界中的建筑装饰十分多元,设计中也充分结合中国传统文化内涵,丰富且尺度协调。

表 1-3 原法租界人口构成(表格数据来源:《汉口租界志》,作者自绘)

人口构成	1928 年	1934 年	1936 年	1937 年	1938 年
外国人	570	575	541	479	490
中国人	11 899	12 259	14 890	22 651	47 081
合计	12 469	12 834	15 431	23 130	47 571
中国人占比	95%	96%	96%	98%	99%

1.2 汉口原租界历史建筑类型

中国近代建筑产生于一个特殊的历史时期,是外来建筑形式在中国的演变与多样发展。一方面,中国传统建筑文化继续保留,另一方面,西方外来文化迅速传播,两者的碰撞、交叉、融合,构成中国近代建筑文化的主线。这些历史建筑的构建形成是近代汉口现代城市的开端,标志着中国一个特殊时期的到来。汉口的英、俄、法、德、日五国租界地,随着租界区域不断繁荣,在建筑设计与施工技术上逐渐走向成熟,具有较高历史价值和艺术价值。汉口原五国租界区的建筑类型繁多,艺术风格各异,反映出不同时代的文化背景与建筑装饰内涵。

1.2.1 金融建筑

1863 年,英国麦加利银行在汉口率先开业,有着划时代意义,从此外商银行在租界区不断兴建大楼,德国、俄国、美国、法国、日本等先后在汉口设立银行机构,至 1920 年,西方银行多达 18 家,包括日本横滨正金银行、英国汇丰银行、美国花旗银行等。这些银行在中国享有发钞权,以经营外汇为主,通过业务办理,积存大量黄金白银,然后秘密运出汉口。虽然外商银行在经济资源上给汉口带来了负面影响,但同时也协助各洋行、商行在汉口发展业务,促进商业繁荣、资金流通,在一定程度上推进租界地的经济发展,使汉口租界成为武汉三镇的金融中心,乃至华中地区的商业中心。(图 1-11)

图 1-11　华俄道胜银行侧立面及顶部塔楼装饰

（图片来源：《Glimpse of China》改绘；汇丰银行网站）

张之洞督鄂期间，除吸引外国资本之外还大力扶持国内工商业。20 世纪初，中国银行（大清银行）等现代金融机构陆续成立，成为近现代城市发展的重要支柱。汉口沿江一带租界，曾经聚集过 20 多家外国银行和众多本国银行，成为内地最大的金融中心。汉口租界中的金融建筑，少数银行建筑为砖混结构，绝大多数为钢筋混凝土结构。建筑装饰风格受其建造年代的影响与欧美建筑风格同期发展，具有一定的国际性。

1861 年至 1920 年，正值西方古典主义流行的末期，西方银行在汉口建造的金融建筑基本都遵循欧洲的古典主义风格——古典三段式结构，配以西方柱式、拱券外廊、穹顶塔楼等。这些耸立于汉口租界内的金融建筑，总体上遵循当时风行的古典主义建筑风格，但它们也有着各自不同的特点。其原因包括建造施工者不同、持有者不同，所属国家不同而形成的建筑风格差异，以及资金投入的多寡等。至今，这些保留的银行建筑仍是研究武汉历史建筑优良的实体教科书，也是汉口具有特色的标志性近代建筑。（图 1-12、图 1-13）

图 1-12　横滨正金银行大屋顶和汇丰银行建筑装饰

（图片来源：Flickr 网站）

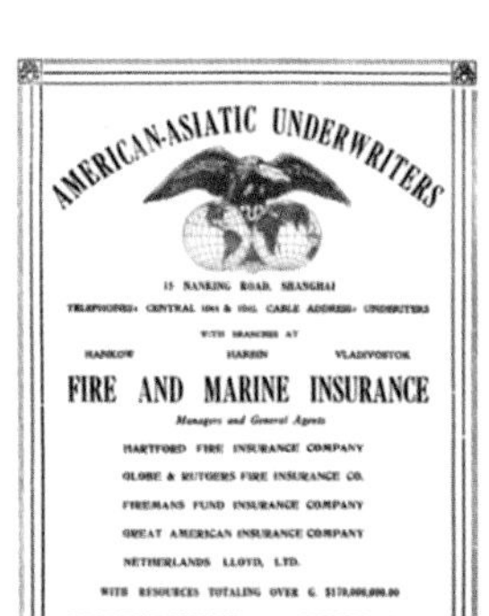

图 1-13 美国 1919 年《密勒氏评论报》花旗银行广告，标明汉口分行行址；1908 年汉口花旗银行发行的伍元纸币

（图片来源：史密森尼学会钱币收藏网站）

1.2.2 商业建筑

汉口深居内陆，明清时期开始沿着汉水河道进行航运，商业货船通往陕西、河南等地。开埠后，汉口的商业更为繁荣。1905 年，汉口外国商行达 250 家，1910 年，对外贸易额为白银 1.3 亿两，外贸总量居全国第二位，仅次于上海。商业的发展使得洋行在汉口的数量与日俱增，相继建立不同的分支机构，当时进出口洋行的总行一般都设在香港和上海，汉口为分行或支行。（图 1-14、图 1-15、图 1-16、图 1-17）

图 1-14 长江与汉江交汇处繁荣的航运商业景象；龙王庙码头老照片

（图片来源：1914 年《Chin hsing(forward march)in China》；ebay 网）

图 1-15　汉口繁荣的太平路商业街(今江汉路);
英租界太平洋行 1919 年广告;太平洋行历史照片

(图片来源:《The World's Work》; 1919 年《China》;
《Journal of Environment & Art》, Mar. 2011, No. 9)

图 1-16　汉口江汉路商业街鸟瞰

(图片来源:京都大学图书馆)

汉口外商洋行早期是通过买办向华商进行收购或经销,与华商建立较为稳定的业务联系,并设立货栈、行栈自行收购或经销,如亚细亚火油公司经营的是石油经销业务,保安洋行经营的是船运业保险业务,江边的太古洋行经营的是航运业务,这些外国洋行为汉口航运业的发展予以巨大推动。洋行在各自取得经济利益的同时,也促进了汉口租界内建筑的发展。洋行建筑依据时代风格,以及本国、本民族的建筑特色,或是投资建造者的喜好,确定其建筑设计整体风格,如宝顺洋行

图 1-17　汉口民生路商业街

(图片来源:京都大学图书馆)

建立时间较早,为外廊式二层建筑;保安洋行原有塔楼、曲线阳台,均充满巴洛克浪漫主义风格;法国立兴洋行设计法式优雅的砖拱券,配以细腻石雕,温馨而自然;安利洋行是当时最为时尚的现代派大厦,带有典型的 Art Deco 现代主义风格。这些风格独特的洋行建筑赋予近代汉口租界区典型的标志性特色。有报章评论:"上海为中国对外贸易之总汇,汉口为内地对外贸易之中心枢纽,其他长江沿岸各港口只不过是此两地之附庸而已。"[①]特别是集中内地物资转输上海,汉口是一个不可替代的"转口货栈",其重要作用不可低估。(图 1-18、图 1-19)

汉口开埠后,外商的涌入、洋行的设立,以及与外贸密切相关的外资企业的兴办,都促使汉口渐次由内陆型的封闭式城市向开放型的国际性大都市迈进。20 世纪 20 年代是汉口洋行建筑发展的高峰期,1925—1937 年,汉口有洋行 130 家左右,洋行买办 800 余人。1949 年武汉解放,仍然有外商洋行 37 家留在汉口,其中有武汉市对外贸易管理局发出的进出口营业执照的有平和、隆茂、怡和、太古、德昌、瑞记、亚细亚等洋行。

---

① 中国对外贸易之大势[N]. 国风报,1910(23):4.

	Value.			
	Hankow.	Wuhu.	Chinkiang.	Shanghai.
	Hk. taels.	Hk. taels.	Hk. taels.	Hk. taels.
Tea—				
Black	2,499,275	..	..	204,330
Brick	..	..	..	225,120
Green	21,623	..	..	1,784,384
Tablet	..	..	..	3,354
Sundry	144,775	1,417	2,436	92,675
Total	2,665 673	1,417	2,436	2,309,863
Grand total ..	4,979,389			

图 1-18 汉口洋行的各类茶叶交易在全国占有重要地位

(图片来源:《China: Report for the year 1904 on the trade of Kiukiang》)

图 1-19 汉口茶商及早期汉口货运码头

(图片来源:《博览中华图志》)

1.2.3 工业建筑

汉口开埠后，外国资本在汉口建立大量工业建筑，其中包括发电厂、打包厂、冰厂、油站、货栈等。1927 年后，外资工业建筑大规模投资主要为俄国、英国、德国、日本等洋商开设的出口贸易加工工业如砖茶厂、棉花打包厂、冰厂等。而张之洞督鄂时期建立的国家工业如汉阳铁厂、汉阳枪炮厂、汉阳砖瓦厂等也相继繁荣发展。汉口租界中私人资本的民族工业 1927 年至 1938 年发展兴盛，轻工业如棉纺织厂有裕华纱厂、申新纱厂、震寰纱厂等，另外还有造纸厂、印染厂、印刷厂、火柴厂等。这些工业建筑也体现着国际化风格特点，具有西方古典主义建筑特征，在立面线条装饰、砖砌筑形式、空间构造、材料配置上均独树一帜。（图 1-20、图 1-21、图 1-22、图 1-23、图 1-24）

图 1-20　汉口俄租界新泰砖茶厂历史照片

（图片来源：http://news.cjn.cn/sywh/201601/t2765038.htm）

图 1-21　汉口水塔建设初期

（图片来源：《张柏林摄影集》）

图 1-22　汉口水塔基本建成

(图片来源:https://www.whwater.com/gk_history.shtml)

图 1-23　汉阳铁厂历史照片

(图片来源:《The World's Work》)

图 1-24　汉口怡和洋行桐油打包工厂;汉口工厂内正进行种子清洗

(图片来源:《Glimpse of China》)

1.2.4 居住建筑

汉口早期的居住建筑是明清时期的中式传统建筑，随着租界的建立与发展，汉口五国租界中建立大量的里份、公寓、公馆等西式建筑。这些住宅采用巷道和内院组合形成内外空间，层次分明，也有主街外商内居的形式。有些里份空间组织有序，建筑具有鲜明的标志性，其内部具有适宜的步行空间、良好的室外活动场地和长期形成的汉口居住文化邻里氛围。至今，这些里份中仍住有大量的汉口居民，保持着汉口百年历史的居住文脉和建筑风貌特色。(图 1-25)

19 世纪末至 20 世纪初，随着五国租界地的兴盛，汉口的外国人逐日增多，租界内的住房供不应求。租界中的现代公寓设施完备，有电梯间、卫浴间、公用电话等，与国际大都市接轨。汉口黎黄陂路珞珈碑路高级住宅区就是其中较为高档的一处，目前也保存良好。其建筑结构是砖混结构，风格独树一帜，立面设计中用砖砌筑形成不同尺度的拱券、门窗装饰，室内有壁炉，其砖砌烟囱在屋脊中也成为装饰亮点，展现出汉口近代公寓的独特魅力。

图 1-25　汉口 1870 年沿汉江大量吊脚楼居住建筑照片

(图片来源：惠康博物馆，改绘)

西方职员一般都在汉口长江沿岸五国租界内工作，离办公地近的住所成为首选，有些洋行、银行在周边也设计相应的配套公寓，出租给员工。如汉口第一栋钢筋混凝土高层建筑景明洋行，其顶层就是当时大买办的高档公寓，而上海村高级里份是为工商银行的职员提供的寓所。这些公寓大致分为两种:独立公寓和联排公寓。

汉口最著名的独立公寓楼是建成于 1910 年的巴公房子,其中建筑内部有公共活动中庭、外廊、露台等空间,也是当时俄租界最有标志性的建筑。联排公寓在早期的汉口里份中均有出现,如泰兴里、同兴里都设计有联排住所。里份住宅根据不同的开发商设计和命名,给予民众安居的生活条件,同时也带给汉口城市多样繁华的空间格局。(图 1-26、图 1-27)

图 1-26　汉口英租界中里份住宅及花园洋房;近代家居卫生设施产品广告

(图片来源:《那个年代的武汉　晚清民国明信片集萃》;1917 年《The North-China desk hong list》)

图 1-27　汉口俄租界巴公房子露台

1.3
汉口原租界建筑装饰风格

汉口原租界中的建筑多属于折中主义建筑风格，这种类型的建筑多产生于18世纪和19世纪。租界地各类折中主义建筑运用欧洲历史上不同时期的古典建筑元素，如文艺复兴时期的形式、中世纪风格、新古典主义特征等，这一时期的折中主义建筑也受到古希腊、古罗马时期建筑的启发，有时也引入巴洛克风格、洛可可风格元素。因此，汉口原租界中的建筑风格并不是那么“纯粹”，它们更趋于一种“混合”。不同时期五国租界中的建筑受西方文化风格影响，建筑装饰在不同类型的建筑上各具特色，兼收并蓄。本书中将汉口原租界中的典型建筑装饰风格分为哥特式风格、文艺复兴风格、巴洛克风格、新古典主义风格、Art Deco风格、折中主义风格进行建筑风格元素的趋向比照，分析原租界区内不同建筑装饰风格的主要特征，最后结合装饰材料的具体呈现，对每类建筑装饰风格进行一定分析。

1.3.1 哥特式风格建筑装饰

哥特式建筑风格是1140年左右产生于法国的建筑风格。哥特式建筑由罗马式建筑发展而来。哥特式建筑主要用于教堂，并一直持续至16世纪。其建筑整体风格特征为高耸尖塔、尖形窗拱、尖形门拱券、玫瑰玻璃花窗等，立面装饰设计明显。13世纪，哥特式建筑鼎盛时期的玫瑰花窗框架纤细，排列紧密，呈放射状，巴黎圣母院教堂玫瑰花窗是这一时期造型的最大规模、最高艺术水平的体现，代表着哥特式建筑技艺的最高水平。哥特式建筑在外观上体现神秘、崇高、空灵的艺术感受。“十字形”平面是哥特式建筑的典型平面设计，圣坛在教堂十字平面的中心点上，体现神圣而神秘，为后来的建筑师提供宝贵的设计灵感，在建筑史上有着不可替代的地位。哥特式风格建筑最负盛名的有：德国科隆大教堂、意大利米兰大教堂、法国亚眠主教堂、英国索尔兹伯里主教堂、法国巴黎圣母院。

汉口原租界建筑中，哥特式风格装饰同样体现在教堂、教会学校、圣教书局等室内外环境中。1880年英国传教士杨格非(Griffith John)在汉口花楼街修建小型礼拜堂，取名“花楼堂”。1931年他又在英租界内兴建新的“格非堂”，1951年更名为“荣光堂”，现位于汉口黄石路口，建筑外立面的尖拱门窗充分体现出哥特式装饰风格。英租界内还有圣保罗大教堂(已毁掉)也有哥特式建筑风格特征。另外，汉口法租界内有圣母无原罪堂，从天空鸟瞰可以清晰地发现教堂建筑的十字形屋顶，室内的尖拱窗和圆形玫瑰花窗也是典型的哥特式风格元素。汉口原租界区的教堂、教会建筑均规模不大，有砖砌筑、钢筋混凝土建造的陡直尖顶、尖拱窗等，窗户多为双层结构，外侧为铸铁窗栅，内侧为木质框架，有几处细长条尖拱窗内镶彩色玻璃，图案装饰精美。（图 1-28、图 1-29）

图 1-28 西方教堂室内木构架设计；汉口圣保罗大教堂木构架及花窗设计；汉口荣光堂建筑立面

（图片来源：《Academy Architecture》；《Chinhsing in China》；书香武汉 http://www.whcbs.com/）

图 1-29 汉口原法租界圣母无原罪堂十字形屋顶及室内楼梯间哥特式窗

（图片来源：作者自摄）

1.3.2 文艺复兴风格建筑装饰

文艺复兴风格最初形成于 15 世纪的佛罗伦萨，16 世纪传遍意大利并以罗马为中心，同时开始传入欧洲其他国家。基于对中世纪神权至上的批判和对人道主义的肯定，建筑师希望借助古典比例重新塑造理想中社会的协调秩序。因此，文艺复兴风格建筑讲究秩序、比例,拥有严谨的立面和平面构图,以及从古典建筑中继承的柱式系统。飞利浦·布鲁诺莱斯基(Filippo Brunelleschi)是文艺复兴初期建筑师中的先导,其作品佛罗伦萨主教堂穹顶是文艺复兴运动在建筑艺术上新的篇章。莱昂·巴蒂斯塔·阿尔伯蒂(Leon Battista Alberti)在布鲁内莱斯基去世后才开始进行建筑实践,可谓文艺复兴初期和后半叶的代表性建筑师。由于佛罗伦萨所在的托斯卡纳地区是意大利重要的大理石开采地,大块石材与大理石使文艺复兴风格建筑形成厚重、雄伟的特征,体现在贵族与主教的府邸之中。文艺复兴时期的府邸建筑虽各具特色,但形成较为统一的模式:建筑整体以大块石材砌筑,外观宏伟粗犷,内部一般划分为三层,并且在主立面以古典柱式、线脚进行装饰并划分各层。建筑装饰突出檐口、山墙设计,强调其外观。檐部位于外立面墙体的最顶部,并与建筑整体的高度相协调。文艺复兴早期教堂装饰以细腻著称,这与府邸建筑粗狂、堡垒状的特征形成强烈对比。

汉口原五国租界区,文艺复兴风格建筑装饰多强调建筑的对称比例和立面规律。外墙采用堡垒式坚固的大块花岗岩作为基础,立面柱式开间等距设计,产生具有韵律感的节奏关系。以原英租界江汉关大楼为例,采用古典三段式构图,立面中部设有典雅的钟楼,外墙稳固壮观,东、西、北三个立面均有花岗石柱廊,采用科林斯柱式,北面八根石柱直径约 1.5 米,入口两侧双柱并排,其余单柱直达檐口下端。利用钟楼突出建筑整体视觉焦点,中心入口底层表现出文艺复兴府邸建筑基础恢宏样式。墙面、山花、窗楣也体现出坚固、庄重、典雅的装饰特征,细腻而质朴。另外,汉口江边的亚细亚火油公司、日清洋行等均带有文艺复兴风格装饰特点。(图 1-30)

图 1-30　汉口江汉关设计中具有文艺复兴风格

(图片来源:《远东时报》、作者自摄、京都大学图书馆改绘)

1.3.3 巴洛克风格建筑装饰

巴洛克是一种欧洲艺术风格，这个词最早来源于葡萄牙语(BAROCO)，意为“不圆的珍珠”，最初特指形状怪异的珍珠，欧洲人最初用这个词指“缺乏古典主义均衡性的作品”。作为一种艺术形式的称谓，它是在16世纪末到18世纪上半叶发源于意大利罗马，在文艺复兴时期得到较大发展的建筑风格，流行于整个欧洲。“集科学创新与宗教奇迹于一体的巴洛克建筑将浮夸修饰之风与嬉戏娱乐之气和谐相融”①。由于它的艺术精神、手法与文艺复兴鼎盛时期的风格大有不同，建筑师试图在宫殿、教堂和城市环境之间建立一种更为有效的关联，让直线重归于曲线，创造一种由内及外的空间延伸。建筑立面被塑造和弯曲成弧形，波浪般的起伏具有张力的动态效果。膨胀与收缩的形态效果，让建筑成为会呼吸、鲜活的有机体。其生气勃勃的动态模式和复合型结构，在建筑平面、立面均有丰富呈现，巴洛克风格装饰成为世界建筑史上独树一帜的形式。

巴洛克风格的建筑装饰思潮在汉口原租界建筑中广泛呈现，建筑立面伴随有圆柱、曲面、檐部山花、拱券、壁柱等造型凸显。巴洛克建筑外墙起伏较大，具有强烈的雕塑感，如位于原英租界的保安洋行，具有典型的巴洛克风格元素，建筑整体平面呈“L”形，位于两条街道的交会处。从老照片中可以发现，建筑顶部原有穹顶塔楼(已毁)，现存顶层立面设计曲面外凸阳台，双柱结合支撑。保安洋行入口挑檐装饰丰富，建筑装饰雕刻细腻，其中包括水果、花卉植物雕刻等。另外，在汉口东方汇理银行的整体墙面设计中，装饰细节细腻，留有凹槽，屋檐上有经过改良的复杂的山花装饰及齿状装饰。檐口部分由支托、弧线造型组合，简洁而精美。(图1-31、图1-32)

图1-31　汉口原英租界保安洋行、原法租界东方汇理银行巴洛克风格元素建筑

(图片来源：《Journal of Environment & Art，No. 9，p1-20，Mar. 2011》《La Dépêchecolonialeillustrée》)

① (意)克劳迪娅·赞伦，(意)丹妮拉·塔拉. 巴洛克与洛可可建筑[M]. 北京：北京美术摄影出版社，2019：5.

图 1-32　汉口俄租界巴洛克风格元素在屋顶女儿墙上的运用

(图片来源:《Journal of Environment & Art》,Mar. 2011, No.9, p 01-20)

1.3.4　新古典主义风格建筑装饰

新古典主义风格其实就是经过改良的古典主义风格,主要集中在实力雄厚的新兴资本主义国家,以英国、德国、法国、美国为代表。新古典主义风格建筑装饰一方面保留材质的大致形式,并突出建筑历史痕迹与浑厚的文化底蕴,同时,在设计中简化建筑线条,摒弃过于复杂的肌理和装饰。新古典艺术的创造崇尚古希腊的理想美,注重古典艺术形式的完整、雕刻般的造型,追求典雅、庄重、和谐。建筑设计坚持明朗的轮廓,减弱色彩要素,认为高雅、单纯、简单的形式是最高理想。德国柏林的勃兰登堡门是一座新古典主义风格的砂岩建筑,以雅典卫城的城门作为蓝本,设计者是普鲁士建筑师卡尔·圣哥达·朗汉斯(Carl Gotthard Langhans)。其初衷是希望它能成为通向和平之门,门顶中央是一尊高约 5 米的胜利女神雕像,她张开翅膀,驾乘马车,手持橡树花环权杖,象征战争胜利。西方文化丰富的艺术底蕴,开放、创新的设计思想,一直以来也影响着近代建筑师对新古典主义装饰风格的追求。(图 1-33)

希腊雅典城市中心区也兴建许多新古典主义风格建筑,其中最有代表性的是雅典大学图书馆、雅典大学和雅典学院。这三座建筑并排矗立,在模仿古老建筑样式的同时,也增加一些新的表现方法,如图书馆门前的巴洛克风格弧形楼梯、雅典大学门廊中心的两根圆形爱奥尼克柱、雅典学院主体建筑旁垂直设置的附属建筑,以及雅典娜女神和阿波罗神像雕塑,这些都为古老的形式注入新的活力。(图 1-34)

图 1-33　德国柏林勃兰登堡门作为新古典主义装饰风格的典型代表

（图片来源：作者自摄）

图 1-34　希腊雅典图书馆、雅典学院典型的新古典主义建筑风格

（图片来源：作者自摄）

汉口租界建筑中的新古典主义风格建筑装饰从整体到局部，精雕细琢，给人一丝不苟的印象。建筑师将古典元素抽象化为各类装饰符号，在租界建筑中既作为装饰，又起到隐喻的效果，如亚细亚火油公司的顶部檐口设计，运用古希腊建筑中屋顶檐口的植物图案进行抽象排列，形成建筑上韵律美与节奏的重复，强烈地传达传统建筑的历史痕迹与浑厚的文化底蕴，将怀古的浪漫情怀与庄重典雅的形式结合。（图 1-35、图 1-36、图 1-37）

图 1-35　汉口原英租界亚细亚火油公司、19 世纪底特律公共图书馆屋顶檐口装饰，其设计均体现古典主义风格元素

（图片来源：《那个年代的武汉　晚清民国明信片集萃》《Architecture Reform》）

图 1-36　古希腊建筑檐口细节装饰

（图片来源：希腊德尔菲博物馆，作者自摄）

图 1-37　近代汉口邮局、德华银行的新古典主义风格建筑装饰

（图片来源：《远东时报》；盖蒂图片社）

1.3.5 折中主义风格建筑装饰

折中主义(Eclecticism)是一个哲学术语,源于希腊文,意为“选择的”“有选择能力的”。后来,人们用这一术语表示那些既认同某一学派的学说,又接受其他学派的某些观点的思维模式。19 世纪之后,在欧洲折中主义创作手法被作为一种特例广泛运用于油画、雕塑、工艺美术等艺术门类,而在建筑创作中最集中表现是在 19 世纪上半叶至 20 世纪初。欧美国家流行折中主义建筑风格,建筑师任意模仿历史上各类建筑风格,或自由组合模仿各种建筑形式,其设计不讲求固定形式,只讲求比例均衡,注重单纯形式美。折中主义风格建筑装饰选择一个历史先例并对其进行模仿,追求形式美,注意形体推敲,将各种不同的建筑思潮、理论拼凑在一起形成设计思维模式,而不太注重固定的立场。

20 世 30 年代,汉口租界中的折中主义风格建筑类似于堆积木,将不同中西方建筑装饰元素重组、变换,形成造型、样式、结构、材料都十分丰富的建筑立面。这时的建筑纯粹模仿西方建筑风格,着重于建筑外立面特征,有些将中国传统建筑构造和装饰元素进行融合,如汉口商业银行,歇山屋顶与西方柱式结合,还增设洛可可风格的门头装饰;又如吴家花园,公馆建筑中西结合,西方柱式与中式六角亭设计,鱼鳞瓦片屋顶,独特细腻;汉口的盐业银行立面柱式保留西方柱式比例尺度,但在柱头造型上采用简洁的图案和浮雕,用双“S”形柱头装饰点缀。(图 1-38、图 1-39)

图 1-38 原英租界汉口商业银行近代建筑模型、吴家花园中式六角亭设计

(图片来源:《建筑月刊》;作者自摄)

图 1-39 汉口盐业银行正立面柱头叠层装饰，双“S”图案点缀
（图片来源：作者自摄）

1.3.6 Art Deco 风格建筑装饰

Art Deco 是外形近似于哥特式复兴手法的逐层递收的折线摩登风格，既是艺术装饰风格，也被称为装饰艺术，发源于法国，兴盛于美国，是世界建筑史上一个重要的风格流派。① Art Deco 风格建筑有高耸的造型，具有拔地而起、傲然屹立的非凡气势，表达出一种现代建筑的高贵感。Art Deco 建筑装饰实际上来源于 19 世纪末的 Art Nouveau(新艺术运动)，是当时欧洲中产阶级追求的一种自然、有机的形态，在家具、绘画、珠宝设计、造型艺术上均广泛运用。自然界优美的植物线条，特别是藤蔓植物图案在建筑室内外空间中大量运用，还有日本浮世绘元素也都在新艺术运动中丰富呈现。Art Deco 在其装饰基础上进行简化，不排斥机器时代的技术美感，几何的、纯粹的装饰线条孕育而生，在建筑立面设计中呈现。其中，比较典型的装饰图案有：扇形辐射状太阳光晕、齿轮或阶梯形的线条、对称简洁的三角形、抽象人物、抽象动物等形态，这些均被用来表现其建筑中的时代美感。色彩运用方面以明亮且对比强烈的颜色为主，还有金属色等，具有强烈的装

① 许乙弘. Art Deco 的源与流——中西“摩登建筑”关系研究[M]. 南京：东南大学出版社，2006：37-45.

饰意图。一般这些建筑装饰在入口大门、建筑檐口、外窗周边、室内墙裙、楼梯栏杆等处均丰富呈现。

Art Deco 对于汉口的影响虽不及上海广泛深刻,但租界建筑的繁荣也使得这种风格得以发展。其中包括四明银行、大孚银行、中国实业银行、聚兴诚银行、国货银行,以及兰陵村、江汉村等新式住宅里份中均有这种风格。建筑师通过新颖、简单的用材,将阶梯状线条、折线重复、抽象窝卷等装饰艺术符号充分运用,形成汉口原租界建筑中时尚、摩登的建筑风格。四明银行是中国建筑师卢镛标在汉口设计的钢筋混凝土建筑,也是当时汉口的高层建筑之一。设计中运用当时欧美建筑的最新思想,注重建筑内部功能及先进的结构技术,其立面顶部呈现折线形摩登 Art Deco 风格,简洁明快。究其细部,虽然没有古典的柱式和装饰花纹,但上下窗户之间的墙面仍使用不同的几何形式,整体建筑在简洁有力的基础上,仍不失精致与典雅。(图 1-40)

图 1-40　英租界四明银行建筑立面典型的 Art Deco 风格;四明银行附近居住建筑大门装饰,具有典型 Art Deco 折线设计

(图片来源:作者自摄)

1.3.7　汉口租界建筑装饰材料优选

物质材料是空间美感的载体和媒介,能决定建筑的质感与肌理。近代汉口历史建筑的建造不仅展现出丰富的形式美感,还承载着重要的建筑建造历史。研究建筑装饰材料有助于了解近代社会的大众审美与房屋建造技巧,熟悉历史建筑建造年代和经济节约的用材习惯,真正体会原有建筑的风格塑造。建筑材料的真实性、肌理感、审美要素成为汉口原租界建筑风格塑造的关键,是历经百年后建筑的闪光点。

这里对汉口原租界内现存近代建筑材料进行总结归纳,大致将汉口历史建筑的材料分为结构材料和装饰材料。常见建筑结构材料分别有花岗岩、大理石、红砖、青砖、铁砂砖、水泥、混凝土、木材、红瓦、青瓦、钢、铁等。由于近代建筑材料生产工艺相对简单、砌筑技术成熟，红砖、青砖价格低廉，它们成为汉口近代建筑中最常用的建筑墙体砌筑材料。以近代娱乐建筑、居住建筑为例，汉口现存跑马场、剧场、里份、公寓等均为砖木或砖混结构。(图 1-41)

图 1-41　汉口英租界天主堂、跑马场历史照片中呈现的木材、砖材

(图片来源:《博览中华图志》)

另外，石材也是近代汉口公共建筑中常用墙体砌筑或地基用材，一般在银行、工部局、领事馆等建筑中大量运用红砂岩、麻石、花岗岩作为建筑基材。原租界建筑中的各类材料也穿插、叠加使用，这一点也体现出近代汉口建筑工程中的经济实用性。如西商跑马场建筑群中马厩是在红砂岩的基础上垒红砖构筑建成；面向跑马场一面的办公楼一层立柱柱础使用的是花岗岩，而上层采用砖木结构建造；华商赛马公会建筑选择青石作勒角基础，与墙体的清水灰砂砖搭配协调。

汉口近代租界建筑中的屋顶装饰材料也十分丰富，作为建筑“第五立面”，屋顶对建筑物整体的造型风格、保护立面均有重要影响。屋顶设计的优势不仅仅能阻挡风雨，在汉口原租界建筑装饰风格上也能凸显其特色，如英租界最早的麦加利银行，屋顶用铁皮材料，装饰细节体现在朝向四面的玫瑰花造型和铸铁围护设计，具有维多利亚时代的风格；又如法租界的工部局，铁皮覆顶与法式天窗结合，体现出浪漫主义特色；同样法租界的大智门火车站屋顶塔楼设计为古堡造型，成为法租界车站路的标志性建筑；德租界德国领事馆屋顶中间是红瓦屋面的四面天窗塔楼，四周设计铁皮圆形穹顶装饰，屋顶设计中各处结构取材不同，但造型协调，体现出庄重、典雅的德式古典主义风格；英租界日清洋行屋顶为花园设计，其塔楼屋顶材料是钢筋混凝土，穹顶与柱式的结合充分体现出巴洛克风格特点；汉口西商赛马会功能性建筑屋顶为红瓦装饰，特殊倾斜度的四面屋顶形制造就出定制瓦的类型，是尖塔上菱形红平瓦的不规则形态，而跑马场大看台屋顶，是现代钢筋混凝土平顶，是水泥、混凝土等近代新型材料引入汉口的建筑样本实例。（图 1-42、图 1-43）

图 1-42　麦加利银行屋顶铁艺装饰、德国领事馆天窗瓦面、日清洋行屋顶塔楼

（图片来源：作者自摄）

图 1-43　麦加利银行四角塔楼铁皮屋顶、大智门火车站主体建筑及四角塔楼铁皮屋顶、原德国领事馆铁皮屋顶现改为水泥装饰屋顶

（图片来源：作者自摄）

结构材料塑造出建筑的骨架，而室内装饰材料会起到提升空间环境的作用。汉口原租界区的建筑装饰材料丰富且反映时代变迁。作为中国近代的大都市，汉口从 19 世纪初就有大量新型建筑装饰材料从西方舶来，从英国的钢梁到美国的五金件，至今仍在一些历史建筑中使用。从原租界区内现存的地面铺装、楼梯栏杆、墙壁墙裙、顶部天花、门窗五金件等各个类别中进行深入探寻，均能发现当时具有世界建筑装饰流行性的唯美用材，如彩色玻璃、壁炉装饰线条、拼花瓷砖、彩色马赛克、碎石水泥、雕花石膏线、铁艺装饰、油漆涂料等。这些装饰用材共同缔造出汉口原租界区多样的建筑空间与文化场所风貌。

石材、瓷砖的运用极大改善了当时人们的生活方式，不仅在入口厅堂间使用，而且对卫生间、走道、楼梯间也有装饰点缀。这种防水、耐刮、易清洁的材料运用在铺地、墙裙中更容易维持室内卫生环境，其颜色、造型、款式的多样化也为室内装饰流行风格的延展提供更多选择。

木材是运用范围最广的一种装饰材料，因为其可塑性强，室内的门窗、家具、地板、楼梯、踢脚线、墙裙等都能运用。杉木耐腐蚀、稳定性强、不易开裂，是租界中用来做木地板、墙裙、踢脚线等最重要的材料。质地坚硬耐用的杉木也会用来制作百叶门窗，成为汉口租界中建筑外窗设计的重要构造，其夏季遮阴的作用十分显著。

汉口原租界各类建筑门窗一般选择西式样式，源于玻璃是当时透光性最好的材料，将室内的受光面积增大。最具特色的是木框镶嵌玻璃门扇，这种木框有弧形、方形、圆形、格子分段造型等，门扇上半段镶嵌玻璃，下半段是实木门板，上方通常还有造型一致的副窗。这种将一半实木门板替换成玻璃的门扇款式让整个门洞在视觉上更加通透明亮，极大改善了入户的采光问题。汉口原英租界的汇丰银行中就明显地体现出这类门扇设计，圆形的门扇上半段与实木的下半段，并兼具图案装饰，华美而细腻。常见彩色玻璃有黄色、绿色、红色三种，玻璃造型依据门框架的变化进行多变，美观实用。武汉夏天日照时间长，因此汉口租界中的建筑常常会在玻璃窗外加一层木质百叶，调节入室光照，以免房间过热。

“建筑中使用的金属是铁、铅、铜。铁用于制造钉子、铰链、门插栓，乃至制造铁门、铁栅栏和类似的配件。”[①]金属的运用是室内装饰的点睛之笔，精致华丽的铁艺构件与精巧细致的铜质五金件都成为租界建筑装饰中能细致品味的地方。近代设计师对建筑空间设施、室内家具的实用性都充分考量，不忽视其细节，体现出设计师们在材料选取上一定尊重建筑原本空间质感和肌理的原则。设计中注重

① 安德烈亚·帕拉第奥.帕拉第奥建筑四书[M].李路珂，郑文博，译.北京：中国建筑工业出版社，2015：49.

协调统一好金属材料与建筑风格之间的关系，如在汉口四明银行的建筑中能够发现金属大门上 Art Deco 风格细腻的几何图案，以及中庭楼梯栏杆上的金属几何图案。德国领事馆一层大厅内，铁艺装饰构件成为拱券之间连接结构装饰，其扭曲造型展现空间另类特色，或许这样设计在近代建筑中有功能性作用，可能用于大厅内悬挂国旗、装饰灯、挂毯等，对此目前尚未进行深入研究，其装饰性与功能性是否结合？还未找到史料依据。

近代汉口历史建筑装饰材料之丰富，之多元，在当下遗存建筑中是一座座宝库，原建筑结构材料无论是海外进口还是本地或本国生产，都体现出当时建筑师与施工者智慧，将中外建筑风格中装饰元素用最有效、最节约、最美观材料和形式进行构建，呈现出具有地域性特色、时代性风貌的建筑，也体现出那个时代大汉口的繁荣。

第二章

汉口原租界领事馆、工部局建筑装饰

“万国建筑”的异域风采呈现出独特时代风格，汉口原五国租界区成为中国近代总领事馆国别最集中的区域。1861 年开始，在汉口先后设立英国、美国、俄国、法国、西班牙、荷兰、日本、德国、比利时、意大利等国的领事馆，瑞士、挪威、丹麦、奥匈帝国等在英国大使馆、法国大使馆、法国工部局、俄国领事馆内设立办事机构。“到 1911 年辛亥革命前，先后有 8 个国家在汉口租界设总领事馆。”①

领事馆作为一种外交建筑，关乎国家的核心利益，负有特殊功能与使命，而工部局属于市政管理机构，附设巡捕房，其建筑形象同样重要，是一个国家政治地位、经济实力的象征。由于自然、战争以及人为的毁损，汉口原租界区的领事馆和工部局保存至今已是弥足珍贵，这些租界地内的建筑反映出近代汉口历史文脉的重要组成，同时也是东西方文化碰撞、交融的重要佐证，研究其建筑装饰内涵对长期保护与再利用这些建筑具有现实意义。（表 2-1、表 2-2、图 2-1）

表 2-1 汉口原租界区领事馆设立时间、概览（作者自绘）

领事国别	设立领事馆时间	领事信息	领事馆建筑装饰特点
英国	1861 年	首任领事：金执尔 (William Raymond Gingell)	殖民外廊式
美国	1861 年	首任领事：由司百龄(C. K. Stribling)兼任	早期为英租界殖民外廊式建筑，后迁入俄租界巴洛夫公馆（弧形墙面，砖砌筑建筑）
俄国	1861 年	首任领事由俄国驻上海领事夏德尔兼任 1879 年领事：德密特(P. A. Dmitrevsky)	立面设计西方柱式与拱券，细节雕刻为中式传统纹样
法国	1862 年	首任领事：达伯理 (P. Dabry de Thiersant)	殖民外廊式
荷兰	1874 年	首任副领事费芝士吉(W. S. Fitz)	与英国领事馆隔街相望
日本	1885 年	首任不详，1897 年领事：H. Eitaki	文艺复兴元素

① 王汗吾，吴明堂. 汉口五国租界[M]. 武汉：武汉出版社，2017：29.

续表

领事国别	设立领事馆时间	领事信息	领事馆建筑装饰特点
德国	1888年	首任副领事丁乙尼(J. D. Thyen)	建筑顶部有雄鹰装饰、大门入口也有鹰的图像装饰，室内彩色玻璃门窗，植物图像装饰点缀
比利时	1891年	首任领事博尔满(C. Benermann)	1892年汉口招商局内办公
意大利	1902年	首任领事濮列德(C. F. Part)	1907年英国领事馆内办公

注：表中信息来源于《汉口租界志》《武汉通史》《中国中部事情：汉口》《武汉市志·外事志》《The Directory & Chronicle for China，Japan，Corea，Indo-China，Straits Settlements，Malay states，Siam，Netherlands India，Borneo，the Philippines，&c. 1892—1907》。

表 2-2　汉口原租界区内各国工部局设立时间、概览(作者自绘)

租界区	设立时间	地理位置	建筑现状	工部局建筑装饰特点
英租界	1862年	原阜昌街(南京路)	已毁	折中主义、顶部钟楼
德租界	1906年	原威廉大街(胜利街、二曜路路口)	武汉警察博物馆(塔楼重建)	折中主义、顶部钟楼
俄租界	1896年	原玛琳街(胜利街、黎黄陂路路口)	已毁	折中主义、顶部钟楼
法租界	1898年	原霞飞将军街东侧(中山大道三角地块)	已毁	折中主义、顶部钟楼

注：表中信息来源于《汉口租界志》《汉口五国租界》《近代武汉城市史》《The Foreign Presence in China in the Treaty Port Era，1840—1943》。

A. X. Ostroverkhow, Consul for Russian Municipal Council.
T. K. Panoff, Russian Municipal Council.
W. W. Hachloff, Russian Municipal Council.
A. M. Rassadin, Russian Municipal Council.
C. M. Benzeman, Russian Municipal Council.
E. Mirow, German Municipal Council.
H. Schlichting, German Municipal Council.
J. Thyen, German Municipal Council.
F. Mcller, German Municipal Council.
J. Archibald, British Municipal Council.
J. R. Greaves, British Municipal Council.
I. J. Dunne, British Municipal Council.
P. W. O. Liddell, British Municipal Council.
W. E. Howard, British Municipal Council.
K. Takahashi. Consul for Japan, Japanese Municipal Council.
S. Tachibana, Japanese Municipal Council.
H. Nagayasu, Japanese Municipal Council.
Rene de Hees, French Municipal Council.
A. Doire, Consul for France, French Municipal Council.
F. Kolkmeyer, Consul for Netherlands.

图 2-1 汉口原租界区外国领事图像

(图片来源:《Twentieth Century Impressions of Hongkong, Shanghai, and Other Treaty Ports of China: their are history, people, commerce, industries, and resources》)

2.1 原英国领事馆、工部局建筑装饰

2.1.1 建筑历史

1861 年 3 月,英国最早建立租界与汉口通商,英国驻汉领事馆是当年英租界第一栋西洋建筑。从光绪二年“海云斋”画馆绘制的《湖北武汉全图》中,能够发现汉口长江边租界的洋行、教堂、蒸汽船等各类西洋事务。其中“大英领事府衙门”标注清晰,其建筑为殖民外廊式风格,屋顶有壁炉烟囱和旗杆,并插入英国国旗。画面中还有多套带有院落的外廊式拱券建筑,是西洋建筑风潮在大汉口的萌芽。早期汉口各国领事馆均为外廊式建筑风格,充分适应汉口夏季闷热、潮湿气候,有些还自带花园和庭院,有较为宽阔的草坪,大门前设有铸铁栏杆,砌筑低矮围墙装饰。(图 2-2、图 2-3、图 2-4、图 2-5)

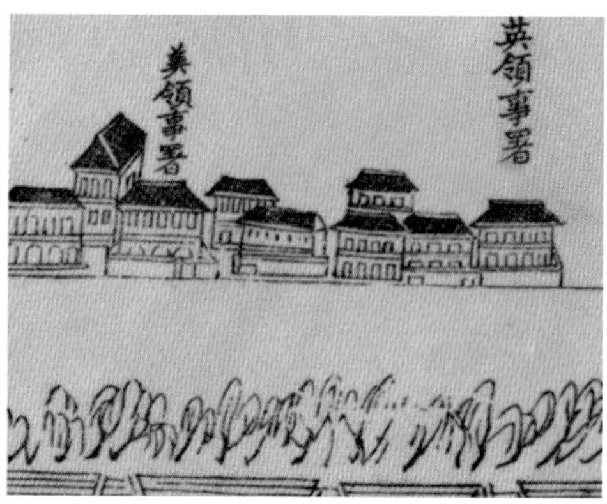

图 2-2　光绪二年海云斋画馆绘制《湖北武汉全图》局部；
1877 年《湖北汉口镇街道图》英领事署、美领事署

（图片来源：原地图《湖北武汉全图》；原地图《湖北汉口镇街道图》）

图 2-3　汉口英租界 1880 年建筑多为殖民外廊式风格

（图片来源：苏格兰国家美术馆改绘）

频繁的长江洪水和租界的低洼位置永久性地损坏了原来的领事馆建筑，1882 年至 1883 年，在堤岸被抬高以适应河水水位后，英国领事馆建筑被重建。在这座新建筑周围，1903 年当汉口街头还奔跑着人力车时，英租界就出现了汉口的第一部小汽车，是英国领事馆官邸专用车，此时英国领事馆也在不断改造和扩建，建造出助理宿舍等建筑。随后，在 1921 年建造副领事办公室，其附属建筑群包括办公

图 2-4　湖北红安吴氏宗祠“三镇木雕”中体现出的汉口租界建筑装饰文化

（图片来源：作者自摄）

图 2-5　英国领事馆早期历史照片

（图片来源：https://omeka.reed.edu/s/hankou/page/hankou）

区、库房、居住区、花园、车库、工人房等，是集多人办公与居住于一体的小型建筑群。英国领事馆庭院的英式花园更是独具特色，建造装饰风格体现出外籍设计师对自然环境的热衷，对地域性植物配置的思考也成为领事馆建筑外部环境的特色。（图 2-6）

图 2-6　英国领事馆 1901 年建筑外部花园环境

（图片来源:《那个年代的武汉　晚清民国明信片集萃》）

英国领事馆与所处街区、道路有多个入口相通，但整体相对独立，类似西方的一个小庄园。其建筑周边的草坪、植被茂盛，从不同历史时期的老照片中可以发现其植被的变化，其中包括芭蕉、香椿、藤本月季、柳树、木槿、棕竹等多类树种。开阔的地域划分出相邻建筑之间的道路与空间尺度，呈现出一栋领事馆官邸英式田园风格格局。（图 2-7）

图 2-7　英租界宝顺街(今天津路)英国领事馆周围植被繁茂

（图片来源:《那个年代的武汉　晚清民国明信片集萃》）

英国官邸显示典型的 19 世纪殖民建筑特色，不仅体现出古朴的英式民舍风格，而且综合印度等南亚殖民地国家的建筑样式，宽大柱式通透回廊充分适应汉口炎热的夏季气候。建筑整体为砖木结构，底层为半圆平拱内廊，第二层为爱奥尼克柱支撑屋顶外廊，受当时殖民文化影响，可发现维多利亚女王时代简朴与庄重的风格。建筑外观呈立体四方形，整块墙面是朴素的平面，一层墙面有引条线装饰，外围院墙用砖砌筑，体现简约和质朴。（图 2-8）

图 2-8　英国领事馆外围矮墙体砖砌筑装饰

（图片来源：《汉口五国租界》）

英国工部局在 1891 年 3 月竣工，成为原英租界市政管理机构，内部空间包括巡捕房等办公用房，位于租界南端，面向堤岸，背靠汉口老城。英国工部局早期江边大楼是一栋回廊式建筑，顶部设计有两个不同层高的穹顶塔楼，其中一座塔楼外墙面有钟盘装饰，位于三层窗户上端，它是汉口开埠后十分具有标志性的建筑。十多年后，英国工部局迁址到英租界阜昌街（今南京路）新址，其建筑沿街道转角两侧展开，地面三层，地下一层，底层为红砂岩，有通风口设计，立面简洁流畅。从老照片中看，建筑转角顶部设计有钟楼，但没有做穹顶装饰，为简约的六边形，开有窗洞，铸铁栏杆围护。该建筑属于典型的新古典主义装饰风格，只可惜建筑在 1944 年的大轰炸中被损毁。（图 2-9、图 2-10、图 2-11）

图 2-9　英国工部局包括英租界警察科均在这栋建筑内

（图片来源：《The Son of Han》中早期英国工部局建筑）

图 2-10　早期英国工部局正立面钟楼穹顶

（图片来源：盖蒂中心）

图 2-11 阜昌街(今南京路)英国工部局及街道周围环境,中间图片为 1911 年 11 月拍摄

(图片来源:www.delcampe.net;https://hpcbristol.net/visual/ws01-098;《晚清民初武汉映像》)

2.1.2 建筑装饰

原英租界领事馆官邸是汉口租界中早期的独立型社区。英国领事官邸是“国中之国”的首府,从历史照片上看,是按照英国乡村中的庄园来设计,草坪、花园萦绕,植被尽显丰富。该领事馆与四周建筑、道路隔绝,类似西方城堡中的独立花园,开阔的地域划分出相邻的建筑单元,保持一栋独立砖木结构的建筑作为领事馆。当时的领事和官员家属们住在这里就好像住在英格兰的某处田园农庄一样,彰显出浓郁的家乡味道。

英国领事馆在柱式、门窗、墙面、花园设施等细节空间均有设计。一层走廊采用简洁弧形平拱,二层采用古典主义风格的爱奥尼克柱式点缀,栏杆装饰图案简洁。窗户为百叶窗,门的样式为木框玻璃门,上部设有半圆拱。庭院中的家具装饰采用天然的木材进行简易加工,包括圆木长椅、秋千等各式休闲类型,并设计有木质花架,方便爬藤植物生长,充分体现出当时英国人对园艺的热衷,在不同季节体现出领事馆环境独特的视觉效果。(图 2-12、图 2-13)

目前保留英国领事馆原有官邸其中一栋,为二层砖木结构西式小楼,2012 年被列入武汉市“优秀历史建筑”,并进行简单修复。这栋建筑掩藏在汉口江边的居民楼中,目前是“闻一多基金会”办公场所。室内外装饰在保留原有饰面材料的基础上做出适当调整,建筑仍然保留 19 世纪英国古典主义住宅的风格样式,木质百叶两层玻璃门窗,入口平台设计门斗,外墙拉毛粉饰。一层门窗上带有半圆形拱顶,二层带有小露台,屋顶为红瓦屋面,遗存壁炉烟囱和气窗。

目前现状保留原有建筑内部木楼梯、实木地板,阳台栏杆更替为现代铸铁花艺栏杆。这栋建筑经历了岁月沧桑,能延续百年非常不易,需要更加有效、合理的长期维护,如更换部分木质百叶门窗,美化调整建筑外立面裸露的空调外机等。

图 2-12　汉口英国领事馆 1883 年重建后的庭院效果

（图片来源：《博览中华图志》）

图 2-13　汉口英国领事馆 1887 年英国维多利亚女王登基 50 周年合影

（图片来源：盖蒂中心）

另外历史建筑铭牌设计需适当，字号不宜过大。室内装饰材料除实木地板外，还可在卫生间、壁炉墙裙处增加细节设计，找到当时的旧材料进行组合拼补，也可在适当地方展示原有装饰材料，并将建筑外阳台、走道都利用起来，成为合理的展示区。希望小巧精致成为这栋百年历史建筑的装饰核心，引入英租界历史地图和领事馆不同时期适当陈列的历史照片，能够体现出这栋建筑的历史文化轨迹与属性。

在建筑周边的居民小区可更换展示灯箱等装饰，让周边居民均能深入了解自己生活环境的历史特征、建筑风格、装饰细节等，提升自发保护优秀历史建筑的责任感。在外部建筑空间环境中介入租界历史建筑装饰元素，也能彰显城市文化底蕴。这一居住片区的夜间建筑装饰照明可进行局部泛光灯照明设计，给予走道亮度，植物大树也能在夜间产生良好的景观氛围，充分展现原英国领事馆建筑的历史厚重感。（图 2-14、图 2-15、图 2-16、图 2-17）

图 2-14　原英国领事馆建筑外立面、铭牌及室内装饰现状

（图片来源：作者自摄）

图 2-15　原英国领事馆外部墙面装饰现状

（图片来源：作者自摄）

图 2-16　原英国领事馆内楼梯现状

（图片来源：作者自摄）

图 2-17 原英国领事馆内的壁炉及瓷砖装饰保留

（图片来源：作者自摄）

2.2 原美国领事馆建筑装饰

2.2.1 建筑历史

1861 年 5 月，汉口被辟为对外通商口岸的第二个月，“美国即在武汉设立领事馆，并代理俄国在汉口的通商事宜，后迁入俄租界领事街口，1905 年迁入河街威尔逊总统路口（今车站路 1 号，原巴洛夫公馆）”。[①] 早期的汉口美国领事馆也是原英租界的外廊式建筑之一，从 1877《湖北汉口镇街道图》中能够明显地看到文字和图像记录，即“美领事署”在“英领事署”的左侧，后因为何种原因被拆，不详。后美国领事馆迁入俄租界的巴洛夫公馆大楼，这栋建筑 1905 年由广兴隆营造厂承建，为典型的巴洛克风格建筑，整体呈现优雅的曲线，远观也像一艘启航的游轮，街道转

① 皮明庥，邹进文. 武汉通史 · 晚清卷（上）[M]. 武汉：武汉出版社，2006.

角处的中心四层塔楼好似瞭望台。因美国领事馆在其办公，这栋建筑就常常被人们称为美国领事馆了。1941 年太平洋战争爆发，领事馆闭馆，直至 1945 年抗战胜利后复馆。如今，该建筑是“武汉市人才服务中心”办公空间，外观塔楼已毁，改造为屋顶平台。(图 2-18、图 2-19)1949 年 10 月 1 日，新中国成立后闭馆。

图 2-18　1877 年《湖北汉口镇街道图》美领事署、美国领事馆(1905 年巴洛夫官邸)、美国领事馆早期江边外廊式建筑

(图片来源:《湖北汉口镇街道图》《国际视野下的大武汉影像 1838—1938》《晚清民初武汉映像》改绘)

图 2-19　美国领事馆建筑曲面设计和八边形塔楼

(图片来源:《武汉晚清影像》《那个年代的武汉　晚清民国明信片集萃》)

2.2.2　建筑装饰

汉口美国领事馆旧址设有三个入口，正中凸出的半圆形门楼延伸至四层。建筑立面有连续半圆形拱券门窗，每层间有明显的腰线装饰。顶层塔楼为八角形，塔尖已毁。三层露台设有铁艺围栏。建筑外墙为清水红砖，色调统一，砖拱层次丰富，体现古典主义浪漫形式。其建筑对面是法国东方汇理银行，美国领事馆与之衬托，相得益彰，两栋建筑和谐统一，成为整个街区环境的亮点。

美国领事馆建筑内部装修豪华，走道为水磨石铺地，房间内部是木地板，至今保存完好。一层大厅设旋转楼梯通往二层夹层，二层顶部是天然采光的大天窗，通常 20 世纪初的建筑具有这一特点，带有明亮的室内玻璃天窗设计。建筑室内目前摆设少量西方旧家具，装饰点缀陈旧，虽然具有对历史建筑空间协调性的思考，但由于各方面的不足，很多陈设和装饰材料需要更新，特别是对空间功能的置换性创意，如何能够协调建筑外部环境和内部环境的统一，真正将建筑室内外融为一体等，都需要重新深度思考和分析。（图 2-20、图 2-21）

图 2-20　原美国领事馆建筑整体外观、立面设计及入口

（图片来源：作者自摄）

图 2-21　现在位于汉口江边的原美国领事馆建筑门窗、楼梯及室内细节

（图片来源：作者自摄）

2.3 原俄国领事馆、工部局建筑装饰

2.3.1　建筑历史

1869 年，俄国在汉阳设立领事馆，俄国领事馆始设于汉阳梅子山下月湖边，1891 年迁至汉口，于 1902 年在当时鄂哈街（今洞庭街）、领事街（今洞庭小路）和飞腾街（今车站路）建成馆舍 9 栋。1904 年，其中一栋二层楼房被改建成四层领事馆馆舍主楼。1917 年，俄国十月革命推翻沙皇政府，领事馆遂关闭，之后历经数次复馆和闭馆。1925 年 3 月，俄租界改为汉口特区，1926 年 10 月后改为汉口市第二特别区。20 世

纪 20 年代末期，当领事馆休馆之时，时任武汉卫戍司令部副司令陶钧将其作为官邸。1947 年领事馆正式关闭。俄国领事馆旧址位于今汉口洞庭街 74 号湖北省电影公司院内，目前是一栋高级餐厅用房，室内装修设计华丽典雅。(图 2-22)

图 2-22　原俄租界领事馆、俄租界江边风景

(图片来源:《武汉晚清影像》《那个时代的武汉》)

1896 年，汉口俄租界设立，俄租界仿英国租界建制，设有工部局和巡捕房。工部局董事会行使租界的日常行政权。[①] 俄国工部局采用文艺复兴建筑风格，建筑一侧设有钟楼，造型雅致。1924 年，俄国工部局撤销，1930 年汉口市立第一女子中学在此兴办，为当时汉口唯一的公立女中。1938 年 10 月日本侵略军攻占武汉

---

① 《汉口租界志》编纂委员会. 汉口租界志[M]. 武汉:武汉出版社,2003.

后，在此兴办学校，通过强制推行日语、更换删改教科书等手段，控制教育阵地，以图达到“文教虏其人”的目的。新中国成立后学校改为黎黄陂路小学，“文革”中又更名为延安小学，现名黄陂路小学。但是，现在的黄陂路小学已经失去了俄国工部局的原貌。（图 2-23、图 2-24）

图 2-23　俄国工部局建筑；俄国总会人物合影及 1919 年俄国总会车票

（图片来源：《晚清民初武汉映像》、《Twentieth Century Impressions of Hongkong, Shanghai, and Other Treaty Ports of China: their are history, people, commerce, industries, and resources》；史密斯森学会网站）

图 2-24 原俄租界工部局历史照片

(图片来源:《Twentieth Century Impressions of Hongkong, Shanghai, and Other Treaty Ports of China: their are history, people, commerce, industries, and resources》
《那个年代的武汉 晚清民国明信片集萃》)

2.3.2 建筑装饰

汉口俄国领事馆建筑坐东朝西,前院十分开阔,属折中主义建筑风格。建筑平面呈扇形,对称布局,横向三段划分,比例协调。其建筑装饰线条均匀,在原有两层砖混结构中体现出细腻的审美特色。目前建筑外观四层,清水红砖外墙(外墙加做灰白色水刷石),红瓦四坡屋顶(现改为平屋顶),檐口建有镂空栏板女儿墙。对称布置券柱式窗户,将整座建筑分成纵向五个部分,显得构图严谨,稳重大方,建筑临街立面外墙两端向外伸展。

俄国领事馆主入口居中,三间四柱,平顶券拱门廊,中部立柱,门斗上方自然形成一个石柱围栏阳台。正立面与左右两端均为券柱式门窗,古希腊式多立克柱与古罗马拱券上的锁石装饰呈现浓厚的古典风格。入口两侧设坡道,汽车可以开到门斗内。建筑背立面居中处也设有门斗,但较前门处显简洁,门斗上方有三层较为宽大的窗户,稍向外凸出,增加建筑立体感。所有门窗皆为壁柱拱券式,中间大两边小,构成一组,材质高档。整栋建筑外墙用水平线条凹槽装饰,增添了建筑立面的生动性。在建筑装饰的细节上分布各类植物、动物图案,如入口门斗立柱柱础上的龙首、狮子形态唯美活泼,拱券两边的佛手、花卉、南瓜图案形象,这些装饰细节还可进行更为深入的研究。(图 2-25、图 2-26、图 2-27、图 2-28)

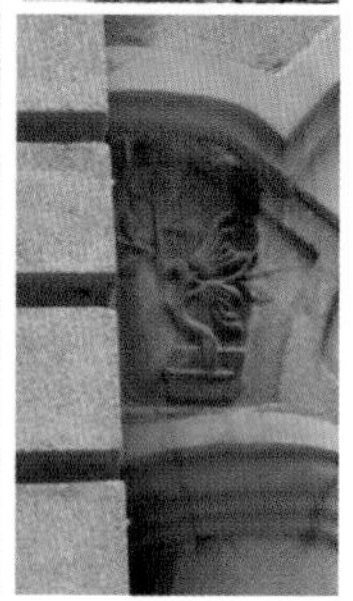

图 2-25　原俄租界俄国领事馆外立面及柱式装饰细节

（图片来源：作者自摄）

图 2-26　原俄租界俄国领事馆柱式及拱券装饰

（图片来源：作者自摄）

图 2-27　原俄租界俄国领事馆门窗及楼梯

（图片来源：作者自摄）

图 2-28　汉口原俄国工部局旧址现状为鄱阳街小学，原俄国总会现状为住宅，柱式等装饰细节保存良好

（图片来源：作者自摄）

2.4 原法国领事馆、工部局建筑装饰

2.4.1 建筑历史

汉口原法国领事馆设立于 1862 年 11 月，于 1865 年建成，为法式二层砖木结构，底层办公，二层住宅，现位于江岸区洞庭街 105 号。1891 年武汉大水，房屋被冲毁。1892 年，在原址上重新修建办公楼，由法籍工程师韩贝设计。与领事馆一同建设的还有领事馆官邸，两者并没有毗邻而建，而是隔了约 100 米，办公、居住功能尽量分开而又遥相呼应，既能保护居住隐私，又不影响公务。

法租界内设工部局、巡捕房。法国领事直接掌握租界的行政权，负责在租界内维持秩序和公共安全。违反交通法规的行为由负责行政工作的领事处理，违反巡捕房制度的则由负责司法工作的领事处理。1938 年武汉沦陷后，法国领事馆内设日本科，以加强同日本占领军的联系。

20 世纪 60 年代末至 70 年代初，这里曾经居住着苏丹杂技团来武汉学习杂技的外国友人。后成为武汉市干部住宅，当时的武汉市市长刘惠农、副市长谢滋群、邓垦等都在这里居住过。领事馆于 1950 年 12 月关闭，于 1993 年被武汉市公布为第一批优秀历史建筑。(图 2-29、图 2-30)

汉口法国工部局的旧址在今车站路、岳飞街、中山大道交会处的金源大厦。工部局于 1985 年建成，1896 年法国工部局及巡捕房入内办公。建筑采用砖木结构和砖混结构，地上两层，地下一层。建筑沿袭法国古典主义风格，清水红砖外墙，有贴墙的罗马柱、拱券门窗、帽顶钟楼、厚重坚实的花岗岩墙基，靠岳飞街一侧有露天阳台，整体建筑内格典雅别致。1942 年，法国维希政府派领事来中国汉口从日本占领军手里接管法租界。1943 年，维希政府领事将租界管理权移交给武汉汪伪政府。二战结束后，法国戴高乐政府接管法租界。1946 年 2 月，中法两国政府签订《关于法国放弃在华治外法权及其有关特权条约》，汉口法租界正式移交给中国，汉口法国工部局的房屋为汉口市警察局办公使用。1949 年后，该大楼改建为武汉市卫生防疫站，并于 20 世纪 80 年代末经政府部门授权，由开发商爆破拆毁。（图 2-31、图 2-32、图 2-33）

图 2-29　20 世纪初汉口法租界的街道及法国领事馆

（图片来源：盖蒂中心）

图 2-30　汉口法国领事馆前演奏活动合影

（图片来源：《博览中华图志》改绘）

图 2-31　原法租界工部局历史照片

（图片来源：《La Dépêche colonialeillustrée》；Dailymail 网）

图 2-32　原法租界工部局场地现状

（图片来源：作者自摄）

图 2-33　原法租界工部局场地现状

（图片来源：作者自摄）

2.4.2　建筑装饰

法国领事馆兴建年代较早，但建造质量较高，保存较为完整。其建筑装饰特点突出，造型精美，整体采用殖民外廊式风格，但建筑面积和规模较小，立面通透、轻巧。其建筑属于南亚殖民风格，底层办公，二层居住。入口为方柱门楼，上方有阳台，整个建筑三面中轴对称，规矩、简洁，连续拱极富韵律感。（图 2-34）

领事馆外墙为灰色麻石贴面。拱券式门窗，拱券刷成黄色，二层窗户还保留有原先使用的木制百叶窗。四坡红瓦屋顶，烟囱高耸在屋顶上。重建的领事馆四周建有花

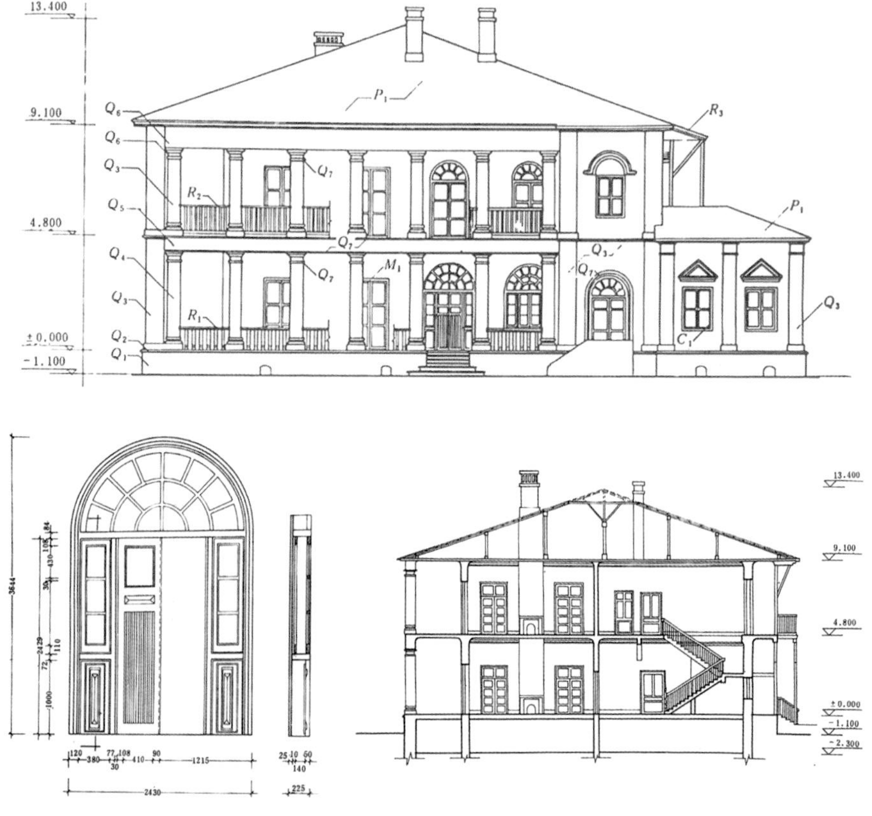

图 2-34　法国领事馆正入口、大门及室内剖面图纸

（图片来源：《中国近代建筑总览：武汉篇》）

园，院内建有车库，花园里一年四季林木森森，与外界有围墙相隔。两层均为外廊，拱券大窗。墙面粉饰灰色麻石，红瓦坡屋面，设有烟囱，屋内有壁炉、全铺木地板和木制百叶窗。

法国领事馆总体布局紧凑内敛，形状较为规整，由围墙围合成一个封闭规矩的庭院，与外部嘈杂环境相隔离，形成一个宁静、保卫森严的内部环境。它采用“外廊”这种建筑形式来组织建筑空间和交通系统，主要用来遮阳、挡雨、通风、纳凉和观景，也使建筑显得通透轻巧。（图 2-35）

1989 年，武汉建筑专家和日本建筑专家曾经对这幢小楼进行了一次全面的建筑勘测，实测报告中提及：“勘测当天，在楼房暗顶上找到一批旧瓦，瓦上刻有法文‘VISSTE MARSEILLE（马赛维斯特工厂）’，房子建在中国的内陆，砖头和瓦却是千里迢迢从欧洲运来。”汉口原法租界的法国领事馆整体采用二层砖木结构，室

图 2-35 原法国领事馆的大门、庭院及建筑转角墙面

（图片来源：《国际视野下的大武汉影像(1838—1938)》）

内设计有壁炉、木地板、木百叶窗，室内装饰深褐色的墙板，使空间更为凉爽、温润。为了适应武汉湿热的气候，建筑上门窗的尺度较大。（图 2-36、图 2-37）

图 2-36 原法国领事馆建筑的窗户装饰

（图片来源：作者自摄）

法国领事馆建筑细节较为丰富，但整体不显凌乱，十分协调。纵观建筑形体，其装饰简洁、明晰而抽象，其纹理、线条按一定规则设计，满足朴实的实用需求。建筑外立面装饰处理趋于几何理性，由多组水平装饰线构成石墙，宽平又有张力，令建筑在视觉上厚实稳健。在建筑外立面中，建筑体块的凸凹处理使得墙面装饰线条更为丰富，成为以线条引线为主体的立面简化形式，呈现出一种厚重、大气之美。在建筑的肌理上，石材特殊质感使建筑与环境达到完美协调，古朴、粗犷，彰显出一种不经雕琢的独特设计。（图 2-38、图 2-39）

图 2-37　原法国领事馆建筑栏杆细节装饰
（图片来源：作者自摄）

图 2-38　原法国领事馆建筑立面装饰及壁炉装饰
（图片来源：作者自摄）

图 2-39　美国建筑杂志中发现类似原法国领事馆室内壁炉装饰历史照片及手绘
（图片来源：《Architecture Review》《Architectural Record》）

2.5 原德国领事馆、工部局建筑装饰

2.5.1 建筑历史

汉口原德国领事馆位于德租界皓街(今一元路)与河街(今沿江大道)的交叉路口,1895年中德签订《汉口租界合同》,开辟德租界,之后德国领事馆建成,是由德国建筑师韩贝礼(G. L. Hempel)设计的。1917年中国和德国断交后,中国政府收回租界,德国领事馆关闭,1925年又重新开馆。1944年12月,美军轰炸武汉,日租界、德租界几乎被"夷为平地",但此建筑却奇迹般地幸存下来,1945年德国领事馆再次关闭。该建筑现为全国重点文物保护单位,位于沿江大道130号的武汉市人民政府内。建筑整体为独栋二层外廊结构,屋顶中部设有四面玻璃窗塔楼,塔楼四侧开半圆形天窗,既满足室内采光要求,又丰富建筑立面。建筑四角顶部设计有小穹顶塔楼,原有材料为铁皮,目前穹顶为混凝土覆盖、涂刷。(图2-40、图2-41)

图2-40 原德租界德国领事馆正立面

(图片来源:《武汉晚清影像》《那个年代的武汉 晚清民国明信片集萃》)

德国工部局大楼位于武汉市江岸区胜利街271号,是武汉市二级优秀历史建筑。该大楼1906年开始建造,建筑面积1705.43平方米,其中主楼面积1224.58平方米,采用四坡式屋顶,二层砖木结构,两层均为圆拱内廊。1944年12月24日,该大楼钟楼、屋面等遭到炸毁。新中国成立后,20世纪50年代对大楼进行过一次大规模的修理和白蚁防治。20世纪90年代,大楼作武汉市公安局户政处办公地

图 2-41　原德租界江边德国领事馆、德华银行

（图片来源：盖蒂中心）

点。2019 年 2 月，武汉警察博物馆正式开馆，其丰富多元展品包括麦加利银行保险柜、武汉市第一架直升机、武汉三镇历史地图等内容。武汉警察博物馆作为历史建筑重生的载体，是良好的文化传播媒介。博物馆及相关配套服务所产生的经济文化效益能够为历史建筑保护提供更多的支持。德国工部局大楼东北角最有特色的钟楼得以复原，这座哥特式风格塔楼高三层，每层向上收分，红色铁皮屋顶也成为当下汉口一元路街区的标志性建筑。（图 2-42、图 2-43）

图 2-42　原德国工部局巡捕房外立面

（图片来源：盖蒂中心）

图 2-43 原德国工部局巡捕房二层阳台及一层回廊均有盆栽装饰

（图片来源：盖蒂中心）

2.5.2 建筑装饰

德国领事馆和工部局建筑外观均已修复，其建筑外立面的保护修缮基本做到了与原建筑风格相一致。两栋建筑作为原德租界的标志性建筑，虽然相距一条街，但整体修复后还是体现出德国新哥特式风格的浑厚与细腻，其材料、构件和施工工艺也修旧如旧进行设计。目前，通过史料、老照片等还能进一步研究两栋建筑装饰的艺术价值与风格特点，深度延续历史建筑所承载的文化价值。同时，新的社会需求与功能空间新用途也对这两栋建筑的再利用、再改造提出了新要求。

原德国领事馆作为全国重点文物保护单位、武汉市优秀历史文物保护建筑，2018 年 10 月 22 日首度向武汉市民开放，设有“武汉历史映像与友城展”“武汉掠影”市情陈列室，成为市民了解武汉对外交往，特别是与国外友好城市的交往的一个窗口。目前展示内容丰富，包括部分友好城市赠送的具有当地特色的礼品，但是唯独缺失对这栋建筑本身的比较详细、深入的介绍与展示。德国领事馆由于在市政府大院内，“与世隔绝”，人们只能从远处观其建筑表象。

通过老照片可发现这栋建筑在外观设计中非常多的装饰细节，如屋顶塔楼正中原有一座镏金展翅雄鹰（1916 年拆除），入口大门上方也有一只张开翅膀佩戴皇冠的雄鹰。德国人对雄鹰的崇敬是虔诚而真诚的，早在古罗马时期，雄鹰就被贵族们视为至高无上的上帝的象征。德意志帝国成立时就规定了帝国之鹰的专门样式，在 1871－1918 年间老鹰的样式被修改过两次，最终为一个写实的帝国之鹰，头戴神圣罗马帝国皇冠。目前老照片中的雄鹰形象清晰，并且有类似人物或动物的图案在入口处，这些还可进行深入研究。

德国领事馆主入口设在正中，有门斗凸出，正面用条石砌筑台阶，两边坡道可直接驶入汽车。建筑四周设有回廊，但尺度均不相同，也许是为了适应当时的场地条件。外廊柱式目前装饰十分简洁，但老照片显示其原有柱式为爱奥尼克柱式，与目前室内空间一层柱式形态一致。原有建筑入口还有四根倚柱，柱头皆有人物或动物形象装饰，其造型生动。原德国领事馆建筑一、二层柱式之间皆有拱券，整幢建筑虽沿袭殖民地外廊式设计，但整体风格呈现出厚重、严谨、华丽的德国皇家建筑风格。（图 2-44）

图 2-44　原德国领事馆外观、德国乌兹堡宫外观

（图片来源：《武汉晚清影像》《Collection Gunter Hartnagel》）

德国领事馆建筑外观雕塑已毁，内部装修却仍然精致细腻。从天花、楼梯、门窗的装饰中，能够发现那个时代的流行样本，一种趋向于新艺术运动的室内风格倾向。入口大厅楼梯平台下设计有“椭圆弧形拱”，其尺度相对较大，这是新艺术运动中常运用的流线形式。楼梯平台立面装饰有两个椭圆彩色玻璃窗，二层设计有“门带窗”通向阳台，椭圆镂空楼梯栏杆和竖向图形、花卉浮雕排列有序，使得楼梯成为空间中一件特殊的装饰艺术品，富有韵律感，呈现系统性、协调性，穿插弧线、直线、几何形的综合运用，让德国领事馆室内建筑装饰与那个时代的欧洲装饰风格接近。未来，随着时代发展，这栋建筑更多的原始图纸和信息将被发现，在新材料的运用中，德国领事馆将呈现出更为丰富和适用的空间环境。（图 2-45、图 2-46、图 2-47、图 2-48）

图 2-45 汉口江滩原德国领事馆建筑外观及室内装饰现状

（图片来源：作者自摄）

图 2-46 墙面弧形门窗装饰艺术与目前的汉口原德国领事馆一层入口楼梯间比较

（图片来源：《Dekorative Kunstillustrierte Zeitschrift für angewandte Kunst》）

汉口原德国工部局建筑装饰细节突出，简约中体现德国中世纪哥特式风格。这个市政厅和警察局由建筑师洛塔尔·马尔克斯和埃米尔·布施的建筑公司于1907 年 3 月至 1909 年 1 月期间代表德国市政府建造。与当时许多德国市政厅一样，这座建筑也有一座钟楼，体现出中世纪公民自由的传统。1900 年竣工的布伦瑞克新哥特式市政厅可能就是其建筑的灵感来源。原有建筑在装饰材料运用

图 2-47 墙面玻璃装饰艺术

(图片来源:《Dekorative Kunstillustrierte Zeitschrift für angewandte Kunst》)

图 2-48 汉口江滩原德国领事馆室内装饰现状

(图片来源:作者自摄)

中采用节约成本的方式，底部采用本地红砂岩，建筑上面用砂浆粉刷，勾勒出石材砌筑形态，其整体效果既美观又节约成本，同时体现出近代汉口建筑工匠的娴熟技艺。

目前原德国工部局建筑外观修旧如故，内部功能置换为武汉市警察博物馆，对市民开放，室内展示设计精妙，能够有效地利用空间，成为专业类型博物馆的典范。武汉警察博物馆整体环境空间占地面积比较少，小规模微更新的设计比较适合未来的博物馆环境设计的发展。其实现建筑空间、景观环境与人三者的有机统一，拆除了围墙，让宝贵的公共空间资源对公众开放，变狭窄的路径为开敞的空间，外环境装饰设计中多运用植物进行搭配和调整，增加文创产品的售卖，如手机壳、手袋等，将一层角落空间打造为咖啡厅和小书店，让周围的居民也能享受舒适的空间氛围。（图 2-49、图 2-50、图 2-51、图 2-52）

图 2-49　汉口江滩原德国工部局景观现状

（图片来源：作者自摄）

续图 2-49

图 2-50 丹麦哥本哈根市政厅大楼、1900 年及当下德国不伦瑞克市政厅建筑与汉口原德国工部局塔楼相似

（图片来源：维基百科；https://upload.wikimedia.org/wikipedia/commons/c/cb/Braunschweig_Neues_Rathaus_1900.jpg；https://www.braunschweig.de/english/city/sights/_rathaus.php）

图 2-51　原德国工部局现在作为武汉警察博物馆的展示空间

（图片来源：作者自摄）

续图 2-51

图 2-52　原德国工部局巡捕房转角空间绿植配置设计

（图片来源：夏良娟设计）

续图 2-52

2.6 原日本领事馆、工部局建筑装饰

2.6.1 建筑历史

1885 年(光绪十一年),日本驻汉口领事馆正式开馆。“初在汉口日本租界一码头,1939 年迁到特三区交通银行,其管辖范围包括湖北、河南、江西;1904 年(光绪三十年)兼管湖南岳州、长沙”。[①] 日租界占地 700 余亩,面积仅次于英租界。日本领事馆曾管辖湖北、河南、江西等省,兼管九江、岳州等地事务。

“1891 年 4 月 1 日汉口领事馆被日本外务省限令闭馆,同年 9 月 28 日,领事馆关闭,馆务由上海领事馆代管。1898 年 8 月 7 日,汉口领事馆重开。1909 年 10 月 1 日,汉口日本领事馆升格为总领事馆。1937 年 8 月,日本总领事馆撤出汉口,

① 武汉地方志编纂委员会.武汉市志·外事志[M].武汉:武汉大学出版社,1991:37.

馆舍被中国抗日军民破坏。”①

1938年武汉沦陷后，日本总领事馆于10月27日复设，当时馆舍在江汉路、江汉二路交会处。不久，日本总领事馆在原址（今山海关路2号）重建，由日籍建筑师福井房一设计。日本总领事馆管理武汉及周边地区日侨事宜，1945年抗日战争胜利后关馆。（图2-53）

图2-53　原日本领事馆20世纪初历史照片

（图片来源：《那个年代的武汉　晚清民国明信片集萃》《晚清民初武汉映像》）

2.6.2　建筑装饰

日本领事馆建筑是带有英国殖民风格的新古典主义建筑。其三层砖木结构，红砖清水外墙，红瓦屋面，门窗皆为百叶样式，装饰简洁；连续条窗间设有壁柱，形成序列感。清水红砖墙砌筑形成立面装饰线条，建筑竖向窗、柱式、拱券比例协调。建筑平面呈长方形，立面为古典三段式，入口门斗处为白色水泥砂浆抹面装饰。

建筑二层为半圆拱券廊，圆形、方形罗马柱头设计，柱体穿插立面结构，突显轻盈。正面十开间，两侧各有一间凸出，中部入口处两间前凸。建筑三层檐口平台建有塔楼及鸟瞰平台，估计是当时领事馆用来实现对外瞭望的功能。塔顶四面穹顶，铁皮装饰，女儿墙上有丰富的镂空装饰，这样的设计使得建筑中轴线格外明显，中心立面也能够突显其特色。（图2-54、图2-55、图2-56）

---

① 《汉口租界志》编辑委员会.汉口租界志[M].武汉：武汉出版社，2003：239-244.

图 2-54　原日租界日本领事馆

（图片来源：《汉口案内》《晚清民初武汉映像》）

图 2-55　原日本领事馆屋顶装饰细节

（图片来源：https://hankoutowuhan.org/s/hankou/item/3363）

图 2-56　原日本领事馆 1910 年屋顶装饰细节

（图片来源：https://hankoutowuhan.org/s/hankou/item/3363）

第三章

汉口原租界
洋行建筑装饰

1861 年汉口开埠后，外国商人纷纷涌入汉口，进行各类商贸活动，特别是长江航运业的发展，促使码头文化成为汉口商业重要组成部分，发挥举足轻重的作用。沿江边的怡和洋行、日清洋行、太古洋行的商船可运输货物到德国柏林、荷兰阿姆斯特丹、日本东京、美国旧金山等地。五国租界区的码头均由各大洋行建造，用以各大洋行开展自身的业务，如 1871 年俄国顺丰洋行在俄租界江边兴建运送砖茶的码头，该码头是汉口港首座专用码头，顺丰茶栈和其洋行办公建筑也在俄租界内。另外，怡和洋行在英租界河街建一栋三层办公建筑，内建立洋行办公建筑，正对着怡和洋行的码头；日清洋行对应有日清轮船公司的码头等。这些都构建出近代汉口经济繁荣，时效、方便、快捷的生产销售和运输模式。“在 1891 年之前，湖北的洋行，就国别而论，以英国为最多，在 32 家洋行中占 16 家；412 个外国商人中，英国人达 177 个。其次是德国、俄国、美国、法国和日本，少者 1 家洋行，多者 6 家。”①（图 3-1）

图 3-1　原英租界江汉关、日清洋行 19 世纪初码头繁荣景象

（图片来源：http://www.laozhaopian5.com/minguo/1447.html）

洋行是外国资本家在中国开设的从事进出口贸易的商行，在一定程度上刺激了中国民族资产阶级的发展，也促使武汉由封闭的内陆城市向国际化大都市转变。汉口开埠至 19 世纪 20 年代，五国租界中的外国洋行就发展到 170 家左右，这

---

① 章开沅.湖北通史·晚清卷[M].武汉：华中师范大学出版社，1999：130-131.

一时期建造的洋行建筑在武汉近代建筑史上有着重要价值。一方面,洋行建筑风格反映出被西方文化渗透的外观特点;另一方面,洋行建筑建造技术与材料肌理也充分展现出汉口地方营造工匠的智慧。其建造技术和文化审美已与国际接轨。

随着京汉铁路、粤汉铁路和川汉铁路在汉口汇合,汉口与全国主要城市之间的陆路交通联系也得到加强,成为“九省通衢”重要交通要塞。不仅在航运领域有越来越多的国内和国际航线开通,而且陆运和铁路沿线地区商业也迅速发展,汉口的对外贸易额从 1906 年到 1911 年急剧攀升,1910 年在汉的外国人数已多达 2706 人。“汉口开埠后,来汉通商的有德国、俄国、日本、美国、英国、法国、意大利、比利时等 17 个国家。”①

最早来武汉的洋行经营商是英商宝顺洋行。英商怡和洋行于 1862 年在汉口建立洋行办公大楼,主要经营皮货、烟草、大豆等。怡和洋行也有自己的轮船公司,通过各地的航运业,经济发展迅速,实力雄厚,被称为“洋行之王”。随着西方商人将生意重点瞄准汉口,五国租界中的洋行规模越来越大,据不完全统计,从 1892 年至 1901 年,在汉口的洋行数量增加到 66 家。(图 3-2)

图 3-2 原英租界宝顺洋行办公楼与街道外立面空间

(图片来源:《博览中华图志》1873—1897 年雷夏伯藏影集)

目前原五国租界内现存的洋行建筑仅剩 40 余座,社会变革发展和城市大规模而急速的建设活动,使得许多具有研究价值的洋行建筑面临困境。一方面,城市居民存在“忽视”和“认识误区”,对历史建筑并不了解,另一方面,年久失修,室

① 皮明庥,邹进文. 武汉通史·晚清卷(上)[M]. 武汉:武汉出版社,2006.

内空间凌乱、混杂、设施落后，不能满足当代社会的各项需求，洋行建筑日渐处于被淘汰的境地。再者，保护方式或修复技术不当，对洋行建筑所造成的“保护性”破坏也时有发生。因此，如何有效地保护这些洋行建筑，认识其建筑风格、装饰艺术、材料特征，也成为必要的研究课题。（图 3-3、图 3-4、图 3-5、图 3-6）

图 3-3　原英租界怡和洋行早期在汉口的员工及家属合影

（图片来源：《博览中华图志》）

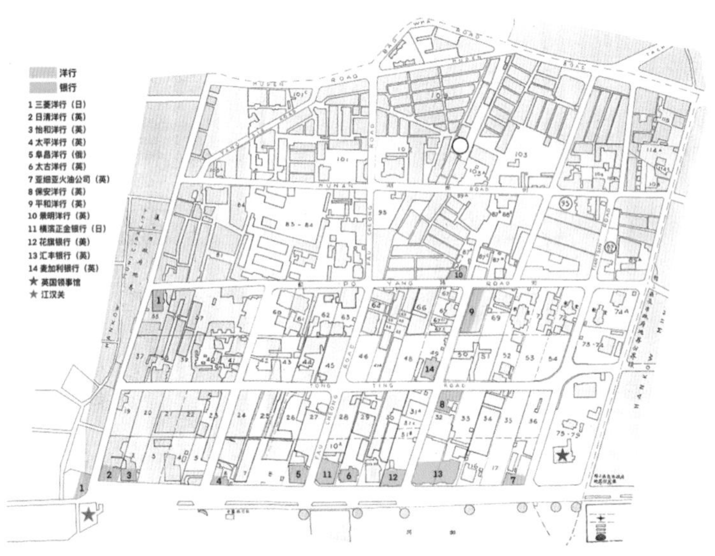

图 3-4　汉口原英租界洋行、银行建筑旧址分布

（图片来源：以 1931 年汉口地图为底改绘）

图 3-5 大来木行在汉口江边的木堆栈

（图片来源:《远东时报》）

图 3-6 “汉口太平洋行”在建筑屋顶的广告文字装饰

（图片来源:https://history.ifeng.com/c/7twpAQoPDhC#p=1）

3.1 汉口洋行建筑装饰特征

3.1.1 洋行建筑平面特征

洋行建筑通常会将办公楼设置在沿江地带,以方便日常经营,特别是从事航运业的洋行。时至今日，在汉口沿江大道上，依然屹立着多栋洋行建筑。为增大临街面积，方便货物运输，有的洋行建筑建于两条街交会处，平面呈“L”形，转角处做弧形处理，并设置主入口，临街两侧通常也会设置次出入口。如汉口俄商新泰大楼位于沿江大道与兰陵路交会处；保安洋行位于洞庭街和青岛路交会处；三北轮船公司位于沿江大道与洞庭小路交汇处等。(图 3-7)

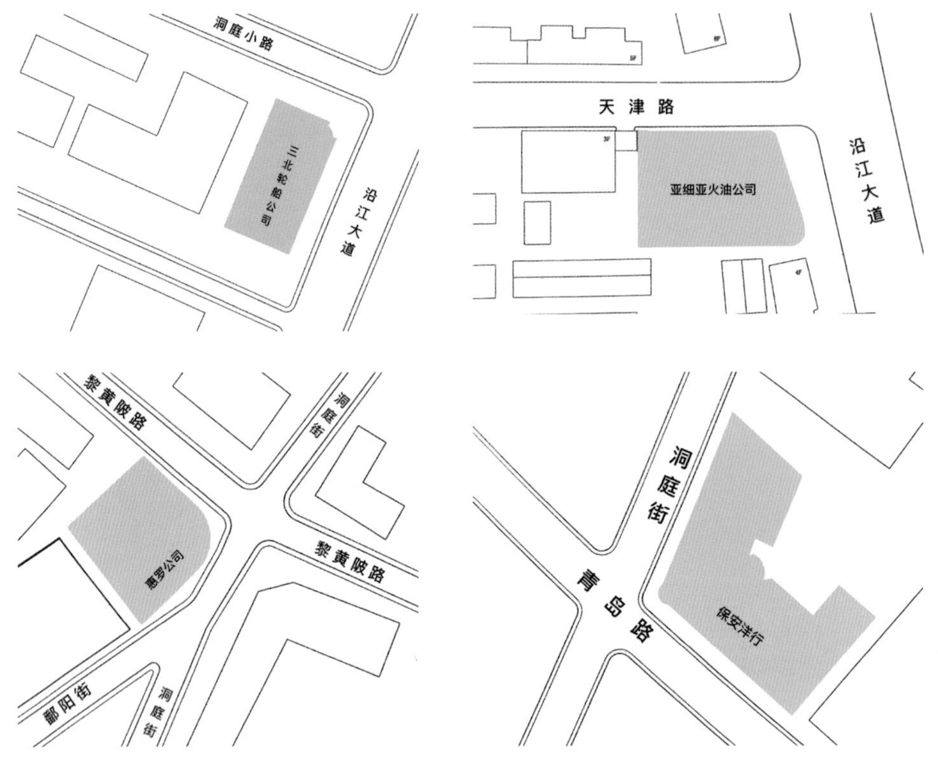

图 3-7　汉口原租界内洋行建筑选址与道路关系

洋行建筑一般平面布局灵活，并能合理利用空间。设计门厅连接出入口，其余多为办公空间，以公共楼梯、走道相互衔接。汉口的洋行为节省资金，底层用作商业、办公用房较多，楼上作为员工公寓使用。租界内也有少数洋行采用规则的对称式平面布局，如法租界立兴洋行，建筑体量不大，但空间利用率高，整体平面布局呈对称式等。(图 3-8)

图 3-8 立兴洋行 1901 年落成时的历史照片
（图片来源：《国际视野下的大武汉影像(1838—1938)》）

3.1.2 汉口洋行主要建筑装饰形式

汉口早期的洋行建筑多采用砖木结构，如怡和洋行、太古洋行、立兴洋行、宝顺洋行等。它们层数不多，体量不大，以砖墙承重，配合木构架和坡屋顶，整个建筑装饰简单而质朴，砖砌筑特色明显。19 世纪末，汉口逐渐引入钢筋混凝土技术，在西方现代思潮影响下洋行建筑风格凸显，体量渐大，层数更多，整体建筑装饰设计具有特色。汉口洋行建筑受外来文化影响较大，建筑风格呈现多样化趋势，简洁而时尚。

1. 早期殖民外廊式

武汉近代洋行建筑，早期表现为"殖民外廊式"建筑风格。这类洋行建筑以带有外廊构造为主要特征，楼层不高，为砖木结构，竖向用壁柱划分，主出入口设在一层中部，连续的半圆拱廊或方形廊柱几乎布满整个立面，如怡和洋行、立兴洋行、太古洋行等，进入 20 世纪后，外廊式风格逐渐被其他风格取代。

2. 中期古典三段式

进入 20 世纪后，西方古典主义建筑之风逐渐在汉口地域建构。建筑师们大量采取古典三段式设计洋行立面，如日清洋行大楼为五层钢筋混凝土结构，竖向三段式构图，中间内凹，三、四层由两层爱奥尼克柱划分，带有明显的文艺复兴式风格。在建筑尺度上，这一时期的洋行建筑体量相对较大，楼层较多，如俄商新泰大楼、保安洋行、日清洋行等。其建筑装饰重点在檐口、柱头、窗台、阳台等建筑构件上。

3. 后期现代简约式

汉口现存的洋行建筑中，现代风格的洋行建筑较多，如安利英洋行、三北轮船公司等。其立面设计简洁，没有复杂的古典装饰，没有多余的线脚，仅在一层大门两侧设有古典柱式结构作为修饰，均采用简单的矩形窗。这类洋行建筑立面装饰多强调竖向划分，打破了古典三段式构图的束缚，带有浓厚的现代主义风格。

3.1.3　汉口洋行细部装饰特征

1. 外立面材质丰富

汉口近代洋行建筑外立面装饰材料丰富，主要包括清水红砖、麻石、人造石材、水泥砂浆、面砖等。外立面为清水红砖墙的洋行有宝顺洋行、立兴洋行、卜内门洋行等；外立面采用麻石和人造石材外立面装饰设计有日清洋行、俄商新泰大楼、景明洋行等。汉口的洋行建筑有不同的装饰特征，仔细观察砖石发现，偏暖色的砖墙产生活泼、轻快的视觉效果，偏深褐色的砖有沉稳、庄严之感。洋行建筑不同材质的外立面具有不同色彩，而其丰富性能够体现出洋行建筑特色。（图 3-9）

图 3-9　修复后的洋行外立面、废弃洋行入口墙面、洋行红砂岩基础效果

（图片来源：作者自摄）

2. 门窗特色

汉口早期的洋行建筑开窗面积都不大，门窗形式较为单一，一般为拱形门窗、矩形门窗。洋行建筑有些仅仅在窗楣有少量装饰，近代后期的洋行中，多采用大面积的玻璃钢窗，用简洁的形式，没有过度装饰，如景明洋行立面门窗均为直线条和大面积玻璃组合门窗，具有现代、简约的装饰风格。(图 3-10、图 3-11)

图 3-10　原英租界洋行外立面门窗设计
(图片来源：作者自摄)

图 3-11　平和洋行正立面顶部标志装饰及修复后效果
(图片来源：作者自摄)

3. 阳台构造

近代洋行建筑的阳台构造多采用挑出设计，设置在建筑二层中间，阳台的局部细节装饰具有特色，如在建筑中心立面设置挑出阳台，下方用牛腿装饰支撑。多数阳台面积较小，但节奏感强，能起到丰富立面的效果，而亚细亚火油公司阳台较大，在阳台底部构造装饰中也有丰富的花卉图案。不同的洋行建筑在阳台栏杆的处理上也各有不同，有些采用铁艺栏杆，有些实墙栏杆，有些顶部女儿墙为宝瓶式石栏杆。（图 3-12）

图 3-12　洋行建筑阳台设计

（图片来源：作者自摄）

4. 塔亭构建

汉口原租界区很多街道转角处均建有洋行，位置选择上的优势让洋行建筑在装饰上也选择塔楼这一中心形式，这使得转角处更显得独一无二。汉口有些洋行建筑的屋顶设计成花园，其塔楼又成为特别的楼梯间或者开放的庭院建筑，塔楼顶部的穹顶设计也反映出当时建筑装饰特色。汉口日清洋行、惠罗公司、保安洋行等均在弧形转角处有独到的设计，使洋行建筑本身具有醒目特色。（图 3-13）

图 3-13　太平洋饭店塔楼、汉口英商电灯公司塔楼、民国报馆塔楼

（图片来源：作者自摄）

3.2 原英租界洋行

3.2.1 宝顺洋行(Evans Pugh & Co.)

1. 建筑历史

宝顺洋行旧址位于天津路 5 号，洞庭街与天津路交会处，是一家老牌英资洋行。1861 年汉口开埠，英国首先于 1863 年设立宝顺洋行汉口分行，主要经营西药、杂货、布皮、茶叶、蚕丝、棉花等商品的进出口贸易，也曾经营长江航运。1906 年前后，宝顺洋行在英租界宝顺街兴建西式办公楼。宝顺洋行由汉合顺营造厂建造，为三层砖混建筑，现为居民住宅，是武汉市二级历史保护建筑。宝顺洋行是汉口现存最早的洋行建筑遗产，具有很高的历史价值，其建筑装饰细腻、图案丰富，具有典型的艺术特征。(图 3-14)

图 3-14 宝顺洋行现状照片
(图片来源：作者自摄)

2. 建筑装饰

汉口宝顺洋行为三层砖混结构，以清水红砖砌筑，属古典主义建筑风格。建筑平面呈 L 形，形成街角景观。沿天津路和洞庭街的转角处展开丰富的立面，主出入口设于此。转角处采用立面三段式构图，壁柱贯通三层，雕刻精致。砖拱木窗、三角形窗楣、门楣及露台等构件具有韵律感，红瓦坡屋顶，楼顶檐口细部装饰白色线条。大楼展开的两侧墙体为横向凹槽设计，二、三层有挑出的弧形小阳台和内阳台，转角部分圆柱形突出，右侧内墙设有通高的烟囱，现保持完好。(图 3-15)

图 3-15 不同历史时期宝顺洋行修复中的阳台、檐口、壁柱装饰色彩变化

(图片来源：作者自摄)

3.2.2 怡和洋行(Jardine Matheson & Co.)

1. 建筑历史

怡和洋行是 19 世纪 30 年代初英国商人威廉 · 渣甸(William Jardine)和詹姆斯 · 马地臣(James Matheson)在中国设立的企业，又名渣甸洋行。乾隆四十七年(1782 年)开设于广州，经营中、印、英之间的贸易。“道光十二年(1832 年)改组，以其行东查理 · 马地臣姓名命名，是当时最大的鸦片走私商行。鸦片战争之后该行迁驻香港。”[①]怡和洋行是在华时间最长、势力最庞大、接触业务最广的洋行，一度被称为“洋行之王”。其在中国各地都有各类加工厂，如皮革加工厂、桐油加工厂、怡和纱厂等，主要经营牛皮、猪鬃、桐油等进口贸易。随着第二次鸦片战争的发动及《天津条约》《北京条约》的签订，航运带来的商机吸引怡和洋行于19世纪60—80年代在香港、上海、汉口等地设立码头、仓库。

汉口怡和洋行分行创立于1862年，在汉口所涉及的工厂业务全面，为汉口近代工业建筑发展起到重要作用。约在1871年，英商怡和洋行率先在汉口英租界设立桐油加工厂，选址于日租界，在燮昌小路(今郝梦龄路)和沿江大道的拐角处。怡和洋行最初的办公地点位于码头和船上，1880年将办公楼建于汉口沿江大道，并在江汉路设立怡和机器有限公司用于展示，随后陆续在沿河街、洞庭街、黄陂路、珞珈山街等地建仓库、办公楼及住宅。

“据史志记载，自唐代中叶至清道光时的1000年里，武汉地区先后发生洪灾50余次，平均不到20年就出现一次大水。近代的1870年、1931年、1935年三次大水曾给江城武汉造成极为惨重的洪灾。”[②]怡和洋行也未曾幸免，其位于江汉路的怡和机器有限公司在洪水季节也会发生内涝。(图3-16、图3-17)

图3-16　1889年怡和洋行在汉口江边的办公楼、怡和洋行货栈(晒牛皮)以及20世纪30年代怡和洋行在汉口河街的风貌

(图片来源:《Twentieth century impressions of Hongkong, Shanghai, and other ports》;《Glimpse of China》;《武汉晚清影像》;京都大学图书馆)

① 罗福惠.湖北通史·晚清卷[M].武汉:华中师范大学出版社,1999:131.

② 皮明庥,邹进文.武汉通史·晚清卷(下)[M].武汉:武汉出版社,2006.

续图 3-16

续图 3-16

图 3-17　江汉路 1931 年怡和机器有限公司门口的水涝

(图片来源：https://www.sohu.com/a/567703775_121275286)

怡和洋行码头于 1875 年建立，最初业务以轮船航运为主，兼营进出口贸易。其主管机构称“船头部”，下设轮船、趸船、码头、堆栈 4 个办事处。趸船办事处有员工 10 余人，有“汉口”号和“汉阳”号两条趸船。1880 年在江汉关下首第一次建货栈，有栈房 1 所；1904 年又增建 1 所，共 4 大间。直到 1911 年，共有堆栈 6 间，占地 8640 平方米，员工最多时达 100 余人。怡和洋行在各租界均有地产，其位于俄租界的地块上设有大规模的木材加工厂，用以运输本地及长江上游各省出产的木材资源。运输木材的竹筏与往常的帆船不同，而是呈横梁快艇的形态，航行速度更快也更为便捷。1870—1887 年间，汉口到伦敦的航运时长由 61 天缩短至 36 天。[①]（图 3-18、图 3-19、图 3-20、图 3-21、图 3-22）

图 3-18　怡和洋行木材加工全貌

图 3-19　怡和洋行码头木材加工厂

（图片来源：《Twentieth century impressions of Hongkong, Shanghai, and other ports》）

图 3-20　怡和洋行在汉口江边的办公楼

（图片来源：盖蒂中心）

① LINDSAY T J. Journal of the Hong Kong Branch of the Royal Asiatic Society. Royal Asiatic Society Hong Kong Branch, 2019:52.

图 3-21　怡和洋行趸船屋顶上有怡和洋行英文名称和中文字

（图片来源：《China Proper》）

图 3-22　怡和洋行各类广告及室内机械展示

（图片来源：《远东时报》）

2. 建筑装饰

在西方国家影响下，近代中国工业建筑经历了由木构架厂房向砖木、砖混结构厂房，及钢结构、钢筋混凝土结构厂房的转变。新的制砖技术成熟和优良砖的制造，使怡和洋行在建造居住建筑时大量使用砖混结构，而怡和洋行的厂房、码头设计则基本采用钢结构和钢筋混凝土结构。怡和洋行丰富的居住建筑类型和先进材料的使用引起汉口房地产开发商的争相效仿，为汉口租界的建筑形式及装饰提供了丰富的实证。

目前汉口遗存的怡和洋行住宅建于19世纪末，为三层砖混结构，屋顶形式为四坡式，正立面采用连续拱券，沿袭古典主义风格。建筑立面各层上下略有变化，一、二层设有外廊道，形成外廊式建筑。建筑基底层以平整的方形块石砌筑，立面构图简洁、庄重、稳定。建筑室内设计丰富，使用木质楼梯和彩色玻璃、带图案的瓷砖等装饰材料，天花板及墙面还含有设计丰富的石膏线条，地面铺设木质地板，以马赛克砖点缀装饰，设施精细美观，极具美感。（图3-23、图3-24、图3-25、图3-26、图3-27、图3-28）

图3-23　怡和洋行居住建筑外立面

（图片来源：作者自摄）

图3-24　怡和洋行居住建筑室内木质楼梯及天花板

（图片来源：作者自摄）

图 3-25　怡和洋行居住建筑室内木门及门锁

（图片来源：作者自摄）

图 3-26　怡和洋行居住建筑内部二层墙体设计及壁炉装饰

（图片来源：作者自摄）

图 3-27　怡和洋行居住空间室内楼梯、吊顶、内窗装饰
（图片来源：作者自摄）

图 3-28　怡和洋行居住建筑内部玻璃门窗
（图片来源：作者自摄）

3.2.3　保安洋行（Union Insurance Society of Canton）

1. 建筑历史

保安洋行建于 1914 年，原由英国保安保险公司开设，主营保险业。保安洋行建筑由景明洋行设计，汉协盛营造厂施工。该建筑为五层钢筋混凝土结构，建筑

立面为折中主义风格(融合了巴洛克风格与古典主义风格),建筑屋顶设计塔楼,建筑立面为曲面,转角顶层设有花园,后加盖屋顶,装饰细节保存完整,风格简洁、大气。(图 3-29)

图 3-29 汉口保安洋行历史建筑老照片
(图片来源:孔夫子旧书网)

2. 建筑装饰

保安洋行建筑立面庄重典雅,整体设计较为简洁,建筑左右对称,造型轮廓整齐、庄重雄伟,主要装饰集中于柱、出入口和顶层塔楼,主出入口的雨棚、牛腿装饰题材丰富,五层均设计有外廊,装饰以花环、果实、叶片等植物图形为主。拱券之间、塔楼窗间也均装饰有植物纹样,窗户内镶嵌彩色玻璃,由曲线与直线组成几何图案。二层阳台栏杆为宝瓶式铸铁栏杆,栏杆柱头设计有新艺术风格的元素。(图 3-30、图 3-31)

图 3-30 保安洋行建筑外立面现状

(图片来源:作者自摄)

图 3-31 保安洋行主出入口的牛腿植物图形建筑装饰及铸铁栏杆

(图片来源:作者自摄)

建筑门楣托起自二层开始直上五层的半圆形转角楼体，三个高大拱券极为壮观。再往上是顶层塔楼，以密集的石柱形成三个柱廊，更添奢华感。建筑从中轴线向两边伸开，上下五层全部采用外廊设计，各有层次变化。最下两层为厚重的方墩状柱廊，三、四层为高大的多利克式柱廊，再往上是三、四层的延伸，使这段柱式结构更加高耸畅达。建筑顶部是矩形窗围起的顶层，有塔楼，整栋建筑的结构及其装饰带有巴洛克风格。室内楼梯栏杆装饰精美，壁炉形态在修复过程中较历史原貌有较大差异，缺少细致的装饰纹样。（图 3-32）

建筑立面采用标准的古典主义三段式构图。造型轮廓整齐、庄重雄伟。拱券式大门门头刻有“UNION BUILDING”字样（图 3-33），为建筑名称；门头上方的两处圣杯雕塑装饰与江汉关门头上的装饰形态类似。转角楼体两侧各有六根贯通三、四层的爱奥尼克柱，柱两侧各设上下对齐的悬挑铸铁栏杆阳台。主出入口为拱券式大门，门框凸凹雕花。窗户内镶嵌彩色玻璃，由曲线与直线交织成几何图案。（图 3-34）目前建筑室内为酒店，每层客房按照原有建筑进行改造，形成多个带有老汉口特色的房间，其中两层转角中间主楼房间最具特色。

图 3-32　保安洋行室内壁炉现状

（图片来源：作者自摄）

图 3-33　江汉关主立面山墙建筑装饰与保安洋行入口建筑装饰比较

（图片来源：作者自摄）

图 3-34　保安洋行室内布局现状

（图片来源：作者自摄）

3.2.4　太古洋行(Butterfield & Swire Co.)

1. 建筑历史

太古洋行创始人早年在英国利物浦做出口商。为扩展亚洲业务，其子约翰·塞缪尔·斯维尔(John Samual Swire)于 1866 年 12 月 3 日成立英资太古洋行。出于寓意吉祥，中文名选用“太古”，与汉语“大吉”在字形上形成关联，自此公司得名“太古洋行”并在中国被广泛认知。太古洋行最初主要从事进出口贸易，后将投资重心从商业转向航运业，1872 年 1 月 1 日，太古洋行旗下的太古轮船公司(The China Navigation Company)在伦敦注册成立；1873 年 4 月 1 日，英国太古轮船公司正式开行长江航线。[①] 总公司设在伦敦，分公司设在上海、香港，业务委托上海太古洋行代理，并于 1872 年 4 月 17 日开始长江航运，开辟沪港航线。(图 3-35)

1866 年到 1951 年，太古洋行(含太古轮船公司)从香港开始在上海、武汉等城市设分行或码头货栈，经营进出口贸易和航运业，并在中国沿海多个小型口岸担任银行代理，由伦敦专门印钞的公司 Waterlow & Sons 印制发行“太古庄”银票，用于贸易流通。太古集团以太古洋行、太古轮船公司为核心，发展为涵盖不同职能子公司的大型集团企业。(图 3-36)

---

① 皮明庥，邹进文. 武汉通史·晚清卷(下)[M]. 武汉：武汉出版社，2006.

NOTICES OF FIRMS.

NOTICE.

WE have established ourselves in Shanghai as *Merchants* under the firm of BUTTERFIELD & SWIRE.

RICHARD SHACKLETON BUTTERFIELD.
JOHN SAMUEL SWIRE.
WILLIAM HUDSON SWIRE.

Tai-Koo Yuen Hong, Corner of Foochow and Szechuen Roads, formerly occupied by Messrs. FLETCHER & Co.

tf 1638 Shanghai, Dec. 3rd, 1866.

图 3-35　太古洋行 1866 年 12 月 3 日开张启事广告；太古洋行航运业广告

（图片来源：《北华捷报》）

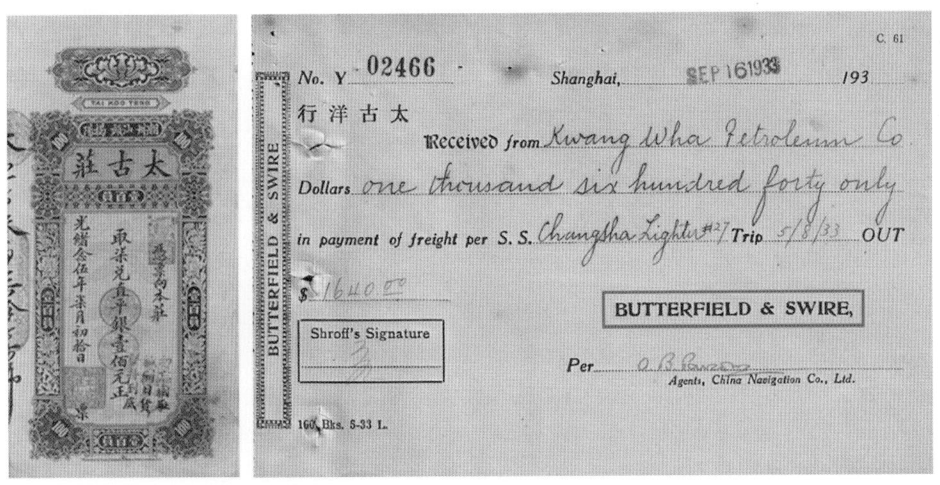

图 3-36　太古轮船公司的"太古庄"银票和旗下 20 世纪 30 年代的保单一份

（图片来源：https://www.kongfz.com/；7788 收藏网）

汉口太古洋行主要经营远洋航运、仓库储存和船舶租赁业务，在租界内有多处房产，分为上太古、中太古和下太古。建筑仓库、办公大楼在汉口英租界沿江的上太古（今民生路至江汉关博物馆一带），在中太古（今南京路至天津路一带）和下太古（今黄浦大街一带）分别建有专用码头、仓库、堆栈，绵延 10 余里，太古轮船公司成为长江航线上实力最雄厚的轮船公司。（图 3-37、图 3-38）

太古洋行办公楼作为武汉太古洋行旗下最有代表性的建筑，1918 年由英商太古洋行汉口分公司出资，魏清记营造厂施工建成，使用至今。目前，该建筑为长江武汉航道工程局办公楼，现状保存良好，1993 年被评为武汉市优秀历史建筑。

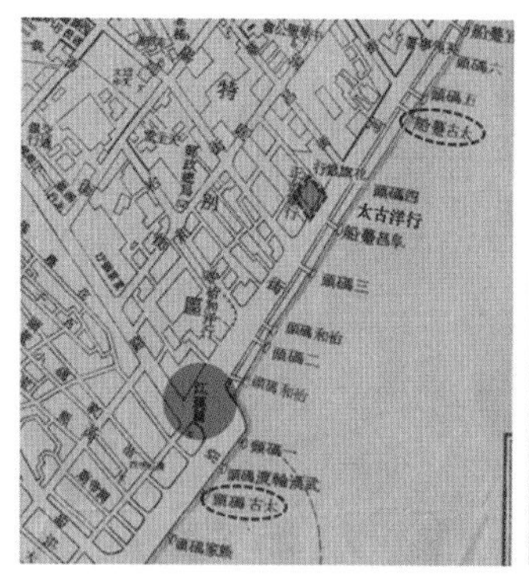

图 3-37　上太古和中太古码头、太古洋行办公楼在地图上的对应位置及历史照片
（图片来源：1938 年武汉三镇市街实测详图；https://hpcbristol.net/）

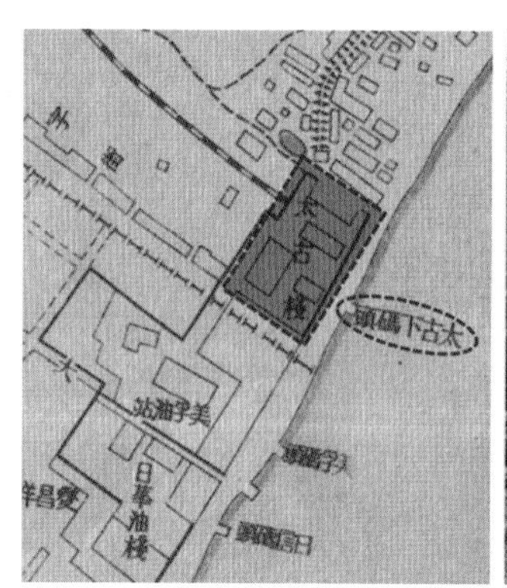

图 3-38　太古下码头、堆栈仓库位置及历史老照片
（图片来源：1938 年武汉三镇市街实测详图；京都大学图书馆）

2. 建筑装饰

现存太古洋行办公楼位于原横滨正金银行旧址和原花旗银行旧址之间。建筑为四层砖混结构，原清水红砖外墙喷涂浅灰色真石漆，屋顶为四坡红瓦顶，出檐较深，三层、四层间以凸出的横向线条装饰。整栋建筑风格简洁典雅，开间整齐，比例和谐。（图 3-39）

图 3-39　太古洋行建筑现状

（图片来源：作者自摄）

太古洋行立面由柱和拱券组合而成，正立面横纵呈三段式布局，严谨对称，营造出西方古典主义建筑的庄严氛围。建筑四层全部采用外廊式结构，目前在外廊式的基础上全部封闭窗体，成为较为独立的办公空间。第四层采用了四角直方窗，条窗间设爱奥尼克双柱。各长廊以拱窗方窗做间隔，不同窗型的交错排列，在重复中产生变化。底层空廊得以保留，以拱券做间隔，辅以锁石装饰，凸出的主出入口设计独具特色。主入口西方古典柱式的两根立柱支撑门斗，上方设有精致的露台，雅致简洁。（图 3-40）

图 3-40　太古洋行凸出门斗、清水红砖墙面与大面积麻石墙、四角直方窗、拱券窗

（图片来源：作者自摄）

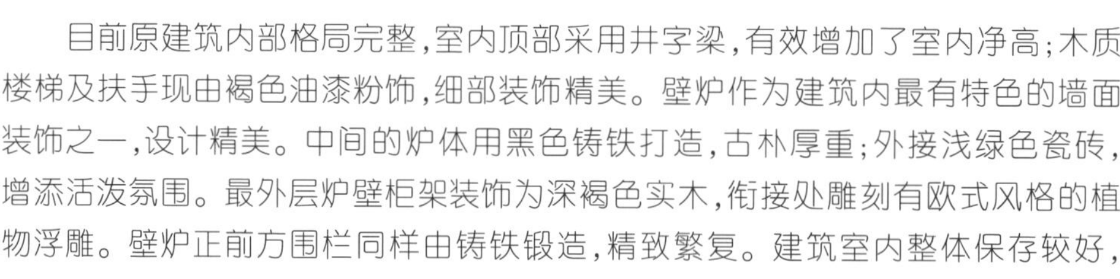

目前原建筑内部格局完整，室内顶部采用井字梁，有效增加了室内净高；木质楼梯及扶手现由褐色油漆粉饰，细部装饰精美。壁炉作为建筑内最有特色的墙面装饰之一，设计精美。中间的炉体用黑色铸铁打造，古朴厚重；外接浅绿色瓷砖，增添活泼氛围。最外层炉壁柜架装饰为深褐色实木，衔接处雕刻有欧式风格的植物浮雕。壁炉正前方围栏同样由铸铁锻造，精致繁复。建筑室内整体保存较好，各类装饰细节构件保存良好。

3.2.5 景明洋行(Hemmings & Berkley Co.)

1. 建筑历史

英资景明洋行建于1921年，是20世纪初在汉口建立的外资建筑设计公司与监理机构。建筑师海明斯(R. E. Hemmings)和工程师伯克利(E. J. Berkley)在汉口留下19座建筑精品，其中包括横滨正金银行、汉口英商电灯公司、新泰洋行、保安洋行、日清轮船公司等。作为外资在汉口建立的第一栋钢筋混凝土建筑，景明洋行不仅外观独特，而且室内设计也构思精巧。这栋原英租界历史建筑所包含的历史价值、文化价值、设计理念都值得当下设计师仔细研究。(图3-41、图3-42、图3-43、图3-44、图3-45)

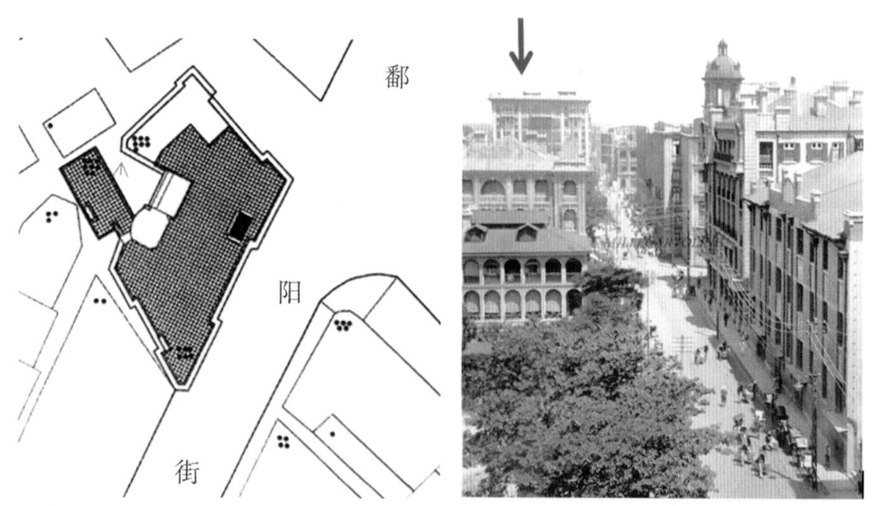

图3-41 景明洋行建筑总平面图及老照片

(图片来源:《武汉近代洋行·公司建筑》;
http://www.360doc.com/content/21/0727/10/75289919_988365282.shtml)

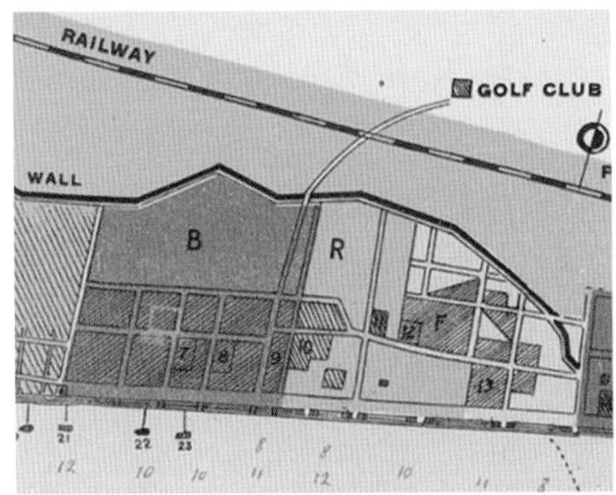

图 3-42 原英租界 1902 年景明洋行区位

图 3-43 原英租界 1912 年景明洋行区位

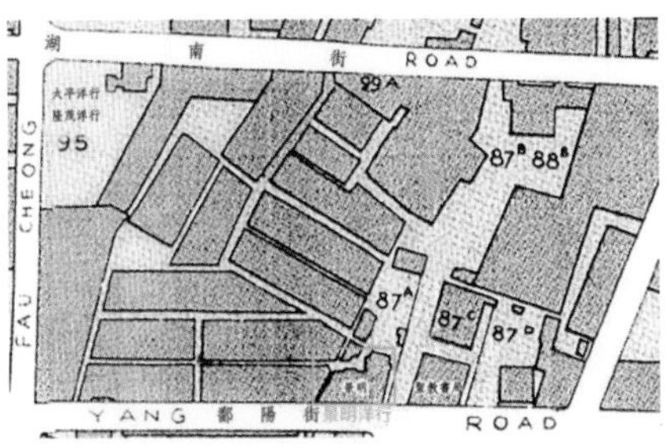

图 3-44 原英租界鄱阳街 1931 年景明洋行区位

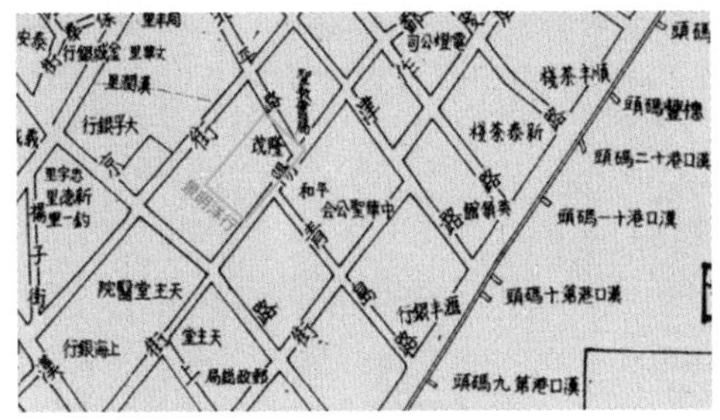

图 3-45 汉口鄱阳街 1951 年景明洋行区位

景明洋行集聚了一群素质较高的技术人员。其中,“中国建筑师卢镛标,虽无大学专业学历,但年青时就进入景明洋行当学徒,肯学肯钻,终成大器;还有刘根泰、钟前功、蔡啸涛、许佩青、顾本祥等一批中国助手”[①]。1930 年卢镛标离开景明洋行,开设汉口第一家华人建筑设计所——卢镛标建筑设计所,设计作品有中国实业银行、四明银行等。(图 3-46)

图 3-46 景明洋行原办公场地老照片;19 世纪西方建筑师事务所室内

(图片来源:http://www.greattearoute.com/index.php/index/index/newsdetail? id=1
《Architectural Review》)

① 《汉口租界志》编纂委员会. 汉口租界志[M]. 武汉:武汉出版社,2003:188.

2. 建筑装饰

1)立面设计及入口

景明洋行由汉协盛营造厂施工,地上六层,地下一层,竣工于1921年,是当时汉口临江的标志性建筑,也是汉口原英租界的早期钢筋混凝土建筑。其立面采用西方古典风格三段式设计,体现出建筑横向与纵向的对称布局。从正立面横向设计中可以发现建筑上端挑出较大檐口,横向划分的中段尺度较大,由落地玻璃窗组合成单元模块。阳台形态精致古典,其立面装饰吸收了当时西方流行的高层建筑式样,如沙利文和艾德勒设计的芝加哥剧院,形成立面横向划分的起伏形态,稳重而典雅。(图3-47、图3-48、图3-49)

图3-47 原英租界景明洋行、圣教书局、麦加利银行、保安洋行

(图片来源:《汉口五国租界》)

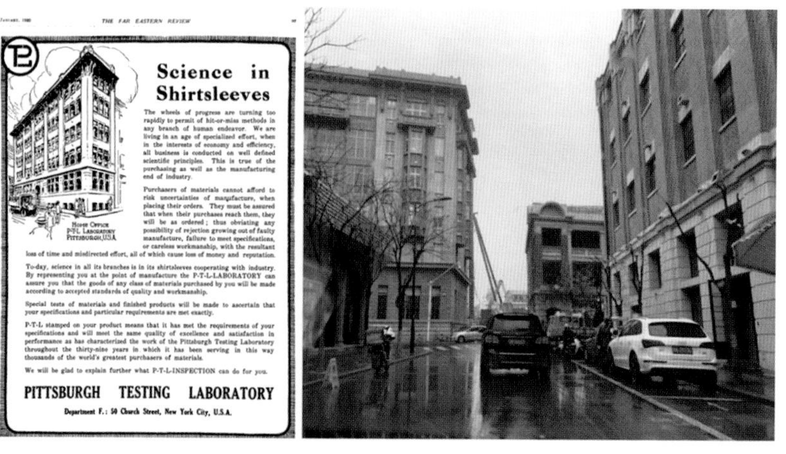

THE FAR EASTERN REVIEW

Science in Shirtsleeves

Home Office
P-T-L Laboratory
Pittsburgh, U.S.A.

The wheels of progress are turning too rapidly to permit of hit-or-miss methods in any branch of human endeavor. We are living in an age of specialized effort, when in the interests of economy and efficiency, all business is conducted on well defined scientific principles. This is true of the purchasing as well as the manufacturing end of industry.

Purchasers of materials cannot afford to risk uncertainties of manufacture, when placing their orders. They must be assured that when their purchases reach them, they will be as ordered; thus obviating any possibility of rejection growing out of faulty manufacture, failure to meet specifications, or careless workmanship, with the resultant loss of time and misdirected effort, all of which cause loss of money and reputation.

To-day, science in all its branches is in its shirtsleeves cooperating with industry. By representing you at the point of manufacture the P-T-L-LABORATORY can assure you that the goods of any class of materials purchased by you will be made according to accepted standards of quality and workmanship.

Special tests of materials and finished products will be made to ascertain that your specifications and particular requirements are met exactly.

P-T-L stamped on your product means that it has met the requirements of your specifications and will meet the same quality of excellence and satisfaction in performance as has characterized the work of the Pittsburgh Testing Laboratory throughout the thirty-nine years in which it has been serving in this way thousands of the world's greatest purchasers of materials.

We will be glad to explain further what P-T-L-INSPECTION can do for you.

PITTSBURGH TESTING LABORATORY

Department F.: 50 Church Street, New York City, U.S.A.

图3-48 19世纪与景明洋行外立面极为相似的美国建筑效果图、景明洋行街区现状

(图片来源:《远东时报》;作者自摄)

图 3-49 景明洋行正立面古典风格大檐口及凸窗下的现代结构支撑

(图片来源:作者自摄)

景明洋行建筑装饰风格具有折中主义特征,建筑外观虽然保留古典三段式,但在建筑装饰细节的处理上趋于简洁现代化,大量运用直线、对称和几何形式。大楼平面布局合理,功能紧凑,整体结构方正,造型简朴,突出檐口和腰线,结构上则更加表现出钢筋混凝土的优越性,如柱间玻璃窗开窗面积较大、阳台出挑较多等。(图 3-50、图 3-51)

图 3-50 景明洋行建筑外立面装饰

(图片来源:作者自摄)

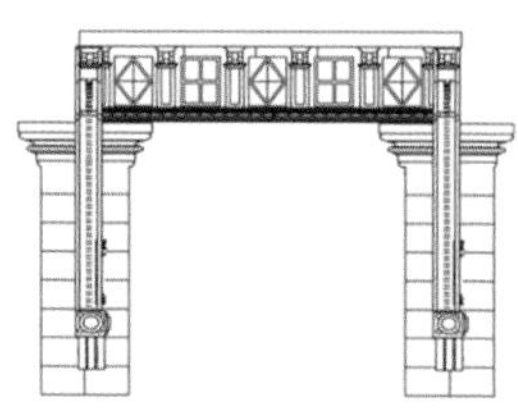

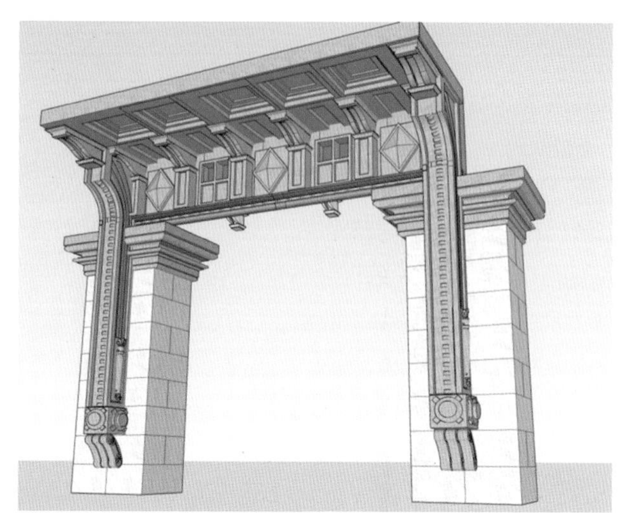

图 3-51　景明洋行檐口装饰细节

（图片来源：姚孟绘制；作者自摄）

正立面纵向设计以建筑中心线左右对称分开，檐口左右对称，中间部分凹进。四开间透明玻璃窗成为视觉中心，借用异质同构美学原理，沿中心线两侧均分。正立面两端凸窗延伸到六层阳台，布局对称，形式瞩目。凸窗之下设计几何形支撑结构，具有现代性。景明洋行正立面的对称式布局体现出建筑师海明斯和工程师柏格莱的精妙构思、对西方古典主义建筑风格与构造技术的精准把握，同时也充分体现出近代外籍建筑师的专业学养。

2)落地长窗及阳台装饰

景明洋行正立面窗户及阳台设计是现代风格与古典风格的结合。20 世纪初，西方现代设计思潮席卷整个欧洲，同样也传入东方。柯布西耶的“新建筑五点”、包豪斯的“钢筋混凝土结构”“玻璃幕墙窗”等先进设计思想巧妙地运用在景明洋行的立面设计中。建筑立面正中的大型落地玻璃窗不仅形式整体、简洁，而且也为室内空间提供自然光，有利于建筑师的日常作图。立面玻璃窗平开至 180 度，全面打开，改善自然风引入条件，为办公空间提供有利的通风环境。(图 3-52)

图 3-52 景明洋行建筑立面

(图片来源：作者自摄)

景明洋行建筑立面共设有十个阳台，东立面阳台处于建筑正立面，也即朝向街面，因此在设计上与建筑古典主义风格相协调，阳台栏杆选择“方尖碑”形式，并用古典涡卷形牛腿装饰；西立面阳台略显小巧、精致，在阳台栏杆设计中运用铸铁花装饰，图案以方中扣圆、对角线交叉直线为主体，阳台牛腿支撑结构较为简洁，底部安装吸顶灯，用以提供夜间照明；北立面有一个阳台较大，其基本形式与东立面阳台相似，运用较为古典的结构风格与建筑檐口协调统一。景明洋行阳台设计使建筑立面变化丰富，在细节设计中也寻求西方典型图形作为装饰，整体上具有多样统一特征。

3)外窗功能特色与装饰

(1)气窗设计

景明洋行在外窗结构设计上有其特别的考虑，彰显出建筑师对建筑朝向、室内微气候效应的注重。武汉地处亚热带气候，夏季炎热潮湿，为了更好地调控室内空间的热量，建筑师在每个外窗下安装一套换气设施。气窗能够手动操作——转动连杆使其开合，外部有铸铁格栅，防止老鼠或其他动物进入。通过气窗，可促进室内空气对流，产生类似于空调的送风与回风效应。

(2)木质卷帘

景明洋行东立面面向长江，有良好的江景视野，因而外窗采用全落地打开设计，并设置木质手动卷帘。近代汉口窗帘一般由布、麻、纱、丝等制作，而景明洋行的窗帘却用木片制作。它具有遮阳、隔热、调节室内光线、环保等多项功能。窗帘控制方式为手动，加之建筑师对细节金属五金件的精心考量，这种独特的窗帘成为一百多年后汉口历史建筑中不可多得的功能性、装饰性完美结合的遗存。(图3-53)

图 3-53 景明洋行外窗下的连动式气窗和木质卷帘

(图片来源：作者自摄)

(3)顶层天窗

景明洋行最巧妙的一处设计是在建筑六层顶部开设屋架形天窗，引入自然光线，渲染出自由、舒适的空间氛围，可见海明斯设计团队在 20 世纪初就能够将共享空间、可持续设计的理念充分实践。顶部天窗周边设计有二方连续的菱形图案，这不仅是几何形与建筑外立面相协调的体现，而且整体屋架围合形式也构筑出类似于庭院绿篱的视觉效果。(图 3-54)

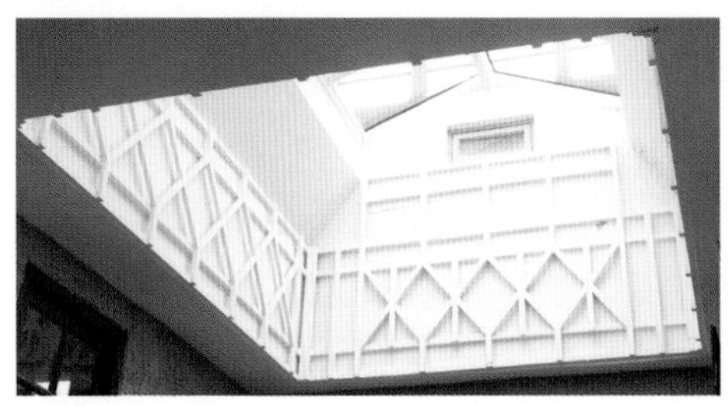

图 3-54 景明洋行六层的屋架式天窗及牛腿装饰

（图片来源：作者自摄）

(4)壁炉

在还没有出现空调前，壁炉在建筑设计中不仅是功能性项目，还是一种文化象征。它开敞、温暖，具有装饰作用与实用价值。人们在壁炉前往往思绪活跃，壁炉附近是很多西方住宅中家庭聚会的核心区。景明洋行墙面壁炉装饰与欧洲新艺术运动风格相呼应，设计形式多样、材质各具特色，不同风格的壁炉共计 11 处。(图 3-55)

图 3-55 景明洋行壁炉墙面瓷砖装饰

（图片来源：作者自摄）

壁炉在武汉冬季湿冷的气候下能有效提升室内温度。海明斯和伯克利在设计中将壁炉单元进行组合:有的壁炉独立于起居室空间;有的壁炉与家具相结合;起到贮存作用;还有的壁炉在色彩上与木质装饰天花板、木地板、室内墙板相统一,形成顶面、地面、墙面的整体风格,美观与功能兼备。

(5)家具

景明洋行室内空间追求古朴自然的装饰风格,室内墙面装饰具有护墙作用。墙板与室内门窗、家具连为一体,形成简单的连续图案。墙裙板的上层用宽木线条收边,形成类似建筑的檐口,室内设计都集中体现舒适、时尚、协调、稳重的整体格局。对于图纸、设计文案等文件的贮存,考虑到了有效、规整地与家具结合问题,设计了独立的立柜。所有现存的家具都注重形式的多样性与分类功能的有效性,有多个抽屉、立柜,有利于建筑师卷放较大图纸。(图 3-56)

图 3-56　景明洋行中的家具设计

(图片来源:作者自摄)

(6)玻璃装饰

中国使用透明玻璃做窗户是在清朝雍正年间,由广州十三行进口外国贸易商品时传入。受当时运输条件的限制,一般仅有王侯将相级别的人才能使用透明玻璃。随着清末洋务运动兴起,我国也正式开始生产玻璃。景明洋行所使用的彩色玻璃为国外进口玻璃,其色彩纯正、图案拼接丰富、镶嵌工艺完美。二层入口处的彩色玻璃隔断属于典型的 19 世纪末 20 世纪初在欧洲流行的新艺术运动(Art Nouveau)风格,图案曲线十分典型,强调设计对象的曲线性和有机形态。隔断中镶嵌有彩色(红、黄、绿、紫)玻璃,色彩对比强烈,纹样肌理清晰,玻璃之间用手工铜条锻打收边。(图 3-57)

图 3-57 景明洋行中彩色玻璃镶嵌设计

（图片来源：作者自摄）

(7)石膏天花板装饰

石膏具有透气性、耐火性、吸湿性和装饰性特点，用途广泛。和石灰一样，石膏也是较为古老的建筑材料，以洁白细腻的质感成为近代室内空间顶面装饰的主材。景明洋行的吊顶设计中石膏材质的运用较为突出，体现出简单、典雅、高贵的不同特色。海明斯在每一层楼的吊顶装饰中都选择了不同的图案、线条，由底层公共空间石膏线条趋向简洁和直线条，到顶层居住空间石膏线条以曲线和弧线居多，舒适精美。六层公共空间吊顶中心区用椭圆形、方形和花卉图案精心点缀，刻画生动，组织有序。这些设计都充分体现出近代设计师对新材料的敏感性以及设计思想的推陈出新。(图 3-58)

图 3-58 景明洋行不同楼层的石膏天花板设计

（图片来源：作者自摄）

(8)天然石材装饰

景明洋行六层休闲区域有一处非常特别的墙面细节设计。设计师用电气石与其他石材混合涂抹在阳台墙面,形成自然的户外生活环境。电气石又被译名为碧玺,常在同一晶体上显现多种颜色,十分珍贵。这样的设计在汉口近代建筑中也十分少见。伯克利生于维多利亚的小镇 Bendigo,该镇是因矿产业而得以建立发展起来的。伯克利就读的 Bendigo 矿业学校也是为了满足当地矿产业对于科学技术的需求于 1873 年成立的。由此看来,设计师选择装饰材料是可以究其知识储备根源的,伯克利年轻时积累的采矿、地质学、冶金学知识对景明洋行室内细节塑造起到重要作用。

作为汉口历史建筑保护的优秀案例,当下的设计师将景明洋行的细节特色认真地保留下来。以标本的形式,外加透明玻璃罩进行墙面实物展示。这样的设计引导每个步入这栋建筑的人进行思考,揣摩这种奇特的建筑装饰材料,解析老建筑所具备的建筑审美价值,真正做到了"整旧如旧,以存其真"。(图 3-59)

图 3-59 景明洋行六层休闲区域墙面电气石贴面及作为样本的保护设计

(图片来源:作者自摄)

3.2.6 亚细亚火油公司(Asiatic Petroleum Co.)

1. 建筑历史

亚细亚火油公司 1903 年 6 月 29 日在伦敦注册成立。"亚细亚"不仅是"亚洲"的音译名和别称,更有"日出东方之地"之意。亚细亚火油公司的取名反映出英商亚细亚火油公司开拓亚洲市场的用意。这一时期世界各地的海军和商船船队对燃油的需求迅猛增长。亚细亚火油公司于 1906 年在香港、上海设分支机构,与美孚、德士古等火油公司共同垄断亚洲地区的销售市场。(图 3-60、图 3-61、图 3-62)

亚细亚火油公司不仅在亚洲地区拥有自己的运输船队、码头、转运站、油库和

图 3-60　上海美孚汽油码头建筑规模和汉口美孚汽油发票
（图片来源：https://www.mofba.org/；孔夫子旧书网）

图 3-61　亚细亚火油公司 20 世纪 30 年代末在上海的仓库
（图片来源：https://industrialhistoryhk.org/）

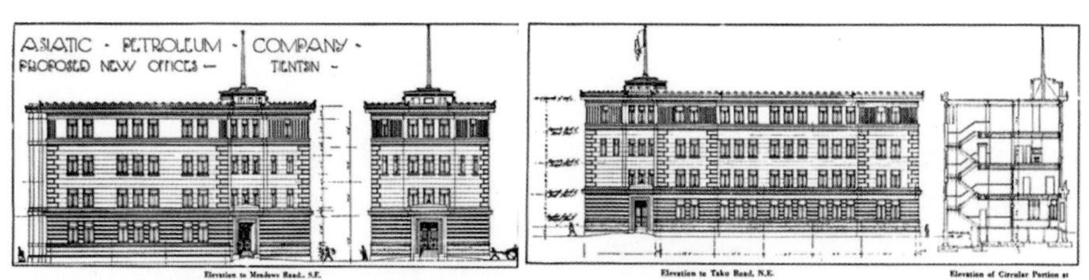

图 3-62　亚细亚火油公司 1922 年天津分部建筑立面及剖面图
（图片来源：《远东时报》）

业务区域，还经销众多品牌煤油（如元宝牌、僧帽牌、铁锚牌、龙牌和十字牌）和壳牌、银壳牌汽油。亚细亚火油公司还销售柴油、润滑油、洋蜡、沥青和矿油精等。

三大火油公司都大力宣传使用煤油的好处——明亮、无烟、价格低廉、火力强，点灯、烧饭均方便。煤油未到，广告先行。“如果你想要幸福、长寿、舒适、健康和平安，你必须生活在光明的环境中。要想生活在明亮的环境中，你必须使用‘美孚红色灯’（这是按照科学原理制造并燃烧真正的‘美孚’油）。使用这个小灯，并燃烧最好的油，所发出的光亮将如同白天一般明亮。”①亚细亚火油和美孚油的各色广告遍及穷乡僻壤，辅以推销点燃煤油的工具，如坐灯、吊灯、手提灯、火油炉等，不仅有助于煤油倾销，也增加了经营项目。（图 3-63、图 3-64、图 3-65、图 3-66）

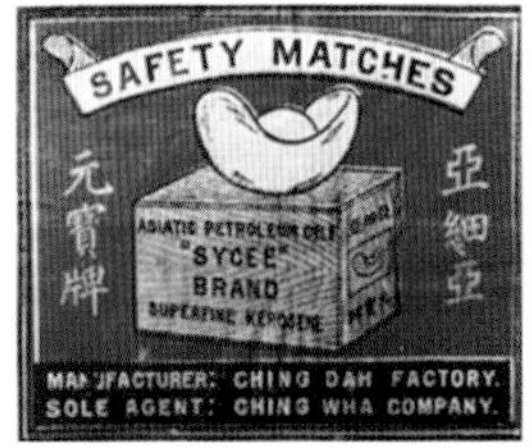

图 3-63　亚细亚元宝牌、十字牌、壳牌火油标识

（图片来源：知乎 https://zhuanlan.zhihu.com/p/266078516；https://m.fx361.com/news/2019/0428/5080484.html）

图 3-64　美孚灯具及广告

（图片来源：“The Large Corporation The Standard Oil Company The Standard Oil Company”）

---

① The Large Corporation The Standard Oil Company The Standard Oil Company.

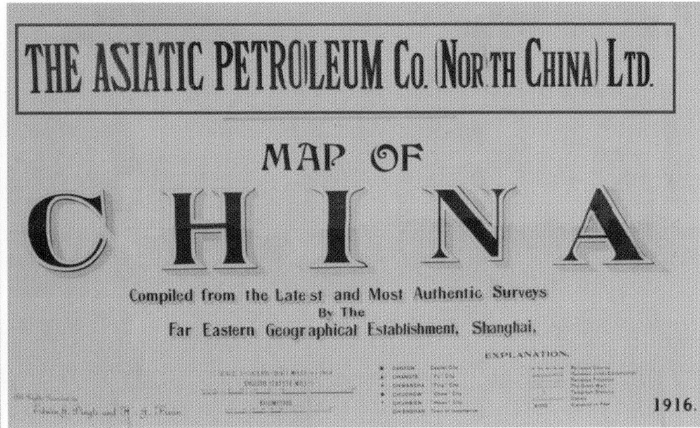

图 3-65　亚细亚火油公司元宝牌火油广告

（图片来源：公恒地产 https://www.gohomesh.com/，读特网 https://www.dutenews.com/）

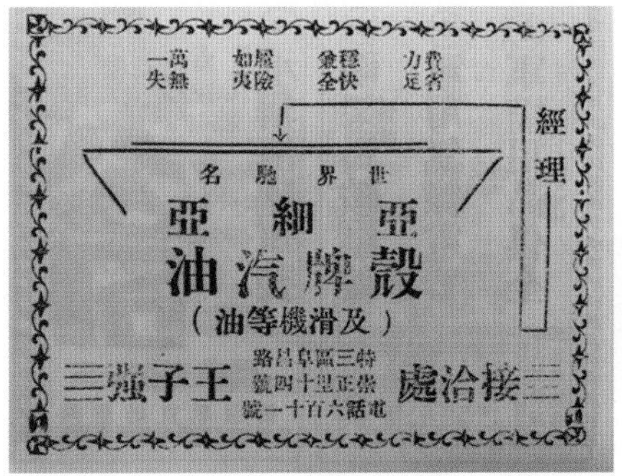

图 3-66　亚细亚火油公司壳牌汽油广告、亚细亚火油公司长江边码头

（图片来源：《武汉指南》《亚细亚大观》）

亚细亚火油公司于 1910 年在汉口设立分公司，于 1913 年开业。分公司最早设在英租界三码头江边，后迁至宁绍码头，不久又迁至今胜利街平汉铁路南局二楼，到 1925 年才建立亚细亚火油公司汉口分公司大楼(今天津路 1 号临江饭店)。该建筑由景明洋行设计，魏清记营造厂承建，1923 年开建，1924 年竣工，是钢筋混凝土结构，总共五层。大楼建成后，景明洋行自用一部分，另外楼层的房间出租。1952 年，分公司撤出汉口离开中国，大楼被部队接管，成为空军驻地，后改为部队招待所。1965 年，该公司旧址改为临江饭店。目前，该建筑仍在修复中，希望继续使用，内部装修、设备、陈设等皆按当时最“摩登”的风格式样进行改造，将建筑室内外环境融为一体。(图 3-67)

图 3-67　亚细亚火油公司建筑立面、日本 1922 年游船会社建筑立面、美国匹茨堡公共建筑立面
（图片来源：《远东时报》；HipPostcard 网 https://www.hippostcard.com/；《The Architectural Record》）

2. 建筑装饰

亚细亚火油公司建筑属于典型的折中主义建筑风格，建筑设计紧密结合地形，平面为不规则矩形，沿街转角处作弧形处理，功能合理，简洁实用，是汉口现存近代建筑中的杰出代表。

该建筑为五层钢筋混凝土结构，立面按三段式划分，造型别具一格。墙采用仿麻石墙面，墙角有隅石，拱券式大门两侧有多利克柱，柱上部由牛腿出挑支撑雨棚，并雕刻植物花卉纹样。立面檐口挑出很深，建有挑出的阳台，其阳台底面石雕装饰使用中式纹样，十分精美。地下一层设有风口，可调节室内空气。目前建筑使用功能不详，室内装修未改造。（图 3-68、图 3-69、图 3-70、图 3-71）

图 3-68　亚细亚火油公司建筑外立面
（图片来源：作者自摄）

图 3-69 亚细亚火油公司建筑装饰细节
（图片来源：作者自摄）

图 3-70 亚细亚火油公司建筑阳台底部花卉浮雕及牛腿上的卷草浮雕
（图片来源：作者自摄）

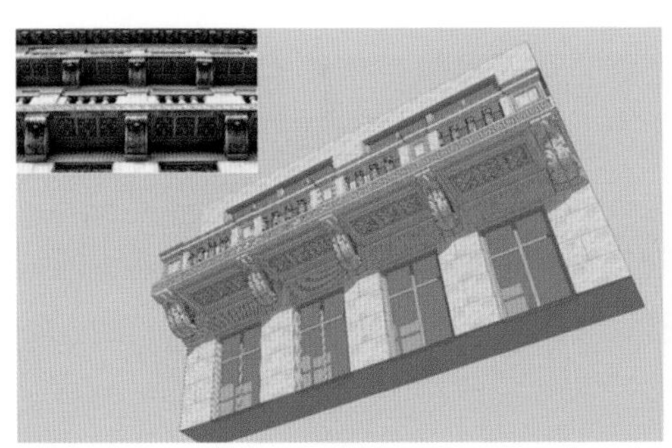

图 3-71 亚细亚火油公司建筑阳台装饰模型
（图片来源：作者自绘、自摄）

3.2.7 日清洋行(Nisshin Kisen Kaisha)

1. 建筑历史

日清汽船株式会社于1907年3月25日在东京成立,为了达到控制中国沿海及内河航运的目的,并吸收中国股东加盟,在成立当年就在上海、汉口设立中国公司,并以“日清”二字命名,表示中日合营,人们习惯称之为“日清洋行”。上海分公司管辖天津、南京、镇江、芜湖、九江、广州六个办事处,汉口分公司管辖重庆、长沙、宜昌、沙市、万县、常德六个办事处。日清洋行很快与怡和洋行、太古洋行、招商局并称近代四大航运公司。一战结束后,日清洋行成为在华外资航运业中船舶吨位最大(跃至45000吨)的一家,拥有大小船只共28艘。1918年,日清洋行“永陵丸”船自大阪首航汉口成功。“这是值得纪念的一次外洋出海,此行路途中路经神户、门司、上海港口,每四周为一回,定期航行。当时对中国的贸易需求旺盛,每次航船都形成满载而归的盛况,大大支持了我国的对华贸易,但是让人感到遗憾的是,到了冬季减水期,由于吃水困难只能休航。”[①]这条日本到汉口的江海联运线穿越海洋直接进入中国长江腹地。

汉口日清洋行大楼位于沿江大道与江汉路交会处,与江汉关大楼相对,地理位置优越,而这栋建筑经历晚清到民国历史时期,是太平路上的起始聚焦点,在晚清时期就十分显耀。19世纪早期,日清洋行只有一栋平面呈“L”形的简单建筑,一层为圆形拱券木门窗,二层是方形木门窗,红砂岩基础抬高1.2米左右,以适应江滩水患。1930年,日清洋行建成新大楼。该大楼由英商景明洋行设计,汉协盛营造厂施工,为钢筋混凝土结构,地上五层,地下一层。作为近代汉口黄金地段的标志性建筑,这座百年大楼至今仍在使用——武汉江滩好百年美仑国际酒店成为这栋建筑的使用者。该酒店在对这栋建筑进行装修时,在室内外装饰方面呼应了这栋建筑的历史。(图3-72、图3-73、图3-74、图3-75、图3-76)

---

① 浅居诚一.日清汽船株式会社30年史及追补[M].东京:日本凸版印刷株式会社,1941:76.

图 3-72 日清洋行晚清建筑形态

（图片来源：东洋文化研究所学习院大学；

http://www.whcbs.com/Upload/BookReadFile

/202002/815f04fc613b45f399c1d43f7777afc5/ops/chapter038.html）

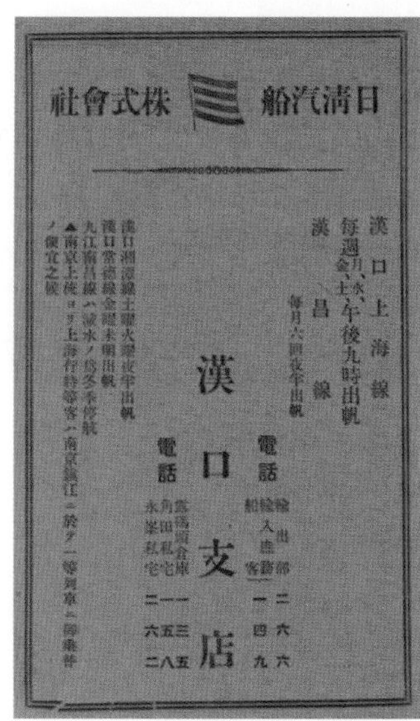

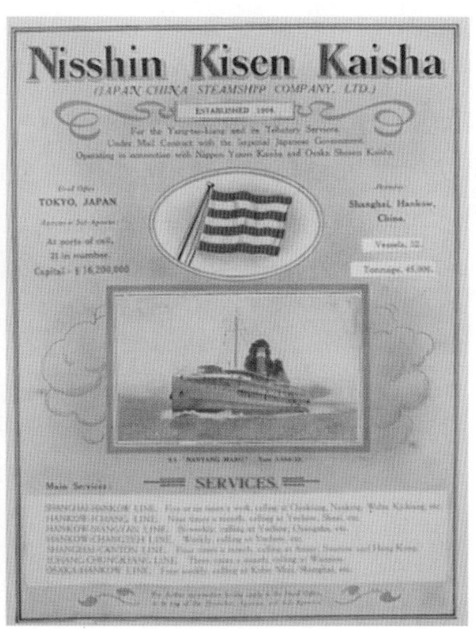

图 3-73 日清洋行汽船公司 20 世纪 20 年代广告

（图片来源：《汉口案内》；https://www.ebay.com/itm/362941237509）

图 3-74　日清洋行 1930 年建立的新大楼

（图片来源：https://picclick.co.uk/? q=hankow；孔夫子旧书网）

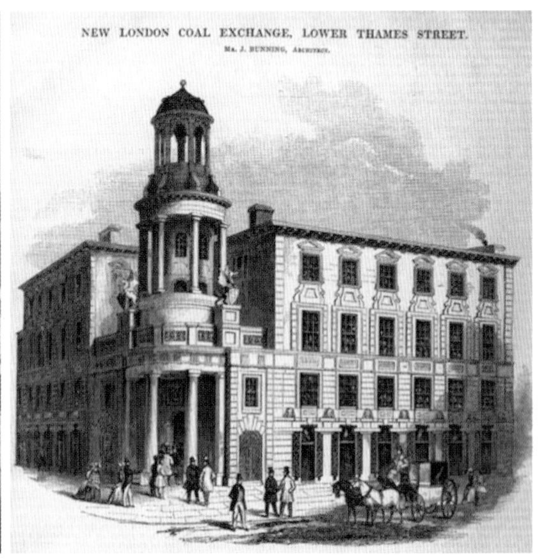

图 3-75　日清洋行建筑塔楼设计与西方古典主义建筑塔楼设计比较

（图片来源：作者自摄；《The Builder》）

2. 建筑装饰

日清洋行新建成的大楼是具有西方折中主义风格的建筑。大楼保持古典主义三段式立面，临江主出入口居中设置，用爱奥尼克柱加以强化，三层、四层设计通高双立柱，两侧对称布置，柱底和柱顶部均刻有精致的浮雕几何图案。底层用尺度较大的花岗岩麻石垒砌，厚实稳重，带有文艺复兴风格特点；转角塔楼左侧临

图 3-76 日清洋行建筑 1937 年屋顶花园装饰

（图片来源：《哈里森·福尔曼的中国摄影集》）

江汉路，与日信洋行为邻；右侧临沿江大道，设酒店主入口。建筑“L”形拐角处有穹顶圆形塔楼，具有巴洛克风格。塔楼二层设计爱奥尼克双柱、圆形天窗、玻璃钢窗和铁艺楼梯，造型丰富。（图 3-77）

图 3-77 日清洋行建筑旧址出入口、爱奥尼克双柱、塔楼

（图片来源：作者自摄）

汉口日清洋行大楼现保存完好，目前酒店室内设计现代、豪华，塔楼可用于私人定制、就餐，设计巧妙，主出入口设在沿江大道。拱形大门两侧各开一细长拱窗，门厅外有两根塔司干石柱起支撑作用。转角楼梯间形成“凹”字形，楼梯间有玻璃钢窗，栏杆装饰纹样基本为矩形，与四个圆点组合形成中心对称图形，楼梯踏步为水磨石材质。立面设计帕拉第奥式结构，底层为花岗岩，大楼屋顶有露天花园，可鸟瞰江滩美景，酒店室内装饰豪华，现代客房配置智能设计，在室内墙面装饰上也有汉口黑白老照片，相得益彰。（图 3-78、图 3-79、图 3-80）

图 3-78　日清洋行建筑栏杆、柱头细节装饰

（图片来源：作者自摄）

图 3-79　日清洋行建筑外立面窗框及内部回廊楼梯间

（图片来源：作者自摄）

图 3-80 原日清洋行建筑改造为现代都市豪华酒店
（图片来源：作者自摄）

3.3 原俄租界洋行

3.3.1 惠罗公司(Whiteaway, Laidlaw & Co.)

1. 建筑历史

惠罗公司即惠罗洋行，是 20 世纪上半叶重要的英资百货公司，分布于亚洲多个城市，为中国四大英资百货公司之一，在 20 世纪 30 年代的上海非常有名。张爱玲的小说《红玫瑰与白玫瑰》中也曾提到过惠罗公司展示的是当时最流行的衣料，文中的时尚女子在交流中经常表现出对惠罗公司服装面料的喜爱。1927 年，中共

中央在惠罗公司员工公寓召开了紧急会议，也就是著名的八七会议。（图 3-81）

图 3-81　新加坡惠罗公司、缅甸惠罗公司、印度惠罗公司

（图片来源：https://www.roots.gov.sg/Collection－Landing；https://puronokolkata.com/2014/04/21）

汉口惠罗公司大楼由英商怡和洋行投资修建，1915 年动工，1918 年落成。惠罗公司主要经营茶叶和丝麻，是汉口租界中重要的进出口公司。（图 3-82、图 3-83）

图 3-82　汉口原俄租界惠罗公司历史照片及现状

（图片来源：盖蒂中心）

续图 3-82

图 3-83 惠罗公司广告

(图片来源：https://hawleysheffieldknives.com/n—fulldetails.php? val＝w&kel＝1281)

2. 建筑装饰

惠罗公司建筑处于十字交叉路口转角处，属于折中主义风格建筑，主体建筑共有三层，转角做圆弧处理，顶部设塔楼，塔尖有小穹顶，由方柱支撑，四周有球形装饰，并设主出入口。建筑在街区中呈“L”形平面分布，立面横向分为三段。二、三两层开直角平窗，窗间柱柱头雕花、上下贯通。顶部有一小型穹顶塔亭，塔亭由六根方柱支撑，敦实厚重。此建筑属砖木混合结构，建筑边墙呈半弧形，立面不完全对称，窗户边框附有浮雕花纹，三楼窗沿附有卷纹式浮雕。(图 3-84)

图 3-84 惠罗公司建筑外立面和保存良好的浮雕装饰
(图片来源：作者自摄)

3.3.2 新泰洋行(The Asiatic Trading Co.)

1. 建筑历史

1861 年汉口开埠后，茶叶的对外贸易快速增长，“19 世纪六七十年代，汉口茶叶输出稳步上升，成为本埠第一大出口商品，其输出额一般占全国出口总量的60%左右。每到茶季，汉口便呈现出一派空前的茶市盛况”[①]。“在俄国人旗下管理着三家生产砖茶的工厂：顺丰砖茶厂、新泰砖茶厂和阜昌砖茶厂。这些工厂的原料来自湖北、湖南、江西和安徽，砖茶通过海参崴供应到欧洲、俄罗斯。”[②]俄商顺丰、新泰、阜昌三家砖茶厂逐渐垄断中国境内的茶叶贸易，体现出茶叶在汉口举足轻重的地位。其中：顺丰砖茶厂是汉口经营茶叶生意最早的企业；阜昌砖茶厂后来居上，是当时把茶叶生意做得最大的企业；而新泰砖茶厂则是在汉口坚持经营

① 皮明庥，邹进文. 武汉通史·晚清卷(上)[M]. 武汉：武汉出版社，2006：313.

② Twentieth century impressions of Hongkong，Shanghai，and other treaty ports of China：they are history，people，commerce，industries，and resources[M]. London，1908：466.

到最后的茶叶生产与贸易企业。(图 3-85)

图 3-85 新泰洋行老照片及茶叶包装

(图片来源:江岸记忆 http://news.sohu.com/a/665851257_121227823;作者自摄)

新泰洋行位于沿江大道和兰陵路交会处,英国茶商在其原址承包重建大楼,并于 1924 年完工,仍用于茶叶贸易。新楼由汉口著名的建筑公司英商景明洋行设计,永茂昌营造厂施工。俄国十月革命后,俄国其他在汉砖茶厂陆续关门,"新泰砖茶厂改为英国公司后发展壮大,仅员工就用了 2100 人,为俄在汉砖茶厂之最"[①]。其作为"万里茶道"上最重要的茶叶贸易与加工商之一,是"万里茶道"中茶叶贸易与加工的重要历史见证之一。新泰洋行现主要为国家发展计划委员会国家物资储备局设计院的办公大楼,一楼目前空置,二至五层为设计院办公空间,顶部有屋顶平台可鸟瞰江滩公园。(图 3-86、图 3-87、图 3-88、图 3-89)

图 3-86 俄租界内的顺丰砖茶厂及汉口近代茶叶评鉴

(图片来源:《武汉历史建筑图志》《一群欧洲人在汉口的休闲生活(1889—1890)》)

① 蒋太旭.一栋老房子引出跨越百年的"新泰"传奇[J].武汉文史资料,2016(2):47-50.

图 3-87　刻有汉口字样的砖茶及各类茶叶标签广告

（图片来源：https://historykorolev.ru/archives/4839；https://pixels.com/）

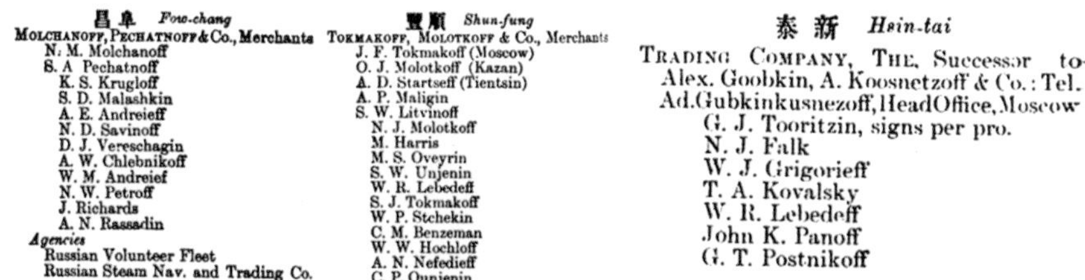

昌阜 *Fow-chang*
MOLCHANOFF, PECHATNOFF & Co., Merchants
N. M. Molchanoff
S. A Pechatnoff
K. S. Krugloff
S. D. Malashkin
A. E. Andreieff
N. D. Savinoff
D. J. Vereschagin
A. W. Chlebnikoff
W. M. Andreief
N. W. Petroff
J. Richards
A. N. Rassadin
Agencies
Russian Volunteer Fleet
Russian Steam Nav. and Trading Co.

豐順 *Shun-fung*
TOKMAKOFF, MOLOTKOFF & Co., Merchants
J. F. Tokmakoff (Moscow)
O. J. Molotkoff (Kazan)
A. D. Startseff (Tientsin)
A. P. Maligin
S. W. Litvinoff
N. J. Molotkoff
M. Harris
M. S. Oveyrin
S. W. Unjenin
W. R. Lebedeff
S. J. Tokmakoff
W. P. Stchekin
C. M. Benzeman
W. W. Hochloff
A. N. Nefedieff
C. P. Ounjenin

泰新 *Hsin-tai*
TRADING COMPANY, THE, Successor to Alex. Goobkin, A. Koosnetzoff & Co.: Tel. Ad. Gubkinkusnezoff, Head Office, Moscow
G. J. Tooritzin, signs per pro.
N. J. Falk
W. J. Grigorieff
T. A. Kovalsky
W. R. Lebedeff
John K. Panoff
G. T. Postnikoff

图 3-88　阜昌、顺丰、新泰三家大型砖茶厂 1907 年具体企业信息

（图片来源：《The Directory and Chronicle for China, Japan, Corea, Indo-China, Straits Settlements, Malay States, Siam, Netherlands India, Borneo, the Philippines etc》）

2. 建筑装饰

新泰洋行建筑为五层钢筋混凝土结构，楼高 31 米，是一栋古典主义风格建

图 3-89　俄国人的居住空间与生活

（图片来源：《一群欧洲人在汉口的休闲生活（1889—1890）》《博览中国图志》）

筑，以转角的楼体为轴线对称式展开布局。主出入口立面由四根巨柱支撑，上面采用爱奥尼克柱装饰，大楼正门处墙面上刻有"新泰洋行"英文字样。建筑两侧为方壁柱，柱头处有徽饰、鼓座。以古典主义风格见长的英商景明洋行在设计此楼时，相较其以往的汉口建筑作品有很大改良，虽然仍采取三段式布局，中部设柱、上建塔楼等古典主义手法，但省却了繁杂的雕刻和装饰。该建筑整体采用黄灰色天然石材进行装饰，整体氛围和谐统一，内部大厅及楼梯用白色大理石铺装，沉稳而庄严。侧立面外墙由厚实的方格形成墙体和铁质窗框，采用植物、几何等装饰纹样点缀，展现古典主义风格与现代材料的融合。顶部塔楼起到瞭望与装饰的作用，塔楼形态如西方骑士头盔，仿佛守卫着这座历史建筑。新泰洋行整幢建筑显得简洁清爽又不失庄重，典雅而富有韵律。（图 3-90、图 3-91）

图 3-90　新泰洋行建筑立面柱式装饰

（图片来源：作者自摄）

图 3-91　新泰洋行建筑装饰和新泰茶厂水塔优秀历史建筑铭牌

（图片来源：作者自摄）

目前新泰洋行以办公空间为主，室外保留原有建筑立面形式，庄重典雅；建筑内部使用米黄色木制墙裙，并用浅黄色水磨石铺地。门窗为深棕色且较为整洁，与墙体地面颜色形成对比；门楣用直角线条装饰并雕刻凹槽，具有俄罗斯风格特点。天花板有简单吊顶形式，用白色石膏花线装饰。（图 3-92、图 3-93、图 3-94）

图 3-92　新泰洋行建筑内部楼梯及走廊

（图片来源：作者自摄）

图 3-93　新泰洋行建筑屋顶平台及“头盔”塔楼

（图片来源：作者自摄）

图 3-94 新泰洋行建筑内部旋转楼梯

（图片来源：作者自摄）

沿旋转楼梯一直往上即可到达屋顶平台，站在这栋沿江滩较高的建筑屋顶平台上向远处眺望，一线江景尽收眼底。该建筑的屋顶平台非常适合设计成屋顶花园。目前该建筑屋顶平台闲置，没能得到有效利用，将屋顶平台改造成屋顶花园时，可考虑布置运动跑道、休息空间、茶叶种植展示区等，这样增加办公空间与利用率，形成较好的室外活动空间。（图 3-95、图 3-96、图 3-97、图 3-98）

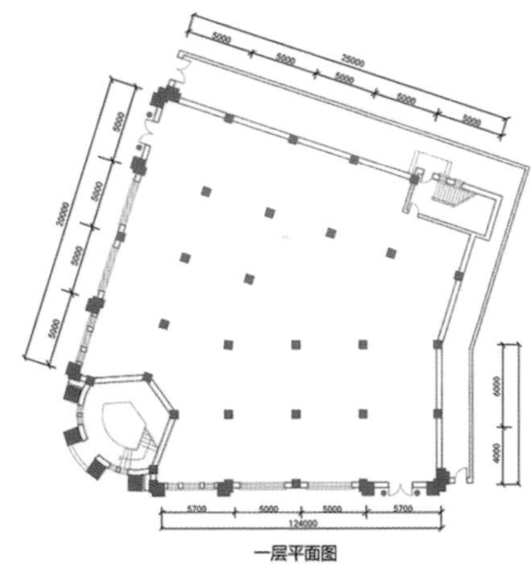

图 3-95 新泰洋行 SU 建模及首层平面图

（图片来源：姚孟绘制）

图 3-96　新泰洋行建筑出入口空间预想(利用灯具装饰楼梯空间;墙面介入汉口老地图、砖茶模具)

(图片来源:姚孟绘制)

图 3-97　众创空间开放式办公大厅效果图

(图片来源:姚孟绘制)

图 3-98　新泰洋行建筑屋顶空间预想鸟瞰效果图

(图片来源:姚孟绘制)

3.4 原法租界洋行

3.4.1 慎昌洋行(Anderson Meyer & Co. Ltd.)

1. 建筑历史

慎昌洋行是中国近代出现的西方工业机械进口商和承包商,1905 年由丹麦商人伟贺慕·马易尔(Vilhelm Meyer)、伊万·安德生(Ivan Anderson)、阿·裴德生(A Peidesheng)合作在上海创建。1909 年 10 月,马易尔被任命为丹麦驻沪副领事。随着经营扩大,该洋行大量引进欧美工业机械,并通过系统化的组织机构将机械设备选型、安装、运行与营建设计结合在一起,对中国近代工业发展发挥出重要作用。马易尔注重吸收中国传统文化,在和中国朋友商量之后,取了一个尊重中国传统,同时又包含发展和进步之意的字号——“慎昌”。“两个字的意思分别是谨守和光大。”[①]“慎昌洋行”这四个字自此以后被印在公司的信笺上及各类报纸的广告上。1915 年,慎昌洋行成为美国奇异电气公司在中国的代理商,改组为美资股份公司。随着贸易范围逐渐扩大,慎昌洋行先后在天津、汉口、济南、香港、沈阳和广州等建立分行。鼎盛时期,慎昌洋行拥有 1200 名雇员,其中有 100 名是外国雇员。与此同时,服务于产品宣传与销售的各类广告应运而生。广告是慎昌洋行推广企业形象、销售商品、服务工业生产的重要方式。慎昌洋行广告的艺术形式、构图、文字内容均能体现近代中国工业的特征,其中也有展现近代建筑历史的很多文化信息。(图 3-99、图 3-100、表 3-1)

① [丹麦]白慕申·马易尔:一位丹麦实业家在中国[M]. 北京:团结出版社,1996:80.

图 3-99 伟贺慕・马易尔(Vilhelm Meyer)、马易尔中文印章、慎昌洋行上海公司广告及三角形标志、慎昌洋行香港分公司

(图片来源:《马易尔:一位丹麦实业家在中国》;1919 年《远东时报》;《哈里森・福尔曼的中国摄影集》)

图 3-100 慎昌洋行 25 周年文集上绘制的 1906 年上海外滩风景、上海公司员工合影、马易尔家中收藏的中国艺术品

(图片来源:《马易尔:一位丹麦实业家在中国》)

表 3-1 慎昌洋行重要事件与成就汇总表

时间	重要事件	重要成就
1905 年	马易尔与原宝隆洋行同事安德生、裴德生合作创业	经营小规模棉布进口业务,推销丹麦产品
1906 年	马易尔成为慎昌洋行独资老板	代理曼彻斯特纺织品、美国通用公司电器
1907 年	慎昌洋行开始与协隆洋行合股经营	经销美国奇异电气公司等欧美厂商产品
1908 年	慎昌洋行与奉天电灯厂签订电灯房承包合同,并为该行承办大型工业项目	提供并安装大型机械设备
1911 年	慎昌洋行改组成一家股份有限公司,在纽约州注册	经营纺织品进口、综合进口、实业工程业务
1915 年	慎昌洋行成为摩根财团旗下即国际通用电气的子公司	重点为工业品、交通工具的进口,并提出“协助中国发展实业”;从设计、建厂、购机、安装、调试到修理,提供一套较为完善的服务措施

续表

时间	重要事件	重要成就
1929 年	慎昌洋行股权为美国通用电气公司所收买，但企业名称并未变更	工程设计类项目增多，承建大北电报公司大厦以及广州中山纪念堂
1931 年	慎昌洋行下属部门增多，成为世界著名制造企业，在华经营独家代理行	建筑工程部设计项目达数百项

慎昌洋行在华主要从事综合进口和实业工程两方面的业务。它还是中国交通业、纺织业、机械业、材料业、客货车、电厂设备的供货商和施工方。慎昌洋行对中国近代实业发展起到非常重要的协助作用。1910 年前，慎昌洋行在汉口就有了经营业务。1921 年出版的《Glimpses of China》，对汉口的办公地址有专门介绍：汉口慎昌洋行办公地点在克勒满沙街（现车站路）和德托美领事街（现胜利街）交接处 11 号。1924 年出版的日文版《在汉口帝国领事馆管辖区域内的事情》中有慎昌洋行货栈三栋及蛋粉业务文字资料。从 1930 年的《武汉三镇市街实测详图》上还能清晰地看到慎昌洋行这三栋建筑的场地形式。（图 3-101、图 3-102、图 3-103）

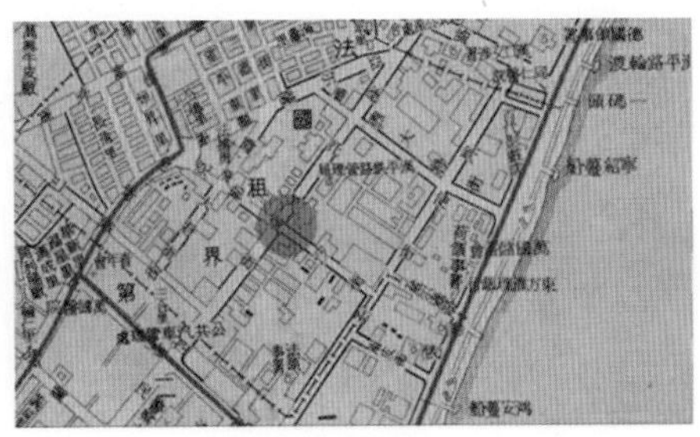

IMPORT & EXPORT

AMERICAN TRADING CO. General Importers & Exporters. 15 Panoff Bldg.
ANDERSEN, MEYER & CO., LTD. General Importers & Exporters, Engineers & Contractors. 11 Rue Clémenceau, F. C.
ANDERSON, ROBT., & CO., LTD. Tea Exporters. 9 Tungting Road, B. C.
ARNHOLD BROTHERS & CO., LTD. General Importers & Exporters, Contracting Engineers, General Managers for Hankow Press Packing Co., Ltd.
ASIATIC PETROLEUM CO. (NORTH CHINA), LTD. Importers of Lubricating Oil & its Products. Tungting Road.
BLAIRE & CO. Importers, Exporters & Commission Agents. Ex-Russian Con.
BRANDT, A., & CO. Wine, Spirit & Provison Merchants. Rue Dubail, F. C.
BRUNNER, MOND & CO. (CHINA), LTD. Importers of Alkali & Soda Compounds. 1 Tungting Road.
BUTTERFIELD & SWIRE. General Merchants, Shipping & Insurance Agents.
CAMPBELL, ALEX., & CO. Tea Exporters.
CARTER, MACY & CO., INC. Tea Exporters. 9 Tungting Road.
CHINA IMPORT & EXPORT LUMBER CO., LTD. Importers of Lumber. Ex-German Concession.

图 3-101　汉口慎昌洋行地址及地图上的对应区域

（图片来源：《Glimpses of China》；1938 年武汉绘制地图）

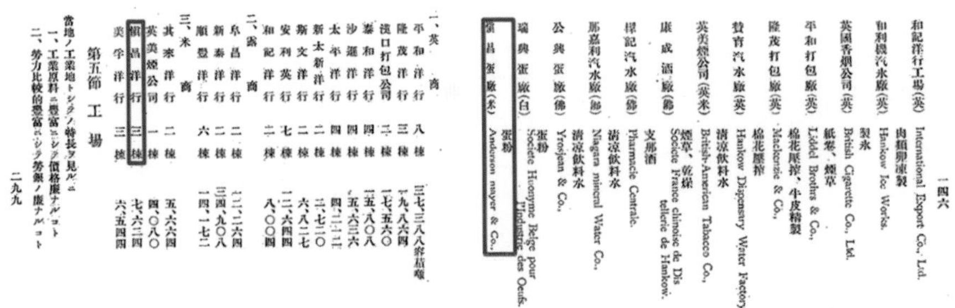

一四六

和記洋行工場（英）　International Export Co., Ltd.　肉類卵凍製
和利機汽氷廠（英）　Hankow Ice Works.　製氷
英國香煙公司（英）　British Cigarette Co., Ltd.　紙巻、煙草
平和打包廠（英）　Liddel Brothrs & Co.,　棉花壓搾、牛皮精製
隆茂打包廠（英）　Mackenzie & Co.,　棉花壓搾
普育汽水廠（英）　Hankow Dispensary Water Factory.　清涼飲料水
英美煙公司（英米）　British-American Tabacco Co.,　煙草、乾燥
康成酒廠（佛）　Société France chinoise de Distellerie de Hankow.　支那酒
㨂記汽水廠（佛）　Pharmacie Centrale.　清涼飲料水
屈嘉利汽水廠（佛）　Niagara mineral Water Co.,　清涼飲料水
公興蛋廠（佛）　Yrosjean & Co.,　蛋粉
瑞典蛋廠（白）　Société Huonyme Belge pour l'Industrie des Oeufs.　蛋粉
愼昌蛋廠（米）　Anderson mayer & Co.,　蛋粉

一、英　商
平和洋行　八棟　三七、三八八坪
隆茂洋行　三棟　一九、八六四
漢口打包公司　二棟　一七、五六〇
泰和洋行　四棟　一五、八〇八
沙遜洋行　四棟　五、六三六
太平洋行　四棟　四、二二二
新太新洋行　二棟　三、七二〇
斯文洋行　二棟　六、八二七
安利英行　七棟　一三、六四四
和記洋行　二棟　八、〇〇四
二、露　商
阜昌洋行　二棟　一二、二六四
新泰洋行　二棟　三四、九〇八
順豐洋行　六棟　一四、一七二
三、米　商
其來洋行　二棟　五、六六四
英美煙公司　一棟　四、〇八〇
愼昌洋行　三棟　七、六二四
美孚洋行　三棟　六、五四四

第五節　工場

當地ノ工業地トシテノ特長ヲ見ルニ
一、工業原料ニ豐富ニシテ價格廉ナルコト
二、勞力比較的豐富ニシテ勞銀ノ廉ナルコト

二九九

图 3-102　慎昌洋行建筑和慎昌蛋厂产品信息

（图片来源：《汉口案内》）

IMPORT & EXPORT

AMERICAN TRADING CO. General Importers & Exporters. 15 Panoff Bldg.
ANDERSEN, MEYER & CO., LTD. General Importers & Exporters, Engineers & Contractors. 11 Rue Clémenceau, F. C.
ANDERSON, ROBT., & CO., LTD. Tea Exporters. 9 Tungting Road, B. C.
ARNHOLD BROTHERS & CO., LTD. General Importers & Exporters, Contracting Engineers, General Managers for Hankow Press Packing Co., Ltd.
ASIATIC PETROLEUM CO. (NORTH CHINA), LTD. Importers of Lubricating Oil & its Products. Tungting Road.

图 3-103　慎昌洋行汉口具体信息及地址、对应地图位置

（图片来源：《Glimps of China》《The Directory and Chronicle for China, Japan, Corea, Indo-China, Straits Settlements, Malay States, Siam, Netherlands India, Borneo, the Philippines, etc》）

汉口慎昌洋行货栈于 1916 年在汉口平汉铁路旁边设立，具有集中 、中转、销售的整体性仓储建筑功能。其规模较大的蛋厂和桐油精制加工厂也在场地中，位于原慎昌街（现麟趾路西端，轻轨 1 号线三阳路站旁边，新长航大厦所在地）。还有慎昌洋行汉口分行和商品展示间也是汉口当时商业建筑的重要组成部分，从沿街橱窗中能发现现代的卫浴设施。此外，慎昌洋行附近的区域在当时地价也较高，从湖北省档案馆查阅的一份原始档案中也能得知当时慎昌街附近的街道形式，以及慎昌洋行附近基地欠租、退租、减租的情况。（图 3-104、图 3-105）

图 3-104　当下历史建筑改造计划中绘制的慎昌洋行门面以及慎昌洋行历史广告

（图片来源：作者自摄；《密勒氏评论报》）

图 3-105　慎昌洋行棉纺厂广告

（图片来源：《密勒氏评论报》）

2. 建筑装饰

作为中国近代主要工业进口商和承包商，慎昌洋行通过系统化的组织，构建出从机械设备选型、安装、运行到营建设计的综合性洋行经营管理体系。它为中国近代工业的现代化发展提供先进设备及高端技术。另外，汉口自来水电灯公司、慎昌洋行汉口分行仓库、平汉铁路机车给水塔都是由慎昌洋行建筑工程部独立设计，其建筑管理经验及施工技术都展现出先进水平，并较早建立起优秀的技术服务团队，这些都为当时武汉城市建设做出了贡献。从建筑装饰上可以发现其货栈空间形式与当时普遍使用的工业建筑简约设计相似；在其展示间的建筑装饰上有壁柱、拱券等西方建筑元素，出入口的门头也用相应的卵形装饰图案点缀，大面积的玻璃橱窗也体现出近代汉口家具设施的豪华。（图 3-106）

图 3-106　慎昌洋行汉口分行展示厅、办公室、货栈

（图片来源：《武汉租界志》）

3.4.2 立兴洋行(Racine Ackerman & Co.)

1. 建筑历史

立兴洋行于19世纪70年代在上海创立,1895年在汉口开办分行,主要经营芝麻、桐油、猪鬃、牛羊皮等土产出口业务,也经营比利时玻璃、美国面粉、德国钢材等进出口业务,还进口法国、比利时、英国、德国、意大利等国的水泥、人造丝、染料、工业原料、机器等。立兴洋行也经营煤炭业、航运业、地产业以及代理保险业务。1902年,立兴洋行取得法属东方轮船公司控制权,参与长江航线及支线的船运业。(图3-107)

图3-107　老立兴洋行旧照

(图片来源:《国际视野下的大武汉影像(1838—1938)》)

2. 建筑装饰

立兴洋行属于早期殖民地式风格，外廊式结构，由德国石格司建筑事务所设计。该建筑以红砖砌筑清水墙，粉刷间隔，上下三层设置拱券长廊，檐口凸出，体现出古典主义拱券和山墙设计风格。门斗立柱拱券组合成主出入口。其二、三层的连续券柱式拱廊极为亮眼，上部覆盖红瓦大坡屋顶，瓦脊上有对称的两个壁炉烟囱。该建筑对栏杆、柱都采用植物纹样进行装饰。（图 3-108）

图 3-108　老立兴洋行建筑现状

（图片来源：《湖北近代建筑》；作者自摄）

3.4.3　和利冰厂(Hankow Ice Works)

1. 建筑历史

1891 年，英国商人沃特 · 休斯 · 科赛恩（Walter Hughes Corsane）和克鲁奇（Craucher）合资 20 万元，在汉口中山大道与岳飞街交界的法租界合伙开设制冰厂，名为和利冰厂（Hankon Ice Works）。因冰厂为二人合资开设，故命名为"和利"[1]。冰厂于 1918 年进行扩建，在中山大道岳飞街 44 号开设"和利汽水厂"。和利汽水厂生产的"和利牌"汽水（即二厂汽水）是当时的畅销品。其主要原料来源于进口、上海选购，品质优良。和利汽水厂几乎垄断了全国的冷饮市场，汽水日产量高达 2000 打。

---

① 皮明庥，邹进文. 武汉通史 · 晚清卷（下）[M]. 武汉：武汉出版社，2006：84.

2. 建筑装饰

英商和利冰厂原址建筑为二层砖木结构，由陈茂盛营造厂于 1921 年承建。该建筑采用前店后居的布局形式，沿街两层店铺负责冰厂的销售和运营，背街平房作为员工宿舍，整个场地属于新古典主义风格。建筑立面对称布局，局部设计成波浪式弧线状，二层设有外廊，两端有弧形飘窗。阳台形态为半圆形，窗台挑出，外墙为乳白色，建筑装饰中横向线条勾勒明显，整体简明、精细。建筑屋顶女儿墙栏杆装饰，凸显阳台形态为宝瓶座栏杆。（图 3-109）

图 3-109 和利冰厂广告、对制冰过程的介绍、和利冰厂的"计量货币"牌、建筑外立面、窗户及弧形檐廊装饰

（图片来源：《远东时报》；《武汉指南》；《近代湖北建筑》；作者自摄）

续图 3-109

3.5 原德租界洋行

3.5.1 美最时洋行(Melchers & Co.)

1. 建筑历史

汉口原德租界有多条马路直通长江码头,对工业发展、产品运输十分有利。在租界内,德国人开设 25 家洋行,包括美最时洋行、安利英洋行、亨宝轮船公司等。美最时洋行于 1806 年由创始人 Carl Melchers 在德国北部布莱梅(Bremen)创立,从事国际贸易业务,涉及通风制冷设备、工业原料和杂货等领域。1854 年其大儿子接管了美最时洋行,并逐渐将洋行向亚洲市场扩展。1866 年,Melchers 家族的长辈 Hermann Melchers 抵达香港,与 Adolf Andre 合作创办香港子公司"Melchers & Co.",这家公司被华人称为"吻者士"或"也者士"。(图 3-110、图 3-111)

美最时洋行于 1877 年在上海设立分行,随后相继在汉口、广州、天津、汕头、镇江和宜昌等城市开设分支机构,并建立出口加工厂、办公大楼和码头仓库。该行是一个以经营钢铁、机械、五金为主的综合性商行,从事航运业务。该行于 1887 年建立蛋厂;于 1902 年又在二曜路设立美最时电厂,为汉口德租界供电;继而又在沿江、胜利街、球场街等多处建立牛皮厂。在当时的远东商界,"美最时"逐渐声

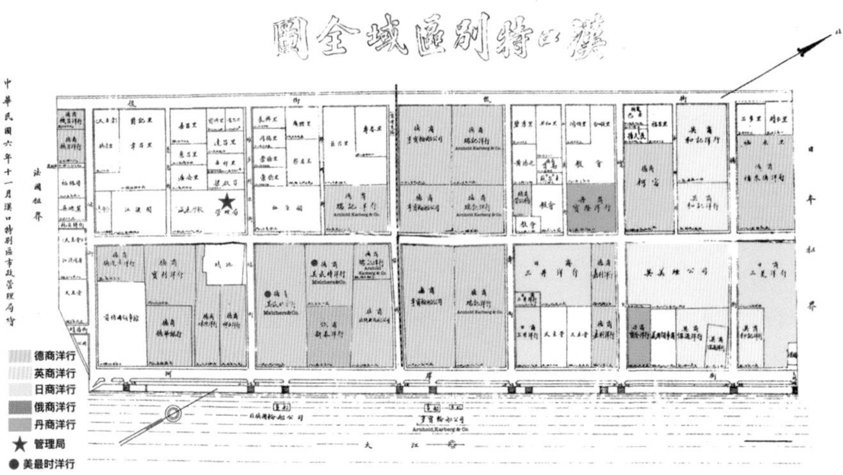

图 3-110　汉口原德租界主要洋行建筑分布

（图片来源：由中华民国六年十一月汉口特别区市政管理局绘制的图改绘而来）

美最時 *Mei-che-see*

MELCHERS & Co., Merchants
Joh. Thyen
H. Vehlber
H. Lindmeyer
H. Trebing
H. Bass
C. W. Johnson
C. Rosenbaum
P. Lehmann
A. Schultze
Agencies
Norddeutscher Lloyd
Nord. Lloyd—Melchers & Co.'s Yangtsze Line
Nord. Lloyd—Melchers & Co.'s Swatow Line
China Fire Insurance Company, Ld.
Bremen Underwriters
New Zealand Insurance Co.

MERCANTILE BANK OF INDIA, LIMITED
Jardine, Matheson & Co., agents

MEYER, J. C., Architect and Civil Engineer
H. Moser, assistant

图 3-111　美最时洋行 1904 年规模及吻者士图像

（图片来源：《The Directory and Chronicle for China, Japan, Corea, Indo-China, Straits Settlements, Malay States, Siam, Netherlands India, Borneo, the Philippines, etc》《清末民初洋行老商标鉴赏》）

名鹊起。20 世纪初，该公司在上海、武汉和天津三地的产业价值超过 20 万英镑，外籍员工超过百人，华员超过千人。该公司进口的产品包括欧美汽车、自行车、化学品、药剂、香料、橡胶制品、钟表和杂货等，出口的产品包括蛋制品、皮货、豆类、烟草、芝麻、猪鬃等土产，主要销往欧美、南非以及埃及。该公司在第二次世界大战结束后撤退回国。在汉口茶叶贸易繁华的19世纪，美最时洋行同样进行与茶叶相关的贸易。（图3-112、图3-113）

图3-112　汉口美最时洋行皮革加工及茶叶加工

（图片来源：《Eugen Wolf Meine Wanderungen》）

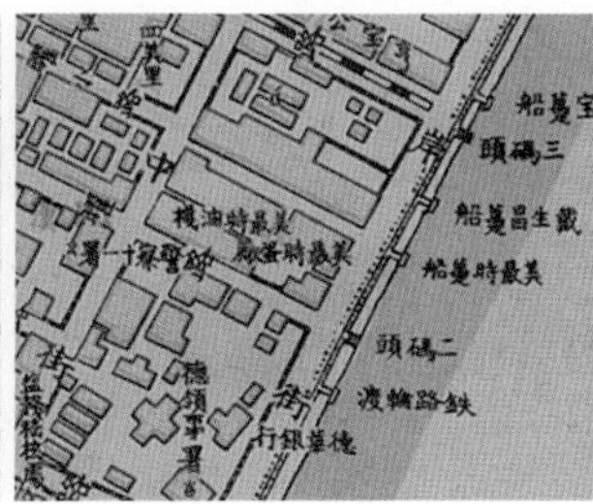

图3-113　美最时洋行1924年、1931年、1939年在德租界的地理位置

（图片来源：三镇近代地图局部）

德国人本身的严谨和质朴，使汉口德租界呈现出与众不同的风貌，各租界外商均在德租界有所经营。19世纪80年代中期，美最时洋行迁入德租界，并不断扩张。美最时洋行建立了一个大型皮革烘干场，还开了一家蛋厂，其中蛋厂的产品由蛋清制成。1907年，美最时洋行创建了一座发电厂，为整个德租界供电。京汉铁路主干线到德租界码头的通行进一步推动了德租界经济的发展。[①]丰富的产品和生产往来使美最时洋行生意兴隆，其中出口的茶叶、猪鬃、皮货等远销欧美及南非、埃及，进口的时钟和油灯也颇受华人喜爱。目前汉口本地的

① NIELD R. China's Foreign Places[M]. Hong Kong: Hong Kong University Press, 2015:104.

收藏家收藏有美最时洋行的钟表，钟表机芯上有洋行英文和老鹰标志。(图 3-114)

图 3-114　汉口美最时洋行经营的钟表及灯具

(图片来源：武汉钟表收藏家曹老师提供)

2. 建筑装饰

汉口美最时洋行的办公建筑在战争中被炸毁，仅留下美最时电厂的建筑局部，其建筑立面设计具有一定的装饰性，特别是砖砌墙体在立面上形成的几何形图案。那个年代工业建筑具有特殊的装饰性，屋顶由砖叠涩层次变化，形成大尺度的山墙立面效果。

目前在汉口一元路口标注的“汉口美最时洋行”建筑铭牌有误，从原德国租界的地图上可以发现其建筑名称是德达生、西门子洋行。针对目前这栋德租界具有特色的历史建筑，其地理位置也十分出众，而且被市政府保护得较为完整。一层多个半圆形窗户协调统一，仿石材墙面设计具有肌理质感；直立到檐口的方柱头上有细腻的柯林斯装饰纹样，檐口挑出较多，入口门廊带有简约的新艺术运动风格。(图 3-115)

图 3-115 原德租界美最时电厂山墙及砖砌筑装饰立面

（图片来源：作者自摄）

3.5.2 咪吔洋行（Meyer & Co.）

1. 建筑历史

汉口咪吔洋行是第一个迁入德租界的公司。该公司设在沿江大道二曜路口，而沿江大道二曜路口是德租界长江边外滩的一个极好位置。“自从 1901 以来它们就建有办公楼。咪吔洋行总部设在香港，这家在汉口已有十年历史的著名德国公司，主要业务是出口各种中国产品。公司拥有大面积的干燥场地和现代化包装设备，设有一种最新清洗胡麻属种子的设备，以及一个面向欧洲市场提供动物脂类的装备。它们的进口贸易数据也在稳步增加，分公司经理夫·穆勒先生在德国市政委员会有一个席位。”[①]（图 3-116）

---

① Wright. Arnold:《Twentieth century impressions of Hongkong，Shanghai，and other ports》，London [etc.]，第 710 页.

吔 咪 *Me-ya*

Meyer & Co., Merchants: Tel. Ad. Herodot
H. C. Eduard Meyer (Hamburg)
J. H. Garrels, do.
J. G. Schröter (Hongkong)
H. Böerner (Shanghai)
F. Müeller, signs per pro.
Ad. M. E. Nolte
W. E. Korb, hide inspector
H. Koehler, oil wharf manager

Agencies
Prussian National Insce. Co., Stettin
Royal Dutch Petroleum Co., Langkat
Asiatic Petroleum Co., Ld., London

MISSIONS
For Protestant Missions see end of China Directory

图 3-116 咪吔洋行主要商户信息;汉口咪吔洋行信函邮戳;咪吔洋行建筑明信片

(图片来源:《The Directory and Chronicle for China, Japan, korea, Indo-China, Straits Settlements, Malay States, Siam, Netherlands India, Borneo, the Philippines etc》; bay 网:https://www.cafr.ebay.ca/itm/155689296197)

2. 建筑装饰

咪吔洋行建筑整体具有意大利文艺复兴风格元素及西班牙风格特点,这栋位于江边的原德租界典雅建筑由于战争轰炸被毁,只能在历史老照片、明信片中寻现。可以想象出:其外墙为白色,在阳光的照射下分外耀眼,白墙红顶,对比强烈;红色四角大坡屋顶覆盖红瓦,瓦脊上有对称分布的两个壁炉烟囱;上下两层设有外廊,上层为方形通廊,下层为拱券通廊,二层左侧顶部设计塔楼,也许早期楼顶装置大钟,如今不得而知。未来希望能够找到更多关于原德租界历史与洋行建筑的图片和史料,为德租界历史建筑更新与改造提供设计思路。(图 3-117)

图 3-117 咪吔洋行汉口原德租界历史老照片及洋行广告

(图片来源:7788 收藏网;http://www.gansumuseum.com/wap/news/show—3470.html)

3.5.3 安利英洋行(Arnhold Brothers& Co. Ltd)

1. 建筑历史

"安利英洋行为 H. E. Arnhold 于 1915 年在上海英租界内开设的洋行。安利英洋行的前身是于 1866 年由英籍犹太人兄弟 J. Arnhold、P. Arnhold 和德籍犹太人 P. Karberg 在广州沙面岛合资成立的小型贸易公司德商瑞记洋行(Arnhold Karberg& Co.,Ltd)"。[①] 1917 年中国对德国宣战后,瑞记洋行在华资产被英国汇丰银行接管。一战结束后,H. E. Arnhold 和 C. H. Arnhold 兄弟于 1919 年在香港重新注册瑞记洋行,并改名为英商安诺德兄弟公司(Arnhold Brothers& Co,Ltd),中文名称为安利英洋行。从此安利英洋行重新开业,中国大陆各地承袭德国瑞记洋行原有机构不变,总部设在上海,在广州、汉口设分行,在镇江、沙市设代理处。安利英洋行在一战后加设重庆、西安等支行,销售钨、锑、矿砂、牛羊皮、蛋制品等。安利英洋行所有支行均归汉口分行统管,上海总行总管亚洲部分事务,洋行内部分有出口部、进口部、机器部、保险部、船舶部、汽车部、房地产部等,还有桐油厂、芝麻栈、五倍子栈、蛋制品厂、牛羊皮栈等。(图 3-118)

---

① http://www.arnhold.com.hk/zh/about-arnhold/.

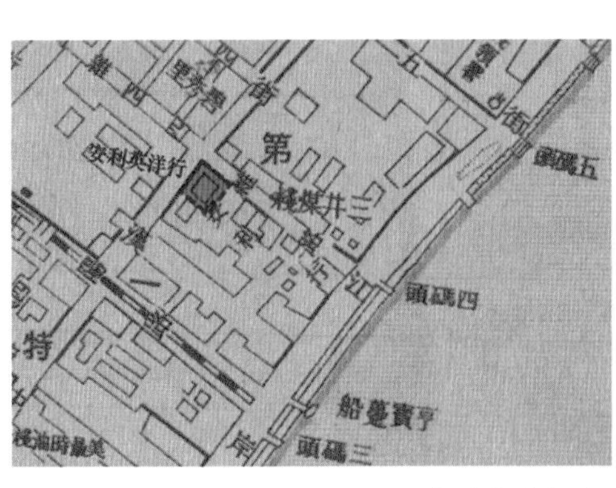

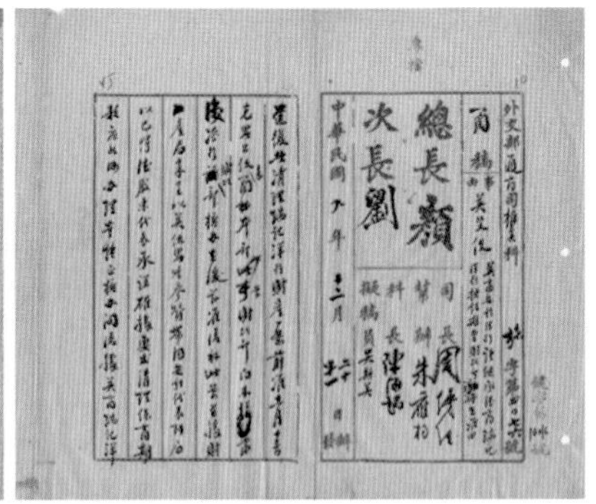

图 3-118　安利英洋行地理位置和相关凭证

（图片来源：1930 年武汉三镇市街实测详图；https://www.kongfz.com/）

安利英洋行汉口分行位于原德租界，所处地理位置优越，因此贸易输送和工业发达。除了德租界本身的亨宝洋行、美最时蛋厂、美最时油栈外，安利英洋行还与日本三井煤栈隔街相对。该建筑也临近德商亨宝轮船公司码头、四码头等地，交通便利。安利英洋行建筑由景明洋行设计，李丽记营造厂及钟恒记营造厂施工，最后于 1935 年建成。“外墙由优质红砖砌筑，中间浇灌水泥，再以上海泰山砖瓦厂所制的面砖饰面。”[①]这种外墙砖兼具牢固性、耐用性和美观性，色彩均匀，充分体现出那个时代装饰材料特色。安利英洋行建筑后被用作酒店、办公楼等不同功能属性空间，顶层加盖房屋。目前整幢建筑连同周边绿地、花园保护良好，但仍然空置。（图 3-119）

漢市第一六四號

漢口蛋類出口統計（廿四年一月至六月）

出口行名	乾黃（單位箱）
安利英洋行	九〇三
禮和洋行	五，一八九
福來得洋行	九〇八
嘉利洋行	五，七二五
美最時洋行	二，八一九
永興洋行	四六
和記洋行	四〇六

图 3-119　安利英洋行年收购出口物资数量、亨宝轮船公司建筑老照片

（图片来源：1935 商情报告，《武汉文史资料——汉口租界》（1991 年第四辑）；ebay 网）

① 李百浩．湖北近代建筑[M]．北京：中国建筑工业出版社，2005：54.

2. 建筑装饰

汉口安利英洋行建筑体现出简约的现代主义风格，是 Art Deco 风格在汉口的另一种延续。建筑装饰集中于底层入口、壁柱雕饰，以及弧形浮雕山墙。街角入口转角顶端有“1929”时间标记(为建筑初建年代)，墙面用红砖砌筑，以水平线条划分建筑立面，间隔白色线条。安利英洋行建筑早期为近代高档办公建筑，所用木料、五金件均为进口，各层都在钢筋混凝土楼板上铺柚木地板，室内现代设施齐全。

汉口安利英洋行建筑装饰与上海安利英洋行建筑装饰有许多相似之处，两者都位于两条街道交会的转角处，整体平面呈“L”形。两栋建筑立面设计均现代而典雅，为古典三段式，以红砖砌筑，楼层间用白色水平腰线分隔装饰。汉口安利英洋行建筑为钢筋混凝土结构，柱间布置主梁、次梁、楼板，并均采用现浇钢筋混凝土技术，因此室内空间层高舒适。两栋建筑均为中国建筑在现代主义设计初期的精品。(图 3-120、图 3-121、图 3-122)

图 3-120　汉口安利英洋行外立面及入口具有年代记录的细节装饰；上海安利英洋行建筑俯瞰图

(图片来源：作者自摄；http://news.cjn.cn/bsy/gnxw_19788/202307/t4629828.htm；https://www.sohu.com/a/357557307_120056521)

续图 3-120

图 3-121　安利英洋行建筑出入口铸铁大门装饰纹样

（图片来源：作者自摄）

图 3-122　安利英洋行民国时期商标

（图片来源：《皇家亚洲学会香港分会会刊》）

3.6 原日租界洋行

3.6.1　三菱洋行(Mitsubishi Co.)

1. 建筑历史

日本三菱商事株式会社于 1870 年由岩崎弥太郎创立,旨在经营海运业。岩崎弥太郎于 1873 年在亲笔书信中将“日本三菱商事株式会社”正式更名“三菱商会”;于 1875 年又更名为“邮政轮船三菱公司”,此时该公司已成为日本强大的海运公司。1893 年岩崎弥之助将其改组为“三菱合资公司”。1902 年,该公司在汉口设立三菱公司(三菱洋行)合资的第一个海外办事处[①];后期陆续在上海、香港、北京、伦敦、纽约等地设立海外分公司,经营横滨至上海轮船航运业务,并收购东北地区的大豆、豆油和豆饼设立榨油厂,经营范围扩大到航运、工矿投资、保险及进出口贸易。1911 年,公司发展为“三菱商事”。直至今日,三菱已经成为日本最大的综合商社。(图 3-123、图 3-124)

图 3-123　三菱合资社标志广告

(图片来源:《顺天时报》第 36 卷;三菱官网 https://www.mitsubishi.com/ja/)

① 资料来源:三菱集团官网 https://www.mitsubishi.com/ja/profile/history/.

图 3-124　1877 年东京南茅场街三菱干部合照和三菱旗帜

（图片来源：三菱经济研究所）

近代三菱洋行在进口方面主要经营白糖、海味品，出口货物主要是牛羊皮、猪鬃和丝绸、漆器等。三菱洋行和三井洋行联手进军汉口的糖业、棉花业市场，在民国初年就逐渐占据汉口经营的垄断地位。1937 年七七事变后，洋行日籍人员自行回国，1938 年武汉沦陷后返汉。1945 年抗日战争胜利后，三菱洋行结束在汉营业。（图 3-125）

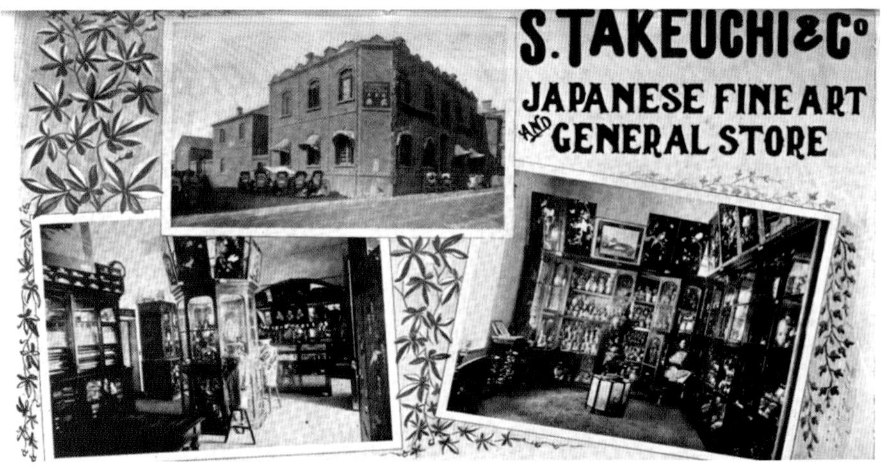

图 3-125　日本人 1905 年在上海的洋货店展示丝绸、棉织品、漆器、景泰蓝等产品

（图片来源：《The Directory and Chronicle for China，Japan，Corea，Indo-China，Straits Settlements，Malay States，Siam，Netherlands India，Borneo，the Philippines etc》）

三菱洋行 1902 年 3 月开设汉口分行，行址最早在英租界太平街江汉关旁，后迁入日租界。早期在英租界的建筑为古典三段式结构，采用坚固的红砂岩基础，外墙局部拱券也是红砂岩，建筑主体红砖砌筑，共三层，顶部有女儿墙。建筑立面横向设计七个开间，一层墙面标志有中国邮政局“CHINESE POST OFFICE”字样，屋顶上插日本太阳旗。研究发现，早期汉口的公共建筑较少，很多洋行、银行、商行甚至领事馆均为混合办公模式，多个办公机构在同一栋建筑内共事。该建筑与英国工部局、日清洋行隔街相对，二层设计有圆弧形拱券门窗、方形木质门窗、砖砌立柱，其空间功能合理，简洁实用。（图 3-126）

图 3-126　英租界三菱公司早期建筑装饰

（图片来源：《那个年代的武汉　晚清民国明信片集萃》）

20 世纪 30 年代位于日租界的三菱洋行具有文艺复兴风格样式，以红砖砌筑，屋顶为斜面，山墙装饰别致，一层、二层有通廊，且为圆形和弧形拱券设计，建筑外围有内院及铸铁栏杆院墙围合，出入口大门外二层是方形木门窗，三层是圆形木门窗，整体层次分明，带有西方古典主义风格特色。三菱洋行在发展过程中在德租界也建有办公空间。（图 3-127、图 3-128）

2. 建筑装饰

目前很多历史图册、老明信片上出现的三菱洋行新建大楼位于汉口原日租界，整栋建筑属于西方折中主义装饰风格。大楼有可能是在原有基础上加盖的，也有可能是重新在原地址上兴建的，八角塔楼成为三菱公司出入口部分。斜坡屋顶尺度较大，建筑立面强化肌理，墙面装饰丰富（俗称“甩疙瘩”）。建筑基础底部运用麻石垒砌，层次丰富。整体建筑装饰分割精巧，同时也带有维多利亚时期的

图 3-127　汉口日租界三菱公司早期建筑

（图片来源：《那个年代的武汉　晚清民国明信片集萃》）

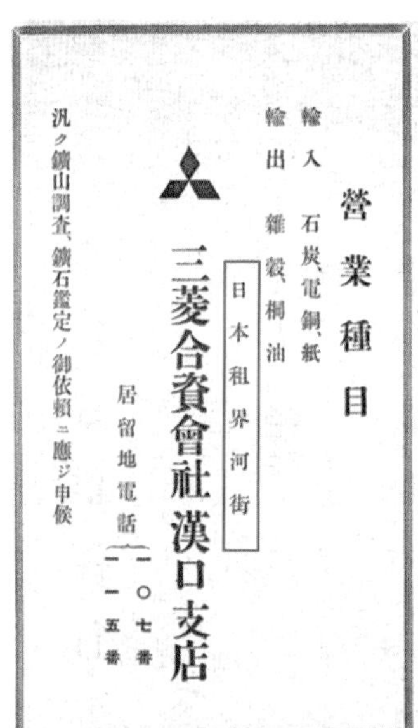

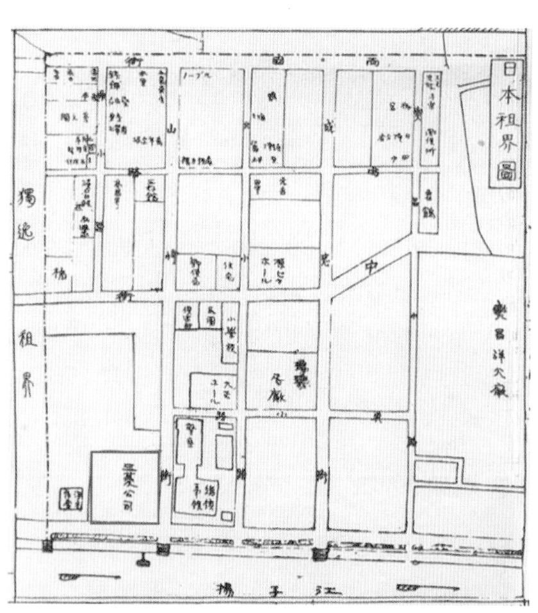

图 3-128　汉口三菱公司广告及办公楼位置示意图

（图片来源：《汉口案内》）

砖砌筑风格特点。(图 3-129)

图 3-129 汉口原日租界三菱公司仓库及 1910 年支店长宅

(图片来源:《汉口の旧日本租界地の建筑について》;https://hankoutowuhan.org/s/hankou/item/2638)

三菱洋行住宅与日本领事馆分别位于原山崎街两侧,由于均是红砖建筑体系,显得十分协调。三菱洋行八角塔楼底层运用复合式陶立克柱式架空一层入口,庄重而轻盈。塔楼二层设计长方形外窗围合,顶部以圆形翻转外窗装饰,整体比例协调,装饰结构层次丰富。(图 3-130)

图 3-130 汉口原日租界日本领事馆

(图片来源:《晚清民初武汉映像》)

原三菱洋行旧址现已拆毁重建,位于汉口山海关路。大楼整体保留三段式立面,模仿后期位于日租界的样式,兼顾八角楼、方形外窗等形态。建筑基地运用麻石垒砌,整体抬高约 1.2 米,内院环境设置小型喷泉,地面大理石、鹅卵石、瓷砖和青砖交错铺设呈现现代庭院风格特色。出入口仍位于建筑八角塔楼下方,两旁陈列大象雕塑,楼梯踏步为瓷砖铺面装饰。建筑外立面追求复原"甩疙瘩"表皮肌理形态,配以圆形、方形玻璃钢窗。希望这类仿建的建筑也能将原有装饰风格、空间形态等按照原样进行重建，并设计相应的时间对照表格和历史照片序列变化照片墙，提升民众对汉口历史建筑的认知和保护意识。（图 3-131）

图 3-131　历史照片中的三菱洋行建筑；目前新建三菱洋行建筑及内院整体环境

（图片来源：《那个年代的武汉　晚清民国明信片集萃》；作者自摄）

3.6.2　三井洋行(Mitsui & CO.)

1. 建筑历史

三井集团于 1876 年 7 月 25 日在东京成立，别称为“二木会”，其中三井洋行是三井集团的核心。三井洋行在近代中国上海、广州、天津、汉口、青岛等地设置分公司，以经营进出口贸易、航运业为主，如租船向上海输入煤炭业务。近代，“三井洋行这家广为人知的日本煤炭公司在过去 10 年里，在汉口设立一个仓库，在长沙和镇江设有分支机构。除了普通的煤炭贸易外，在汉口也开展一般进出口业务，大量日本棉纱、糖、矿和木材在高水位季节由公司自己的蒸船运往港口，返回大量的中国产品。”①汉口三井洋行内部机构有白糖杂货部、匹头部、纸张部、保险部等，均依靠买办开展业务。三井集团覆盖业务极广，与三菱集团、住友集团合称为日本三大经济集团。（图 3-132）

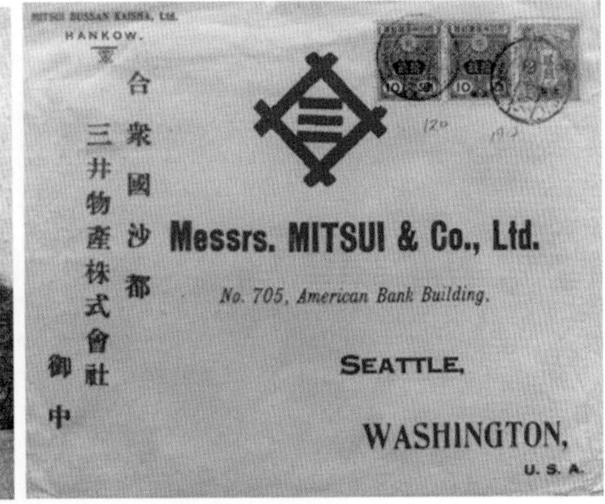

图 3-132　日本三井洋行办公楼、三井洋行公司信封

（图片来源：《远东时报》《国际视野下的大武汉影像（1838—1938）》）

汉口三井洋行最早位于英租界太平街江汉关旁（今江汉路口原日本日清轮船公司旁），和三菱洋行在同一栋建筑之内。1909 年在英租界太平路新建三层一栋带院落的新古典主义建筑，与其他日商建筑连成一片，占据优越地理位置。三井洋行建筑为砖混结构，共三层，横向九开间，每层设计圆弧拱券门廊、简约铁艺栏杆，整体设计和谐、大气，具有新古典主义风格样式。（图 3-133、图 3-134、图 3-135、图 3-136）

① Twentieth Century impressions of Hongkong, Shanghai and other treaty ports of China; people, commerce, industries, and resources.

MITSUI BUSSAN KAISHA, LIMITED

MITSUI & Co., Ltd. (In Europe and America.)

IMPORTERS AND EXPORTERS

TRADE  MARK

Capital . Y. 100,000,000

Reserve Fund . 10,400,000

Head Office: 1 SURUGA-CHO, TOKYO.

BRANCHES:

London, Marseilles, Lyon, New York, San Francisco, Portland, Seattle, Dallas, Vancouver, Buenos Aires, Manila, Bombay, Calcutta, Singapore, Bangkok, Rangoon, Soerabaya, Batavia, Semarang, Sydney, Hongkong, Canton, Amoy, Foochow, Shanghai, Chefoo, Hankow, Changsha, Newchwang, Tientsin, Peking, Tsingtau, Dairen, Antunghsien, Mukden, Tieling, Chungchun, Petrograd, Vladivostok, Harbin, Seoul, Chemulpo, Fusan, Yokohama, Nagoya, Osaka, Kobe, Muroran, Niigata, Moji, Wakamatsu, Kuchinotsu, Nagasaki, Karatsu, Miike, Otaru, Taipeh, Keelung, Tainan, Takow, etc., etc.

Telegraphic Address for all the offices: "MITSUI"

Codes Used: A. B. C. and AI.

The Mitsui Bussan Kaisha

(MITSUI & CO. IN EUROPE AND AMERICA)

General Importers and Exporters

Head Office: *No. 1 Suruga-cho, Tokyo*

New York Office: *445-447 Broome St. New York*

Manila Agency: *330 General Solano, San Miguel*

Telephone 30

THE MITSUI BUILDING, TOKYO

BRANCH OFFICES

London, San Francisco, Hamburg, Bombay, Singapore, Hongkong, Amoy, Shanghai, Hankow, Chefoo, Tientsin, Newchang, Dalny, Seoul, Chemulpo, Yokohama, Osaka, Kobe, Moji, Karatsu, Nagasaki, Kuchinotsu, Taipeh, Omuta (Muke), Nagoya, Sourabaya, Sydney.

图 3-133　三井洋行东京总部(包括银行、洋行等办公空间)

(图片来源:《远东时报》;https://www.oldtokyo.com/mitsui-bank-nihonbashi-c-1905/)

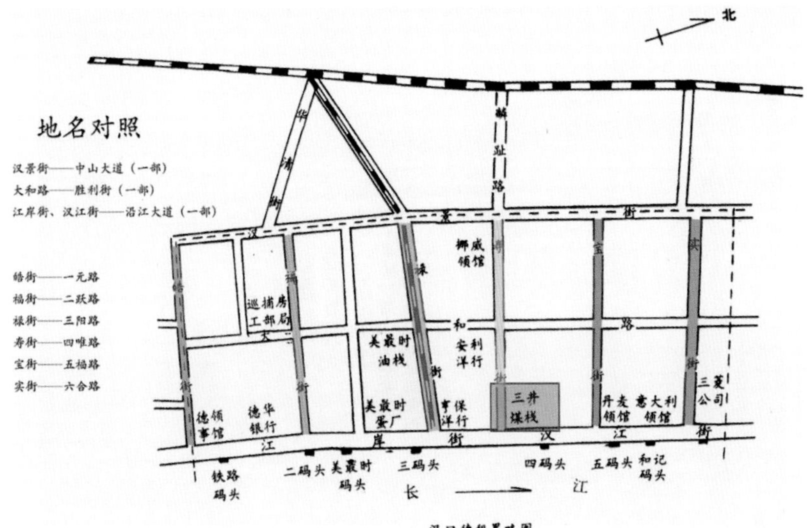

1912

三 井 *San-ching*

MITSUI BUSSAN KAISHA, LTD.
Y. Niwa, manager
K. Fuuatsu
K. Takeda
K. Matsuzaki
N. Yokoyama
S. Wada
K. Tanaka
S. Watanabe
Y. Sahara
K. Takagi
R. Sagara
J. Hashizume
S. Tsuchiya
Y. Ban
K. Kumamoto
K. Matsuyama
K. Ariyasu
S. Murai
K. Mori (Changsha)
Y. Obinata
Agencies
Meiji Fire Insurance Co., Ld.
Nippon Fire Insurance Co., Ld.
Kyodo Fire, Marine & Transit Insce. Co., Ld.
Tokyo Fire, Marine & Transport Insurance Co., Ld.
Tokyo Marine Insurance Co., Ld.

1905

三 井 *Sam-ching*

MITSUI BUSSAN KAISHA
H. Okoka
R. Takagi

1910

三 井 *Sam-ching*

MITSUI BUSSAN KAISHA, LD.
Y Niwa, agent
K. Takeda
K. Matsuzaki
R. Takagi
N. Yokoyama
S. Wada
K. Tanaka
S. Watanabe
Y. Sahara
R. Sagara
T. Adachi
Agencies
Meiji Fire Insurance Co.
Nippon Fire Insurance Company, Ld.
Kyodoh Fire Insurance Company, Ld.

图 3-134　日本三井洋行在德租界地图上的煤栈标记，
以及日本三井洋行 1905 年、1910 年、1912 年工作人员信息

（图片来源：《The Directory and Chronicle for China，Japan，Corea，Indo-China，Straits Settlements，Malay States，Siam，Netherlands India，Borneo，the Philippines etc》）

图 3-135　上海三井银行新厦使用钢结构(由公和洋行设计,余洪记承造)

(图片来源:《哈里森·福尔曼的中国摄影》)

图 3-136　近代上海三井银行施工现场的中国工人

(图片来源:《哈里森·福尔曼的中国摄影》)

2. 建筑装饰

从老照片看,三井洋行新建大楼体现出新古典主义的均衡感、节奏性。建筑地形不与道路平行，反而与街边形成夹角，围合出与英租界大使馆类似的院子空间，提升了空间的安全性、保护性和私密性。建筑整体为中轴对称式，其两翼凸出，中间凹进，主体结构是清水红砖砌筑，古典三段式构图。建筑底部抬高，并在每个拱券门下方设通风口。建筑中间凹进部分，一层搭配圆弧形拱券门廊，门窗框上雕刻扇面形砖砌花饰，正中央设主出入口，麻石台阶两旁配置绿化、植物盆栽，表现人性化设计思考。两翼凸出部分，一层为圆弧形拱券门窗，二、三层则是老虎窗，线条简洁明快，层次井然有序。屋顶上设有连续的斛斗形气窗，不仅能改善采光和通风条件，还增添其韵律感。建筑整体设计强调比例、节奏、秩序、尺度的思考，具有审美意趣。（图 3-137、图 3-138）

图 3-137　汉口原英租界三井洋行街区环境及建筑立面

（图片来源：《汉口案内》《那个年代的武汉　晚清民国明信片集萃》）

图 3-138　汉口原英租界太平路上三井洋行大楼

（图片来源：http://www.laozhaopian5.com/minguo/1447.html）

第四章

汉口原租界银行建筑装饰

“汉口因地位关系，在昔即为吾国中部之重镇。至咸丰八年(西历一八五八年)，依天津条约，辟为商埠，而商业愈盛，金融界随之益见起色”[①]。汉口是闻名全国的通商大埠，1861 年开埠后，贸易量迅猛增长，市场上对银钱的需求量不断增加，而汉口当地的钱庄、票号等传统金融机构需要大量的流动资金进行经营填充，再加上外国商人需要资金汇兑，汉口的近代银行应运而生。“光绪二十二年(公元1896 年)，张之洞等在武昌创办湖北官钱局，为地方官办的金融机构。1897 年 11月 29 日，中国通商银行在汉设立分行，为武汉第一家中国银行。1906 年 10 月，户部银行汉口分行成立，是国家银行在汉最早设立的机构(1908 年户部银行改称大清银行)”[②]。

外资银行自 1863 年英国麦加利银行建立以来，英国汇丰银行、俄国华俄道胜银行、德国德华银行、法国东方汇理银行、日本横滨正金银行等也先后入驻汉口，建立分行；辛亥革命后至第一次世界大战期间及战后，国内民族工商业兴建的银行在汉急剧增加，聚兴诚、盐业、中孚、四明、金城、浙江实业、中国实业、大陆、中南、广东、农商、汉口商业银行等相继建立；20 世纪初，汉口的金融业发展迅速，据《武汉市志 · 金融志》统计，1926 年在汉口开设的银行共有 52 家，其中总行 9 家，分支机构 43 家。(图 4-1、图 4-2)

光绪三十四年(1908 年)，浙江兴业银行在汉口设立分行，并发行“汉钞”[③]，外资银行也相继发行纸币，20 世纪初中国通商银行、四明银行、中国实业银行等也纷纷效仿。“汉钞”的流通演变历史也深刻反映出汉口近代金融业的地位。研究“汉钞”中的各类纸币图像，也能探寻近代汉口在繁荣时期的中外银行建筑特征，如1924 年汉口麦加利银行发行的“拾元”“伍元”纸币，其正中图案就是当时汉口麦加利银行建筑。从纸币图像中看，麦加利银行主楼位于街道转角处，主入口、围栏、屋顶装饰、植物配置、人物形象都描绘得生动细腻，突显银行建筑特色。“汉钞”图像能给予研究者大量研究银行建筑的线索，发现建筑装饰设计细节，从而在当下银行建筑保护与改造中创建出更为接近原设计的解决方案。(图 4-3、图 4-4)

“1902 年汉口的对外贸易额超过白银七千万两，1905 年突破白银一亿两，仅次于上海，排名中国第二，并一直保持到 1917 年”[④]，汉口成为仅次于上海的内陆

---

① 杨荫溥. 中国金融论[M]. 上海：黎明书局，1936：312.

② 武汉地方志编纂委员会. 武汉市志 · 城市建设志(下)[M]. 武汉：武汉出版社，1996：312.

③ “汉钞”，是清末及民国时期，由设在汉口的银行(或分行)发行和负责兑现的纸币，其票面上带有“汉口”字样。“汉钞”由浙江兴业银行最早在汉口发行，接着多家银行效仿，外国银行汉口分行也发行各类“汉钞”。

④ 汉口鹤唳社. 汉口案内[M]. 武汉：汉口鹤唳杂志社，1915：1.

畸形發展之漢市銀行業「大可」

While depression threatens business of any kind in China, banks alone enjoy their unprecedented boom. A large number of new banks, and palatial bank-buildings came into existence during the course of the past year. A rather abnormal phenomenon in the business. Pictures below tells show new bank-buildings are in rapid construction in Hankow.

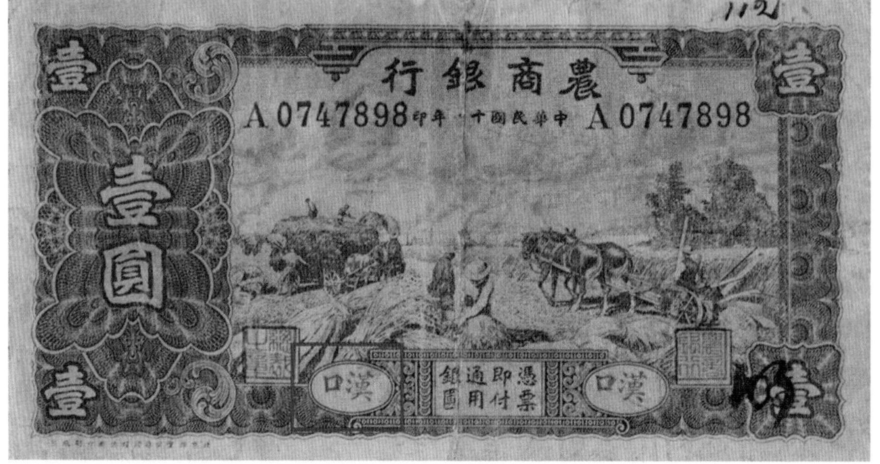

图 4-1 《良友》杂志中刊登汉口银行业的畸形发展，正打地基的“中央信托银行”、开业时的“农商银行”；农商银行 1922 年壹圆纸币中有“汉口”二字

（图片来源：《良友》1930 年）

图 4-2 南京路口原农商银行现为商住一体建筑，门面餐饮经营，楼上为居住空间

（图片来源：作者自摄）

图 4-3　麦加利银行发行的伍元纸币正中图像及汉口现存麦加利银行建筑

（图片来源：史密森尼学会钱币收藏网站；作者自摄）

图 4-4　麦加利银行发行的“伍元”纸币中代表世界各国分行的图案

（图片来源：史密森尼学会钱币收藏网站）

最大的金融中心。20 世纪 20 年代到 30 年代中期是汉口银行建筑建设和发展的繁荣期。目前，汉口原五国租界区现存 26 家近代银行，其大多分布在汉口沿江大道、江汉路、中山大道、南京路、扬子街、鄱阳街等商业区，绝大多数银行建筑都经过一定程度翻修与维护，基本保留当时银行建筑原貌。其中，江汉路中国银行大厅内还展示出原建筑装饰柱头，四明银行内展示有保险柜柜门，武汉美术馆（原金城银行）入口大厅内展示有铸铁大门等。这些汉口目前现存的百年银行，其建筑装饰体现出当时建筑技术与施工技术的先进性，同时也反映出丰富的艺术文化价值。（图 4-5）

近代金融建筑特点和功能要求，使其建筑突出严谨的体量，造型多为对称形态，外立面美观、装饰性尤其重要，这些特征都会影响到银行声誉。因此，银行建筑一般会位于城市中心区、十字路口或重要街道，其建筑具有明显标识性。近代银行建筑平面多采用对称布局，主立面和主入口也采用对称式设计，建筑比例尺度稳重大方，追求严谨合理的空间组织形式。汉口近代银行建筑风格反映出当时欧

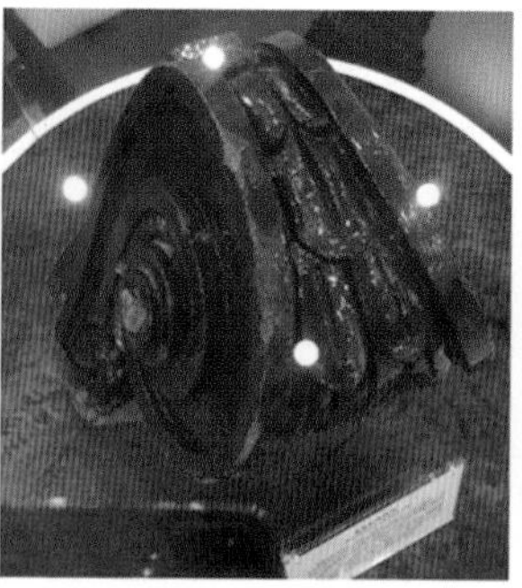

图 4-5　原金城银行保留的银行铸铁大门、中国银行保留的柱头、四明银行保留的保险柜门

（图片来源：作者自摄）

美国家银行建筑的设计思潮，古典柱式在各国银行建筑中成为典型性特征。汉口近代银行中大量出现爱奥尼克柱式、陶立克柱式、科林斯柱式，以及中国传统文化渗透的复合型柱式，这些都反映出金融建筑的普遍性装饰特点，具有鲜明时代特征。（图 4-6、图 4-7、图 4-8）

图 4-6　19 世纪英国、美国、苏格兰、德国的银行外立面柱式装饰

（图片来源：《Academy Architecture》《British Builder》《Architectural Terracotta，Brochure Series-The Bank》《The Architectural Record》）

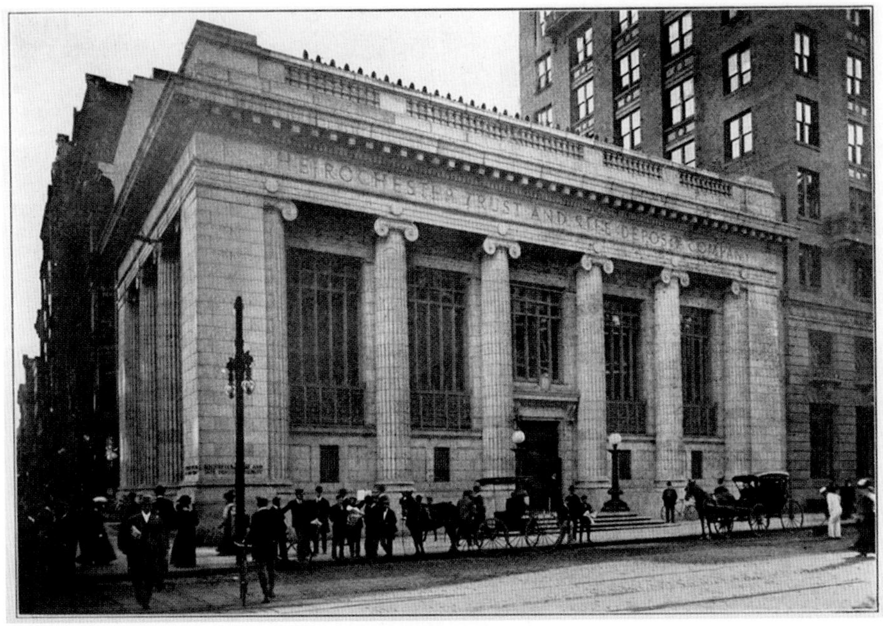

续图 4-6

图 4-7 美国芝加哥 19 世纪银行室内外装饰设计

(图片来源:《The Architectural Record》)

续图 4-7

图 4-8　美国纽瓦克银行上柱式上方垂穗纹装饰；汉口原德租界德华银行建筑外立面装饰

（图片来源：《The Architectural Record》；Getty Images）

19 世纪汉口的银行建筑大厅室内净空较高，多采用通透玻璃顶，如上海商业储蓄银行设计有层次丰富的石膏线收边透明玻璃顶，广东银行一层大厅也选择玻璃穹顶作为装饰，汉口商业银行二层中庭有大面积圆形玻璃顶棚等，这些设计与当时西方流行的国际主义风格不谋而合，成为汉口银行建筑室内空间的流行样本。近代银行建筑材料与构筑技术很多也直接来自西方，大量保留在汉口原英租界的银行建筑中可以发现建筑钢梁、机械红砖、大理石柱、彩色地砖、五金件等均来自欧美国家。

银行外墙装饰材料体现出当时西方建筑技术与建筑艺术的融合。建筑外立面新型的水刷石涂层墙面、坚固的花岗岩构筑墙体，以及唯美的铸铁栏杆装饰大门等都能在现存汉口的近代银行建筑中发现。另外，近代银行在室内装饰、陈设配置、设施运用等方面也选择国际上流行的主流品牌，如英美国家的品牌电梯、国际上流行的现代沙发、银行灯具、保险柜、金库大门等也都是一流国际品牌。研究汉口近代银行建筑装饰的各个方面，对了解近代中国金融建筑建造技术、银行建筑艺术特征，以及社会文化生活等都具有现实意义。(图 4-9、图 4-10、图 4-11)

图 4-9　美国 19 世纪较为先进的建筑外墙水泥喷涂技术，
上海工匠正在完成建筑装饰构件、菲律宾工匠正在进行建筑顶部山花装饰塑形
(图片来源:《The World's Work》《Harrison Forman Collection—China. 01》《远东时报》)

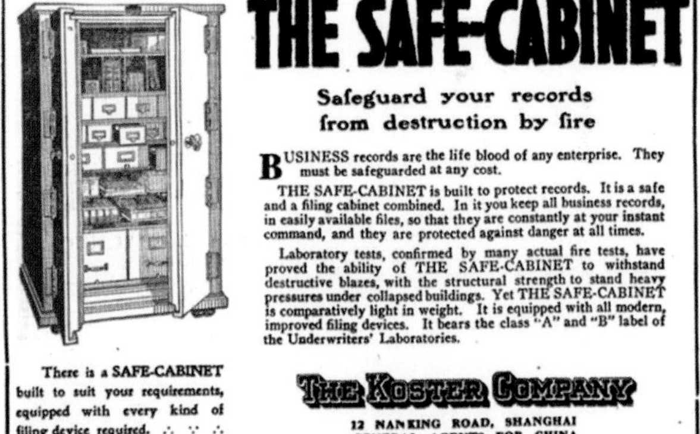
28 THE WEEKLY REVIEW September 3, 1921

THE SAFE-CABINET

Safeguard your records
from destruction by fire

BUSINESS records are the life blood of any enterprise. They must be safeguarded at any cost.

THE SAFE-CABINET is built to protect records. It is a safe and a filing cabinet combined. In it you keep all business records, in easily available files, so that they are constantly at your instant command, and they are protected against danger at all times.

Laboratory tests, confirmed by many actual fire tests, have proved the ability of THE SAFE-CABINET to withstand destructive blazes, with the structural strength to stand heavy pressures under collapsed buildings. Yet THE SAFE-CABINET is comparatively light in weight. It is equipped with all modern, improved filing devices. It bears the class "A" and "B" label of the Underwriters' Laboratories.

There is a SAFE-CABINET built to suit your requirements, equipped with every kind of filing device required.

THE KOSTER COMPANY
12 NANKING ROAD, SHANGHAI
GENERAL AGENTS FOR CHINA

The Safe-Cabinet "THE WORLD'S SAFEST SAFE"

图 4-10　近代银行保险柜广告及供应商，并附具体型号的详细说明
(图片来源:《密勒氏评论报》)

图 4-11　武汉警察博物馆收藏的麦加利银行保险箱，原产地法国马赛，机械构件精密；原四明银行金库大门，现收藏在江汉路上的服装店内

（图片来源：作者自摄）

4.1 早期外廊式银行建筑装饰

西方建筑文化真正对中国产生全面冲击是在 1840 年鸦片战争后，为东南亚一带广泛运用技术简便、造价低廉的外廊式建筑作为建筑样本。中国广州、福州、厦门、宁波等沿海城市是外廊式建筑的早期影响城市，后期这类建筑风格沿用到内陆。“殖民外廊式”这一典型样式在汉口的金融建筑中也集中呈现，其外廊式建筑风格主要受英国乔治王朝时代（1717—1830）与维多利亚时代（1837－1901）的装饰风格影响，具有明显的典型特征。汉口的外廊式平面多为方形，层数一般不超过三层，四面廊道结构尺度均有不同。早期银行建筑以砖混结构为主，立面连续拱廊设计，柱头雕刻精美。从现存的麦加利银行、华俄道胜银行、东方汇理银行的外廊装饰中能够探寻出汉口早期外廊式建筑风格的细节。

4.1.1　麦加利银行(The Chartered Bank of India,Australia and China)

1. 麦加利银行

英国麦加利银行为渣打银行前身，1853 年英国人詹姆斯 · 威尔逊(James

Wilson)创建于伦敦,早期开设的分行在加尔各答、孟买、上海三个城市。该行在香港设立分行时,按香港人的习惯被称作“渣打银行”。1857 年 11 月在上海设立分行时,因第一任总经理名字叫“麦加利”,称为“麦加利银行”。麦加利银行主要经营存款、贷款、汇兑等业务,其中也向清政府放款,成为英国在华重要金融机构,实力和地位仅次于英国汇丰银行。麦加利银行发行纸钞,在上海、天津、汉口等地都有流通。

上海麦加利银行于 1892 年迁至外滩 18 号,当时还是一幢三层砖木结构的英国式建筑。1922 年开始重建大楼,形成具有罗马古典主义的建筑风格。三角形的顶部设计,显得玲珑有致,大楼由公和洋行设计,英商德罗 · 考尔洋行(Trollope & Colls,Ld)承建,门厅内 4 根大理石柱来自两百年前意大利的托斯尼卡克教堂,由于教堂废弃,大理石柱便由英国人辗转运到上海。新中国成立后,麦加利银行大楼易名为“春江大楼”。(图 4-12)

图 4-12 上海麦加利银行建筑室内外装饰

(图片来源:https://www.sohu.com/a/525648683_121106832)

天津麦加利银行开设于1895年，选址在天津原英租界维多利亚道(今解放北路151～153号)，是英国继汇丰银行在天津开设的第二家银行。1924年由景明洋行设计，两层钢筋混凝土结构，1926年建成。建筑外墙面作水刷石，安装钢门窗、旋转大门，台阶两翼分设混凝土大花盆，整体建筑宏大庄重。楼内大厅地面为意大利大理石铺地，盥洗室、衣帽间均为水磨石地面铺装。(图4-13)

图4-13 天津麦加利银行建筑正立面与转角立面

(图片来源:《天津老银行》)

北京麦加利银行建造大致分为两个阶段，第一期为1915年，第二期为1918年至1919年。建筑空间结构复杂，平面布局曲折。主入口由六根爱奥尼克巨柱形成开敞柱廊，气势宏伟庄严，带有古典主义风格。沿街立面与街道呈"L"形，转角处为弧形花岗岩门楣拱券门，两侧置花岗岩壁柱，非常有特色。二层为连续矩形窗并饰有花岗岩窗套，窗楣上置三角形山花装饰，建筑顶层檐口上方为西式坡屋顶，并开有老虎窗。东侧为典型的红砖砌筑，立面嵌有一块"1918·1919"字样纪念浮雕，表明其建造年代。(图4-14)

2. 汉口的麦加利银行

"清同治二年(公元1863年)，英国麦加利银行来汉租屋临时营业，1865年在英租界内(今汉口洞庭街55号)购地建址，正式开业，为武汉最早的一家外国银

图 4-14　北京麦加利银行为红砖砌筑并镶嵌“1918·1919”装饰浮雕

(图片来源:www.sohu.com/a/159360574_773040)

行。”汉口的麦加利银行位于武汉市江岸区洞庭街,三层砖混结构,建筑风格外廊立面主要以连续半圆券作为构图元素,每层均有外廊式结构,但立面拱券形式有所不同。建筑屋顶由铁瓦、红瓦构造,四角设计铁皮方斗角塔,塔顶安装花朵形铁花装饰,这些丰富的构造装饰设计在汉口早期的外廊式建筑中属于经典之作,保留至今已有 158 年,实属不易。麦加利银行旧址曾经是中国银行分行办公楼,目前是 OVU 创客星办公空间。(图 4-15、图 4-16、图 4-17)

图 4-15　麦加利银行 1924 年纸币;青岛路历史照片

(图片来源:史密森尼学会钱币收藏网站;历史照片为邓伟明老师提供)

图 4-16　麦加利银行现状及修复后的柱头装饰细节

(图片来源:作者自摄)

图 4-17　麦加利银行四角斗形屋顶与丰富的铁花装饰

（图片来源：作者自摄）

3. 建筑装饰设计

汉口的麦加利银行 1865 年建成，设计师不详，英商发德普洋行承建。整体造型严谨对称，三层不同设计的拱券外廊巧妙别致。一层为全拱券外廊，整体富有韵律感，二层两侧外廊为拱券，中部为长条形方拱，三层外廊拱券两侧有壁柱，拱券平缓，三层不同的拱券形态使建筑外立面装饰协调并富于细节变化。（图 4-18）

建筑一层外部墙面由多个凹槽分隔，横向装饰线条明显，二层、三层回廊用花瓶栏杆装饰点缀。顶部檐口外挑明显，底部装饰立体花形图案。这栋百年建筑的室内木雕楼梯也堪称一绝，楼梯扶手、栏杆、楼板均有球形、串珠、卷草等装饰木构设计，带有典型的英国维多利亚装饰特色。室内的壁炉装饰与储存构架设计也十分巧妙，木制雕花门楣装饰独特，体现出 19 世纪英国本土建筑装饰特色。（图 4-19、图 4-20）

图 4-18　麦加利银行柱头植物装饰、室内楼梯装饰、一层外廊凸凹线条拱券装饰

（图片来源：作者自摄）

图 4-19　英国 19 世纪住宅中的木门套装饰与汉口麦加利银行室内几乎相同；室内吊顶构造装饰现状

（图片来源：《The Practical Example of Architecture》；作者自摄）

图 4-20　麦加利银行室内壁炉保留现状，植物雕刻明显

（图片来源：作者自摄）

4.1.2　华俄道胜银行(Russo-Asiatic Bank)

1. 华俄道胜银行

1895 年华俄道胜银行在俄国圣彼得堡成立，原名华俄银行(Russo-Chinese Bank)，后于 1910 年 7 月 30 日与俄国北方银行(Banque du Nord)合并，改名华俄道胜银行(Russo-Asiatic Bank)。华俄道胜银行是中国近代史上第一家由中国政府用正式合同方式承认的中外合资银行，其支配权掌控在俄国手中，以中国东北、新疆为主要活动地区，操纵汇兑、贷款、存款、入股、代购等金融业务，并兼营商业、进出口市场。华俄道胜银行分行、支行或代理处较多，分布在北京、天津、烟台、张家口、旅顺、大连、营口、吉林、哈尔滨等地。

上海分行于 1896 年 2 月开业,最初在外滩 29 号营业,后因地方狭小,于 1899 年另购外滩 15 号地块兴建新大楼,1902 年竣工。大楼立面采用爱奥尼克式立柱,贯通二层至三层,具有古典主义风格元素。银行大楼由德商培高洋行建筑师海因里希·倍高设计,项茂记营造厂施工。建筑拱券、檐口上带有丰富的巴洛克装饰元素,特别是檐口下部的人面头像装饰图形较为突显,是近代建筑装饰中的特例。正立面女儿墙设计三角形、棕榈形装饰点缀,中间设立旗杆,使整体建筑立面具有起伏变化的美感。(图 4-21、图 4-22)

图 4-21　上海华俄道胜银行建筑装饰及老明信片

(图片来源:http//thepaper.cn/newsDetail_forward_10738587)

2. 华俄道胜银行汉口分行

华俄道胜银行汉口分行开设于 1896 年,该建筑坐落于汉口俄租界江滩(今沿

图 4-22 天津华俄道胜银行历史照片与现状比较

(图片来源:http://www.tjdag.gov.cn/fz_tjdfz/index/yxjm/detils/1596620361465.html;http://www.sohu.com/20180222/n531291821.shtml)

江大道 162 号),是一幢造型细腻的古典风格建筑。建筑地面四层,正立面为明快的外廊式构造,每层拱券设计均有变化,结合窗户造型,立面富于变化。原有屋顶有不同大小尺度的老虎窗,屋脊中央设计铸铁装饰。一侧塔楼檐口突出,下面有圆形装饰图案一圈,顶部中央设计旗杆,四角配置花盆点缀,独具特色。1926 年华俄道胜银行宣布全面停业,不久北伐军进占武汉三镇,此楼成为国民政府中央银行大楼。宋庆龄曾居住在大楼二层,目前建成"宋庆龄汉口旧居纪念馆",被列为武汉市优秀历史建筑。(图 4-23、图 4-24、图 4-25)

图 4-23 华俄道胜银行汉口分行 1931 年大水时的老照片

(图片来源:汇丰银行网站)

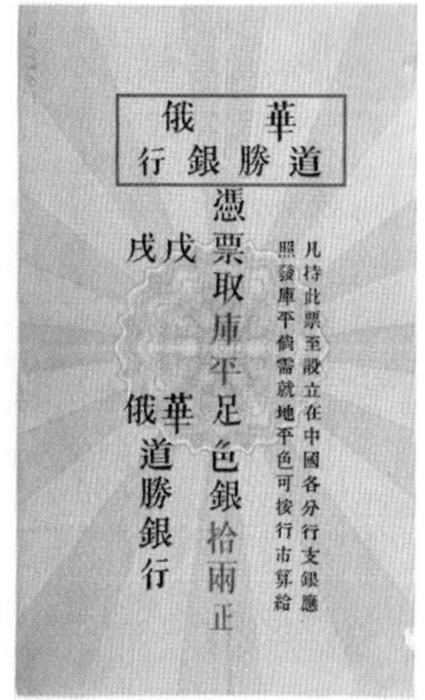

图 4-24　华俄道胜银行在汉口发行的纸币及票据

（图片来源：史密森尼学会钱币收藏网站）

Capital (fully-paid) .... Rbls. 55,000,000
Reserve Fund .... Rbls. 26,960,000
Capital contributed by the Chinese Government .. ..Kpg. Tls. 3,500,000
Reserve Fund ....Kpg. Tls. 1,750,000

Head Office: Petrograd.
Paris Office: 9 Rue Boudreau.
London Office: 64 Old Broad St., E. C. 2.

BANKERS:
London: Messrs. Glyn, Mills, Currie & Co.
Paris: Société Générale pour favoriser le Développment du Commerce et de l'Industrie en France. Banque de Paris et des Pays-Bas.
Lyons: Société Générale pour favoriser le Développment du Commerce et de l'Industrie en France.

RUSSO-ASIATIC BANK

Milan: Credito Italians.

FAR EASTERN BRANCHES:

Bombay, Chungchun (Kwanchendze), Chefoo, Dairen, Hailar, Hankow, Harbin, Hongkong, Manchouli, Newchwang, Nicolayewsk o/Amur, Peking, Shanghai, Tientsin, Vladivostock, Yokohama
Branches and Agencies in Russia, Siberia and Mongolia.

Interest allowed on Current Accounts and Fixed Deposits in Taels, Dollars, and Roubles. Terms on application.
Local Bills discounted. Special facilities for Russian Exchange.
Foreign Exchange on the principal cities of the world bought and sold.

C. Chernosvitoff, Manager, Hankow.

图 4-25　华俄道胜银行广告，中间为汉口分行老照片

（图片来源：《Glimpse of China》）

3. 建筑装饰设计

华俄道胜银行汉口分行旧址是“万里茶道”中国境内唯一具有俄国金融背景的建筑。其建筑装饰特色以西方古典主义风格外廊式结构为主，造型丰富，具有较高的艺术价值。特别是建筑立面装饰设计、阳台栏杆图案均带有新艺术运动风格元素，大量植物花卉图形结合建筑柱式、窗楣、栏杆萦绕其间，优美自然，在目前留存的近代银行建筑中是少见的建筑装饰精品。（图 4-26）

图 4-26　华俄道胜银行汉口分行建筑外立面栏杆、柱头装饰现状

（图片来源：作者自摄）

4.1.3　东方汇理银行(Banque de L'Indo-chine)

1. 东方汇理银行

东方汇理银行创办于 1875 年，是由法国社会实业银行、巴黎荷兰银行、巴黎商业银行等联合投资组建。成立目的是取代已结业的法兰西银行在亚洲的银行业务。该行总行设于巴黎，在西贡、岘港、马德望、海防、曼谷、河内等处都开设有分行，分支机构遍布于印度半岛的各大中城市。（图 4-27）

1888 年东方汇理银行将业务扩展到中国，翌年在广州沙面法租界开设广州分行。1894 年，开设香港分行。1899 年（清光绪二十五年），在上海设立分行，行址在今中山东一路 29 号。1902 年设立汉口分行，以后在云南、天津、北京、湛江等地

LISTE DES SUCCURSALES ET AGENCES

SAÏGON - Cochinchine
PNOM PENH - Cambodge
HAÏPHONG, HANOÏ - Tonkin
TOURANE - Annam
BANGKOK - Siam
BATTAMBANG - Cambodge
DJIBOUTI - Somali
YUNNAN-FOU, HONG-KONG - Chine
CANTON, SHANGHAÏ, TIEN-TSIN, HAN-KÉOU, PÉKIN - Chine
PONDICHÉRY - Inde
NOUMÉA - N^lle Calédonie
PAPEETE - Tahiti
SINGAPORE

图 4-27　东方汇理银行法国总部老照片、各国分行广告

(图片来源:《La Dépêche coloniale illustrée》1911/03/31)

也设分支机构。

上海的东方汇理银行大楼 1912 年开始建造新楼,由英商通和洋行设计,华商协盛营造厂施工,1914 年建成。建筑立面构图采用明显的三段式,花岗岩墙面,表面嵌有浮雕装饰;天津东方汇理银行建成于 1912 年,由比利时义品公司按照法国巴黎总行提供的设计图纸建造,建筑为三层砖木结构,门窗顶部构筑不同弧形拱,拱顶做券心石、山花造型,屋顶转角处设三座各具特色的亭子,装饰精妙。(图 4-28、图 4-29、图 4-30)

图 4-28　东方汇理银行在香港、广州、上海的外廊式建筑

(图片来源:《La Dépêche coloniale illustrée》1911/03/31)

图 4-29　新加坡、泰国、北京的东方汇理银行

(图片来源:《La Dépêche coloniale illustrée》1911/03/31)

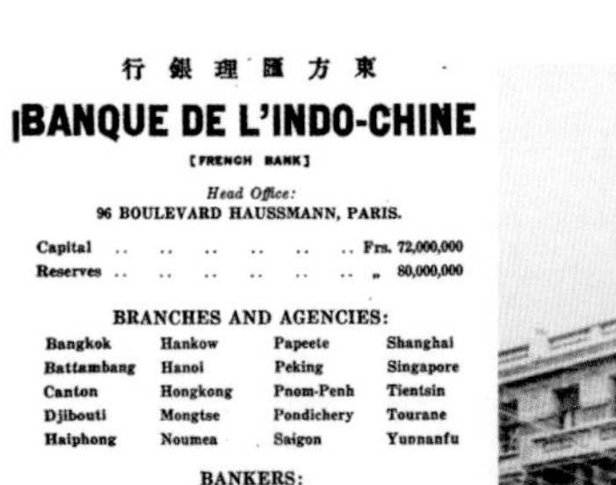

图 4-30　东方汇理银行广告、天津东方汇理银行历史照片

（图片来源：《Glimpse of China》;《The Comacrib Directory of China》;
https://www.flickr.com/photos/57081097@N03/5945882121）

2. 东方汇理银行汉口分行

1902 年东方汇理银行在汉口建立分行，主要为法国在汉工商企业的商务活动提供金融服务，同时经营地产业。其建筑设计者及施工单位不详，建筑平面整体为矩形，两层砖木结构，地下一层。建筑外廊式结构带有明显的巴洛克风格，三段式构图，底层外廊开敞，二层外廊有玻璃窗，上下拱券形态一致。顶层檐口宝瓶栏杆装饰明显，正立面中央有法文“Banque de L'Indo-chine”字样。砖砌墙柱使外墙竖向均匀划分，半圆砖拱券与砖雕柱头装饰细腻，在目前汉口留存的砖砌建筑及早期外廊式结构中实属精品。这栋建筑曾经作为维多利亚咖啡店，目前建筑空间未作他用，希望将来能够有效保护与再利用。（图 4-31）

3. 建筑装饰设计

东方汇理银行汉口分行采用清水红砖与青砖砌筑，特色立面装饰细腻，是早期外廊式建筑的华美呈现。其丰富的檐口、女儿墙栏杆装饰，以及四坡红瓦屋顶形成顶部丰富的结构层次。女儿墙栏杆材料为绿色琉璃宝瓶造型，四角由凸起纺锤形小柱点缀；二层角柱为科林斯样式方柱柱头，中间壁柱为圆柱，柱头有麦穗纹、涡卷纹雕花装饰，柱间玻璃窗分隔均衡，呈放射状，二层柱础线脚丰富，中段有凹槽；东方汇理银行一层墙面装饰壁柱为双重结构，柱头由三朵玫瑰花立体浮雕点缀；壁柱红砖、青砖间隔并列，形成独特砖砌筑图形装饰立面；一层门廊上部为半圆大拱券，中央有锁心石，入口大门两侧为双壁柱，用层次丰富的线脚勾勒；建

筑横向三段构图，整体建筑装饰呈现出典雅的法式浪漫主义风格。(图 4-32、图 4-33)

图 4-31　东方汇理银行汉口分行历史照片

(图片来源:《La Dépêche coloniale illustrée》1911/03/31 原图改绘)

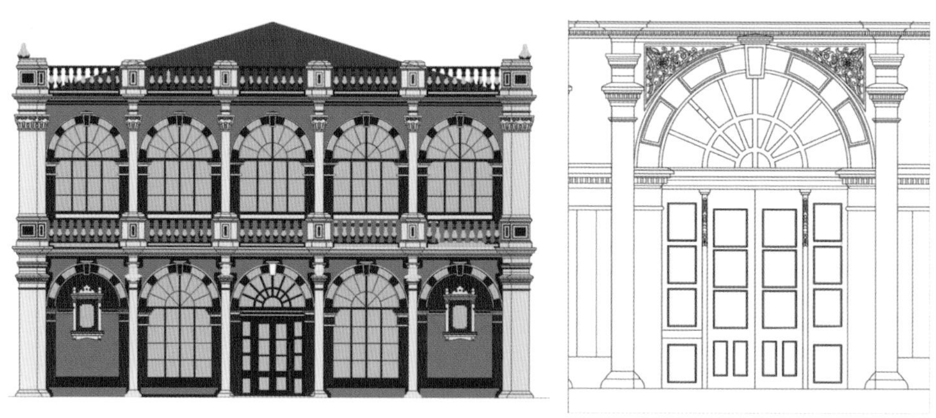

图 4-32　东方汇理银行立面及大门装饰

(图片来源:作者自制;呼泽亮绘制)

图 4-33　东方汇理银行顶部女儿墙植物形态装饰图形

（图片来源：呼泽亮绘制）

4.2
巴洛克风格元素银行建筑装饰

巴洛克建筑风格于 16 世纪后半期在意大利兴起，17 世纪步入全盛期，对欧洲 18 世纪的洛可可建筑风格也有积极影响。巴洛克建筑艺术主要流行于意大利、西班牙、俄罗斯等国家，在探讨巴洛克风格时很难有一个普遍适用定义。即使在欧洲，巴洛克风格在不同地域、不同时期也经历着多种变化，甚至有时难以将这些风格各异的建筑看成是一个整体。因此，“文艺复兴的几何秩序所控制的世界是封闭和静态的，而巴洛克思想使之变成了开放和动态的世界。”[①]巴洛克建筑风格整体布局豪放而富有动感，有大量曲线运用，凸凹明显，并且建筑的对称性和光影效果强烈。其建筑装饰包括人物雕塑、植物浮雕、几何装饰等，层次复杂而精妙。欧洲具有代表性的巴洛克风格建筑有：罗马圣卡罗大教堂、圣彼得广场、圣玛丽亚教堂、威尼斯圣母安康教堂等。（图 4-34）

① 克里斯蒂安·诺伯格·舒尔茨．巴洛克建筑[M]．刘念雄，译．北京：中国建筑工业出版社，2000：6.

图 4-34　威尼斯圣母安康教堂、罗马圣卡罗大教堂均为典型的巴洛克建筑风格

（图片来源：Curly 的相册；https://qcpages.qc.cuny.edu/）

从明末开始，中国建筑开始受西方装饰艺术的影响，清乾隆年间，皇家园林建造圆明园，其“西洋楼”是最早在中国出现的巴洛克风格建筑。鸦片战争后，大量西式建筑涌入沿海开埠城市，由西方传教士、建筑师指导中国的建筑设计，而中国工匠们承担施工技术，完成了这些具有巴洛克风格的建筑，在城市中成为建筑地标。其中包括数量较多的近代银行，其建筑形式吸取西方巴洛克风格元素，在立面柱式、建筑穹顶、廊道拱券、屋顶塔楼、室内装饰中都能成熟运用。同时，这些银行在建筑装饰中也运用中国传统装饰图案，巧妙施工，对新材料、新技艺进行综合，形成“中华巴洛克”建筑风格。（图 4-35）

图 4-35　北京圆明园西洋楼中的巴洛克元素

（图片来源：Flickr 网；https://www.flickr.com/photos/guobaodangan/3349455580）

近代汉口的金融建筑中吸取巴洛克建筑装饰元素，形成富有动态曲线的外轮廓设计。多个银行在建筑屋顶结构中采用巴洛克样式穹顶设计，窗檐口采用曲线，拱券及柱头雕刻丰富的花纹图样，檐口底部也有图案装饰。巴洛克风格的银行建筑在立面设计上突显精雕细琢，体现出动态的视觉效果。从汉口早期的浙江兴业银行，到20世纪20年代的广东银行和上海商业储蓄银行，都彰显出独特的巴洛克建筑风格。（图4-36）

图4-36 汉口1920年发行的明信片中浙江兴业银行巴洛克风格穹顶设计巧妙

（图片来源：徐望生老师提供老照片）

4.2.1 浙江兴业银行(National Commercial Bank)

1. 浙江兴业银行

浙江兴业银行成立于1907年5月，是由浙江铁路公司设立并成为最大的股东，总行设在杭州，取“振兴实业之意”。1908年在上海、汉口两地设立分行，1915年将上海分行改为总行。浙江兴业银行是第二任财政总长周学熙借鉴日本银行制度，在中国构建一个以中央银行为核心，商业银行为基础，各种专业银行为辅助的银行体制的重要金融机构。这一时期出现的“南三行”除浙江兴业银行外，还包括浙江实业银行、上海商业储蓄银行，其整体实力颇强，在中国近代银行业中占有重要地位。（图 4-37、图 4-38）

图 4-37　浙江兴业银行光绪三十三年发行“壹元”纸币，图案是杭州西湖风景；1915 年浙江兴业银行历史照片

（图片来源：史密森尼学会钱币收藏网站）

图 4-38　浙江兴业银行 1907 年发行的“伍元”纸币、“壹元”纸币，绘有王阳明人物图像和古钱币图案

（图片来源：史密森尼学会钱币收藏网站）

浙江兴业银行贯彻“信用为上”方针，其储蓄存款从 1915 年的 438.5 万元，上升到 1926 年的 3312.1 万元。在 1918 年到 1927 年，存款五度位居全国各大银行榜首。在放款方面，浙江兴业银行强调振兴实业，近代著名实业家张謇创办大生纱厂就是浙江兴业银行重点的放款户。在旧上海的金融界中，浙江兴业银行房地产业也十分兴旺，业务做得很大，到 20 世纪 40 年代末，在上海拥有近 1000 幢房屋。

著名建筑师沈理源设计的天津浙江兴业银行、杭州浙江兴业银行均带有巴洛克建筑风格元素。1921 年建立的天津浙江兴业银行位于原法租界梨栈大街与福熙将军路交会处，是二层混合结构带半地下室建筑。其立面设计壁柱、窗套、檐口等雕刻花纹，主入口一层为塔司干柱式双柱廊；二层为爱奥尼克双柱廊，其弧形入口空间界面流畅，尺度舒适；营业大厅内空间呈圆形，采用 14 根深色大理石列柱、汉白玉柱头装饰，大厅顶部的半球形钢网架气势宏伟，并镶嵌白色磨花玻璃；二层两侧有经理室、会客室、会议室等，室内设计装饰考究。目前，这栋建筑也得到有效的保护与利用，成为天津“网红打卡地”星巴克咖啡店。设计师将百年历史建筑变成一种时尚兼具历史体验的文化消费空间。（图 4-39、图 4-40、图 4-41、图 4-42、图 4-43）

图 4-39　天津浙江兴业银行室内装饰设计不同时代比较

（图片来源：http://www.chinadaily.com.cn/；《天津老银行》）

续图 4-39

图 4-40　天津浙江兴业银行窗户装饰铁花与银行纸币中标志图案一致

(图片来源：https://m.thepaper.cn/newsDetail_forward_4475973 澎湃新闻；史密森尼学会钱币收藏网站)

图 4-41　上海浙江兴业银行建筑效果图、浙江兴业银行工会的游行活动

(图片来源：https://www.pinterest.jp/pin/494199759110568836/；新民晚报)

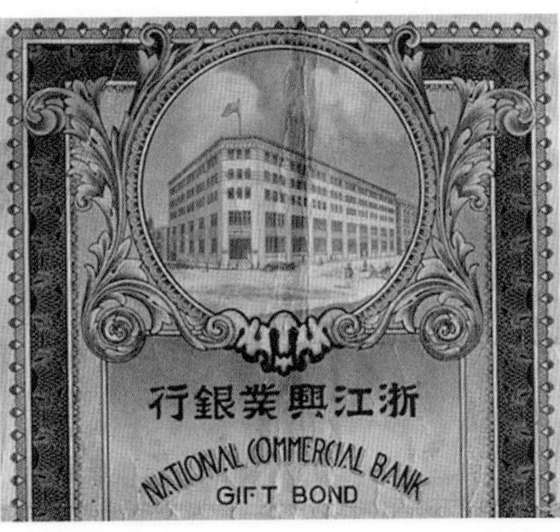

图 4-42　上海浙江兴业银行发行的“肆元”礼券中有清晰的银行大楼图像

(图片来源：史密森尼学会钱币收藏网站)

图 4-43　近代建筑师沈理源设计的杭州浙江兴业银行体现出典型的巴洛克建筑风格

（图片来源：作者自摄）

2. 浙江兴业银行汉口分行

1908 年浙江兴业银行在汉口修建三层营业大楼，并出租给商户。这栋建筑主入口设计在中山大道与江汉路的转角处，并在建筑转角中央设计巴洛克风格塔楼。另外江汉路、中山大道两侧翼也修建尺度较小的塔楼，建筑顶部三个半球形穹顶在街道远观都十分抢眼。

从早期西方摄影师在汉口水塔上拍摄的历史照片看，当时的汉口中山大道、江汉路仅是雏形，但浙江兴业银行的建筑整体形态却十分完整。整个近代到新中国成立后，这栋建筑都能比较好的保留，但 1995 年却遭受火灾，内部空间几乎全部烧毁。1998 年在拆除原有建筑的基础上按原样进行重建，目前留存的建筑是大修后的样式，保留其古典建筑的三段式结构和转角入口，两翼墙面的三根爱奥尼克柱也恢复原样，但屋顶的空间尺度与结构全部更改。浙江兴业银行从 20 世纪 80 年代至今一直是珠宝首饰店、银楼且誉满江城。（图 4-44、图 4-45、图 4-46、图 4-47）

图 4-44 浙江兴业银行汉口分行在不同历史时期的老照片;创立四十周年汉口同人纪念合影
(图片来源:7788 网站;武汉图书馆;徐望生老师提供老照片)

图 4-45 西方摄影师在汉口水塔上拍摄的浙江兴业银行初期历史照片
(图片来源:https://www.163.com/dy/media/T1589841033022.html)

3. 建筑装饰设计

浙江兴业银行汉口分行的建筑装饰主要以柱式、塔楼、拱券形成流动、灵活的巴洛克建筑风格。特别是在建筑重新修复过程中,增加顶层高度并设计老虎窗。这类设计在欧洲古典主义建筑中常见,使建筑屋面装饰更加丰富、协调。从历史照片中发现,浙江兴业银行入口外有院落,柱墩装饰几何图案,门柱顶部设计球体点缀,铸铁栏杆配置装饰图形。银行主入口上方有"浙江兴业银行"横向中文行名,另一侧建筑墙体设计竖版中英文行名,从而在街道的任何方向都能发现该银行大楼,提升银行的广告标识效应。

图 4-46　汉口 1925 年明信片上浙江兴业银行中英文招牌

（图片来源：《晚清民初武汉映像》）

图 4-47　浙江兴业银行 1923 年发行“拾圆”兑换券有湖北字样

（图片来源：史密森尼学会钱币收藏网站）

二层窗楣运用巴洛克三角形符号，装饰简洁，中央辅以梯形浮雕做层次收分；阳台为半圆弧形，设计精巧，其栏杆为宝瓶式样；建筑正立面爱奥尼克柱头原有下垂形花卉图案，修复时已删减，只能从历史照片中发现装饰细节，希望这些装饰细节在今后的修复中呈现，因为正是它们才能体现出那个时代汉口金融建筑的风格特色；浙江兴业银行原有气屋，主要功能是采光与通风，是为调节楼内温度而建，而这一独具特色屋顶设计却成为立面上的标志。目前气屋高度比原有要高，并增加多个老虎窗，成为连续的屋面特色，但塔楼尺度和亮点却削弱很多。（图4-48、图4-49、图4-50）

图4-48　浙江兴业银行现状与德国东南古老城市Zittau商住建筑比较

（图片来源：作者自摄；《Charakteristische Gebäude der Stadt Zittau》1880）

图4-49　浙江兴业银行原有主塔楼与气屋设计比例协调，具有特殊标识性

（图片来源：孔夫子旧书网；7788网站；《中国近代建筑总览（武汉篇）》）

图 4-50　浙江兴业银行红瓦屋顶及立面壁柱装饰现状

（图片来源：作者自摄）

4.2.2　上海商业储蓄银行(The Shanghai Commercial & Savings Bank, Ltd.)

1. 上海商业储蓄银行

上海商业储蓄银行简称上海银行，成立于 1915 年。建立初期额定资本仅 10 万元，银行职员仅 7 人，落户在上海钱庄聚集的宁波路 9 号，以俭朴形式开业，被称为“小小银行”。“当时上海银行之行屋，为一宅三上、三下之双进屋，两道天井，皆搭玻璃天棚，就第一进厢房作经理室，东首统厢房为柜台间，再进即就灶披间建筑一小库。而西首除经理室外统厢房之一部分，尚分租于梁望秋先生所主办之证券交易所，及林则蒸先生所主办之商业会计所，是以门口招牌共悬三方。装修方面，因陋就简。”[①]上海银行于 1915 年 6 月 2 日开业，银行建立初期就体现出实事求是的定位，向钱庄学习经营方式，从小处做起，力图接近工商。

上海商业储蓄银行命名深有讲究，“本行的命名是‘上海商业储蓄银行’，社会上通常简称为‘上海银行’。之所以标明‘商业储蓄’四字，是在确定本行经营业务的范围，以示别于农业银行、工业银行、土地银行等，因为将经营范围确定以后，才能对于业务有正确的方针，全力以赴庶不致顾此失彼。”[②]其经营贯穿“为民生利”的思想，其开展信用小借款，在存、放款方面方便民众。

创办人陈光甫经营精明，管理精密，提出“服务社会，辅助工商实业，发展国际贸易”的行训，力图接近工商。银行建立后从弱小中迅速崛起，业务发展迅速，1927 年后，上海银行存款总额一跃成为各家私营银行首位，虽然是南三行中资本最小的银行，但是它在推行新式经营方式和反抗旧有金融传统中表现出卓然的勇气，是近代中国一个有理想的新式银行。

在多年的实践中，上海商业储蓄银行又逐步形成鲜明的经营风格，即“诚信、稳健、创新”。1923 年，陈光甫创办了中国第一家旅行社，更好地履行了上海银行“服务社会”的宗旨。在创业初期，其旅行社就开始代售沪宁与沪杭甬两路车票，后扩展为代办京绥、津浦、京汉等各路车票和长江、南北洋及外轮公司的客票，并在外地分行加设分部。创办旅行社既为了打破国内旅游业被外国人垄断的局面，也有助于银行业务的发展，在各地形成旅行社是先锋队，上海银行是主力军，仓库是辎重的经营管理模式，营业日盛。（图 4-51、图 4-52、图 4-53、图 4-54）

The Shanghai Commercial & Savings Bank, Ltd.

HEAD OFFICE: 9 Ningpo Road

Capital ....$ 2,500,000.00
Reserve ....$ 380,000.00

Every description of modern banking and exchange business transacted—Personal, National and International.

Branches and Agencies throughout China.

CORRESPONDENTS:

New York, Chicago, Seattle, San Francisco, Marseilles, London, Paris, Berlin, Amsterdam, Singapore, Yokohama, Tokyo, Osaka, Manila

Cable Address: "COMSAVBANK"

TELEPHONES:

Central 4522, 4523 & 4524, General Office
Central 4532, Foreign Dept. Manager's Office
Central 3251, General Manager's Office

K. P. CHEN,
General Manager

图 4-51　上海商业储蓄银行 1932 年新楼落成照片、上海商业储蓄银行广告

（图片来源：《密勒氏评论报》）

① 葛士彝. 二十八年来服务之回忆[J]. 海光，1937，8(4)：3.

② 上海商业储蓄银行史料[J]. 海光，1945，9(6)：9.

图 4-52　上海商业储蓄银行营业大厅及金库运输历史照片

（图片来源：https://mr.baidu.com/r/15Oe48CnCUM?f=cp&u=4d4db5d5779b342e；https://mr.baidu.com/r/15OekIviO5y?f=cp&u=337efe81c75b2080）

图 4-53　上海商业储蓄银行储蓄券及银行储蓄金摆件

（图片来源：https://mr.baidu.com/r/15O5pJ4v4mQ?f=cp&u=4198ecf32336fbe9；http://www.huabid.com/auctions/754366）

图 4-54　上海商业储蓄银行职员工位，金库可为 5000 人提供银行保险箱业务

（图片来源：https://mr.baidu.com/r/15O4RLJFjQQ?f=cp&u=aef235dca54323da；https://mr.baidu.com/r/15O58LYrBbW?f=cp&u=66c05ac0c769c194）

2. 武汉三镇的上海商业储蓄银行

上海银行在武汉三镇近代都有分布，特别是汉口江汉路分行是汉口民国时期重要的金融机构，该旧址也是汉口近代建筑的典范之一，该行于 1919 年在汉口设立分理处，次年改组为分行，周苍柏任汉口分行副行长，1926 年任行长。1919 年周苍柏亲自选址主持兴建汉口分行大楼，由三义洋行设计，上海三合兴营造厂施工，地上四层、地下一层。建筑带有典型的巴洛克风格元素，沿用西方古典主义三段式立面，华丽典雅。上海商业储蓄银行旁边还建有上海村，是商人李鼎安 1921 年投资修建，1923 年建成，最初取名志强里，1925 年改称鼎安里。巷内西南入口与上海银行主入口平行，旁边建高档商铺如华美大药房、中国旅行社武汉分社火车票售票点、邮电门市部等，东口通往鄱阳街。1927 年作为银行职员住宅，改称上海村，一主巷三次巷，其建筑单元空间高，装饰华美。建筑入口设计中运用巴洛克风格的植物图形，玻璃窗外有精致的百叶窗和几何图案，室内地面有彩色水磨石拼花，住宅空间配套厨房、厕所等设施，形成独特的空间格局。如今上海商业储蓄银行是中国工商银行江汉路分行所在地，对面是江汉路地铁站，热闹兴旺。（图 4-55、图 4-56、图 4-57、图 4-58）

图 4-55　上海商业储蓄银行汉口分行历史照片

（图片来源：https://history.hsbc.com；《武汉旧影》）

3. 建筑装饰设计

上海商业储蓄银行汉口分行建筑正立面五开间，高大开阔，呈对称分布。一层入口门廊设有麻石雕花放射状拱券门，由爱奥尼克圆柱支撑拱券中段门楣，门楣中央有丰富的植物图案装饰；二至三层中间设计两对爱奥尼克柱，中部外窗略微凸起，两侧有巴洛克风格外窗装饰；四层檐口以上有露台，中间设计女儿墙，宝瓶栏杆和装饰雕塑形态特别，与中式传统狮子图像相似，“狮子”耳朵处有“鹿首”

图 4-56　上海商业储蓄银行汉口分行旁边的繁荣商铺

（图片来源：京都大学图书馆）

图 4-57　上海商业储蓄银行在汉口、武昌的分行建筑装饰

（图片来源：上海图书馆；《海光》月刊）

图 4-58　上海商业储蓄银行汉口分行现状

（图片来源：作者自摄）

或"羊首"图案，还需仔细考证；这件立体装饰雕塑在建筑檐口上方起到非常好的点缀作用，充满想象。上海银行建筑装饰中花纹雕刻繁多，其中包括卵形、垂穗纹、回纹等，在一侧的上海村建筑构筑上还有整齐划一的铜钱纹样，顶部有松果的立体雕塑，华美细腻。（图 4-59）

图 4-59　上海商业储蓄银行汉口分行建筑装饰设计细节

（图片来源：作者自摄）

续图 4-59

4.2.3 中南银行(The China &South Sea Bank, Ltd.)

1. 中南银行

中南银行成立于 1921 年 6 月,是海外华侨回国投资创办的最大银行,创办人是印尼华侨黄奕住。他协助《申报》社长史量才、交通银行北京分行经理胡笔江、民国实业家徐静仁等人在上海汉口路 110 号建立中南银行。取名“中南”,即“欲以此联络中国与南洋之声气,使两方之融通,货物之输送,得一便利之孔道也"[①],内涵中国与南洋互相友好联络之意。中南银行曾经是中国的发钞银行,且纸币发行成为其收益最大项业务,在 14 年的发行史中取得辉煌成绩。为了防止滥发纸钞而引起挤兑风潮,中南银行联合盐业、金城及大陆银行,成立四行联合营业事务所,并合办四行准备库,制定"十足准备"的发钞原则,联合发行中南银行纸币,这在中国商业银行史上是一个创举。中南银行也经营商业银行的外汇业务,在天津、北京、厦门、汉口、广州、杭州、香港等地都设有分行,颇具影响力。(图 4-60、图 4-61)

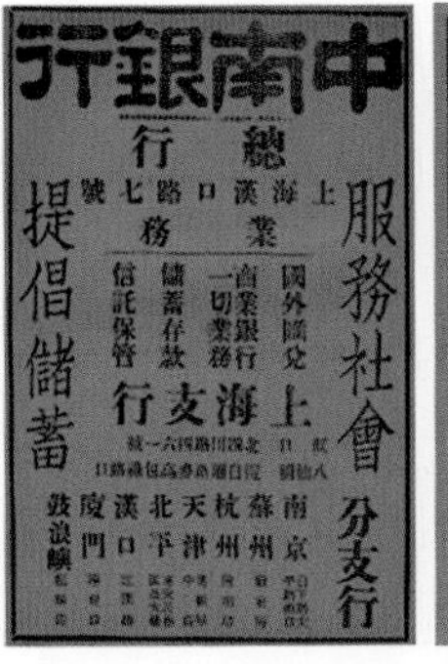

图 4-60 中南银行民国时期的各类广告

(图片来源:孔夫子旧书网)

图 4-61 中南银行在上海的总行效果图、分行历史照片

(图片来源:首席收藏网;甘博摄影集)

---

① 《中南银行代表与本报记者之谈话黄奕住君之志愿华侨对于祖国之痛言》,《京报》1924 年 6 月 19 日,第二版。

2. 汉口中南银行

汉口中南银行于1923年在原英租界歆生路设立。“窃敝行为扩张营业、便利汇率起见，经董事会议决，在汉口设立分行，业于该埠歆生路择定房屋一所，派员前往筹备，择期开始营业。”[①]开业时“汉埠各机关及商界纷纷前往道贺，冠盖如云。该行招待极为周到，款以茶点，当由洋务公所及英捕房特派华印探捕在门外招料，济济跄跄：颇称一时之盛。”[②]可见，中南银行入驻汉口时盛况空前。从中南银行早期发行的纸币上，可发现两侧有“汉口”字样，中央有“中华民国十年印”字样，说明汉口分行是中南银行的重要分支机构。目前，中南银行的纸币大多很难收集，其原因是中南银行信誉好，后期纸币回收率相当高，存世量就非常少。加之中南银行的纸币设计精美，其中的“五女图”在纸币正反面印有满、汉、蒙、回、藏五族妇女半身像，象征五族共和，民族团结。纸币中央也有日晷图案，有惜时、与时俱进之意。(图4-62)

图4-62　中南银行1921年汉口发行的纸币

(图片来源：史密森尼学会钱币收藏网站)

汉口中南银行位于扬子街与江汉路交会处，建筑装饰华美，是带有连续拱券的巴洛克风格。其中，层次丰富的檐口设计突显建筑立面的动感，顶层开窗呈椭圆形，独特巧妙。由于该建筑处于交叉路口，两侧立面设计基本保持一致，体现其建筑设计的统一性。大楼集合汉口的老字号商铺，如鸿彰永绸布店、新凤祥金银店等，从历史照片中都能分辨出新颖的招牌，中南银行的招牌就设置在建筑的侧面，从街道很远处就能发现。中南银行历任汉口经理有卓小梅、钱叔铮、吴毅安三

① 《中南银行呈请设立汉口分行致财政部公函(1923年3月27日)》，《中南银行档案史料选编》。

② 《申报》，1923年7月14日，第11版。

人，至 1952 年合并到公私合营银行，目前建筑原貌基本保留。（图 4-63、图 4-64）

图 4-63　汉口中南银行 1925 年历史照片及西方巴洛克风格建筑比较

（图片来源：《Academy Architecture》）

图 4-64　近代不同时期汉口中南银行历史照片比较

（图片来源：孔夫子旧书网；https://rmda.kulib.kyoto-u.ac.jp/item/rb00031503）

3. 建筑装饰设计

中南银行属于古典三段式，底层空间较高，立面带拱券设计，二层至檐口有通高壁柱装饰，三层设外凸小阳台，顶部女儿墙起伏明显。建筑立面的每一个横向层次都有装饰，从底层的简约线条，二层、三层的窗楣、柱式、阳台形态，再到顶部檐口、女儿墙的几何线条收边围合，都具有讲究的装饰内涵。这充分说明当时的建筑师对交叉路口的建筑装饰有比较深入的思考，十分注意建筑的细节及两侧立面的协调。在拱券的锁心石上都有丰富立体的果实纹样，窗楣柱头有植物图形雕刻，装饰精美。特别值得一提的是老照片上的柱体上雕刻有对联式的广告吉祥用语，中文书法与西式爱奥尼克壁柱形成有趣的融合。目前中南银行旧址已改造过

几轮，白色的整体效果明显优于深灰色的外墙和白色的立柱。(图 4-65)

图 4-65　汉口的中南银行建筑现已改为安踏专卖店

(图片来源：作者自摄；《中国近代建筑总览(武汉篇)》)

4.2.4　广东银行(The Bank of Canton，Ltd)

1. 广东银行

广东银行总行创设于民国元年，是由旧金山广东银行约集美洲华侨、香港商人共同投资建设，总行设于香港，为当地首创之华商银行。从旧金山的营业大楼可以发现其建筑由爱奥尼克壁柱和方柱构成，女儿墙设计有整体宝瓶栏杆，街道两侧都设有入口，整栋建筑设置钢架玻璃窗。香港的广东银行入口设计有门斗，两侧塔司干柱式上方为半圆拱钢窗，入口设有旗杆，十分有气势。汉口的广东银行，建于 1923 年，由景明洋行设计，李丽记营造厂施工，为四层钢筋混凝土结构，目前是武汉市二级优秀历史建筑。(图 4-66、图 4-67、图 4-68)

图 4-66　广东银行在旧金山的营业部；香港的营业部入口大门

(图片来源：《Architectural Terra Cotta》；1931 年《哈里森・福尔曼的中国摄影集》)

图 4-67 广东银行汉口分行近代照片与现状比较

（图片来源：《汉口五国租界》；作者自摄）

图 4-68 广东银行有限公司 1922 年发行的“壹圆”纸币样卷；广东银行广州分行的兑换券；近代汉口广东银行二楼也作为医师的诊所

（图片来源：史密森尼学会钱币收藏网站；7788 收藏网；1945 年《大刚报》）

2. 建筑装饰设计

汉口广东银行最有特色的装饰是入口的半穹顶设计，它的尺度和讲究的装饰元素在整个中国近代银行建筑设计中都独树一帜。穹顶设计的源头可对比意大利特雷维喷泉(Fontana di Trevi)，位于意大利罗马的三条街交叉口，喷泉前面有三条道路向外延伸，而特雷维喷泉的“特雷维 Trevi”就是三岔路的意思。另外许愿池是罗马的象征，也是最后一件巴洛克建筑艺术杰作，其设计背景中也有一个半穹顶。在建筑师心目中半圆拱是唯一“理性”的拱，因为它的形状、大小都能用“半径”来决定。广东银行入口的穹顶设计就是沿用巴洛克风格的半穹顶设计，内部也呈现放射状分隔，气势宏伟。穹顶上方有广东银行英文字样，门拱上的拱顶石增加翅膀雕塑图形。由于局部损坏，不能清晰识别，但类似这样的图形在古埃及纹样、古代苏美尔人的图像中都有出现，象征太阳翼盘，底部的羽毛可能是光线的程式化渲染。（图 4-69）

图 4-69　广东银行入口半穹顶设计与古罗马许愿池穹顶设计类似

（图片来源：作者自摄）

广东银行是四层钢筋混凝土结构，古典式三段构图，一层外墙麻石砌筑，10 根复合型科林斯柱式依墙而立，与拱顶配合，极具特色。建筑装饰细节体现在柱头、窗套、楼梯等处，特别是楼梯空间的设计可谓近代中国金融建筑设计之典范。从一层楼梯入口转角到顶层维护结构，其楼梯栏杆对应的扶手起伏、几何图案装饰都十分细腻，楼梯地面是水磨石白色几何线条收边，大方整洁。原有地下一层目前改为会所的休闲区域，有古物分类收藏展示，装饰简朴。（图 4-70、图 4-71、图 4-72）

图 4-70　广东银行的门套、柱头、锁心石装饰设计

（图片来源：作者自摄）

图 4-71　广东银行楼梯间设计，空间层次转折细腻，扶手栏杆对应独特

（图片来源：作者自摄）

图 4-72　广东银行室内空间目前现状，金库作为会所场地，收藏有古物和家具

（图片来源：作者自摄）

3. 广东银行未来空间预想

广东银行一层和地下空间目前为私人会所，二层以上为居住空间，整体空间保护较好。其作为在汉口特殊区位的金融建筑，非常适合打造成未来汉口的金融博物馆。将银行历史和建筑文化进行展示，以呈现汉口近代金融建筑业发展的脉络，弥补武汉金融历史文化系统的展示缺失。展示空间中涉及从清代至近现代汉

口金融历史风貌，还原原有的电梯空间，设计汉口钱庄和民国银行室内场景，向大众普及武汉辉煌的金融历史。(图 4-73)

图 4-73　广东银行近代金融办公空间、旧电梯复原、近代货币展示陈列厅

(图片来源：徐含璐绘制)

4.3 新古典主义风格元素银行建筑装饰

新古典主义建筑设计精华是追求神似的古典主义，从整体到局部都给人以庄重、典雅的印象。装饰性的檐口、大气的拱券造型，以及精雕细琢的柱式，这些都是汉口现存近代银行建筑的主要装饰特征。新古典主义建筑一方面突出西方古典风格，另一方面是建筑材质、构造、色彩的简化设计。从整体上看，汉口的新古典主义风格银行主要由爱奥尼克古典柱式、连续拱券、山墙简洁装饰形态综合形成银行立面形式，其装饰线条明确，具有古典与现代的双重审美效果。位于汉口江汉路上的中国银行、台湾银行，南京路口的金城银行、大陆银行，以及沿江大道的横滨正金银行、花旗银行、汇丰银行等都是汉口典型的新古典主义建筑，这里将从银行建筑历史、银行纸币图像、与其他城市银行建筑比较、建筑装饰细节设计四个层面进行探讨，希望能从多角度考证汉口新古典主义建筑装饰的设计起源。

4.3.1 中国银行(The Bank of China)

1. 户部银行、大清银行

晚清中国人自办的金融机构主要有钱庄、票庄、当铺等。流通中的货币，除了传统的银两、制钱外，还有外国银圆、外商银行发行的纸币等，形态各异，其兑换手续、比价关系复杂。1905 年(光绪三十一年)，清政府在北京设立“户部银行”，这是中国最早由官方开办的国家银行，北洋官报局印制户部银行纸币，发行“户部银行兑换券”。1906 年(光绪三十二年)，户部改称“度支部”，“户部银行”更名为“大清银行”，所印纸币也随之易名，从汉口发行的 1906 年、1907 年纸币中可清晰发现原“大清银行兑换券”篆书字体也改为楷书。1908 年(光绪三十四年)，大清户部银行总、分行一律改名为大清银行，全国共设分行 21 处，分号 30 余处。“汉口的户部银行开始于光绪三十二年(1906 年)八月，开业以来没有太大作为，其一，由于开业时日尚浅，其二，主要是银行内部冗员太多，不知银行为何物。”[①]“大清银行汉口分行

① (日)水野幸吉. 中国中部事情：汉口[M]. 武德庆，译. 武汉：武汉出版社，2014.

于 1906 年 8 月成立，地点在汉口回龙寺，即现在黄陂街和大夹街之间。当时汉口回龙寺、小关帝庙一带是钱庄、票号的集中地，是传统经济的金融中心，大清银行设于此地也是考虑业务开展的方便。”[①]以上均为汉口大清银行的文字记载。（图 4-74、图 4-75）

图 4-74　光绪三十二年“大清户部银行兑换券”伍圆和拾圆汉口地名

（图片来源：史密森尼学会钱币收藏网站）

图 4-75　光绪三十三年“大清银行兑换券”壹圆汉口地名(正、背)

（图片来源：史密森尼学会钱币收藏网站）

2. 汉口的中国银行建筑

中国银行为中国历史最悠久的银行之一。1912 年，由吴鼎昌、宋汉章等发起成立大清银行商股联合会，请求重新组织，将“大清银行”改组为“中国银行”。1912 年 2 月 5 日在上海汉口路 3 号(大清银行旧址处)，中国银行开始营业，改大清银行为中国银行，负责整顿币制、发行货币、整理国库，行使中央银行职能。1949 年，中国人民解放军军事管制委员会接管了中国银行。汉口的中国银行是

① 赵昊鲁. 近代汉口银行业的发展与变迁[D]. 武汉：武汉大学，2014：33.

1915 年开工，1917 年建成，目前是湖北省文物保护单位，建成至今已有一百多年历史。

汉口的中国银行在 1912 年就开始发行“汉钞”，其中发现有 1912 年“伍圆”“壹圆”，正反面描绘有中国风景，底部印有“汉口”“HANKOW”中英文字样。这说明在上海建立中国银行同年，汉口也有了分行，并发行纸币。1913 年 1 月 4 日汉口分行成立，最初租赁浙江兴业银行房屋，至 1915 年在歆生路（今中山大道江汉路口）兴建银行大楼（目前留存使用），由通和洋行设计，1917 年汉和顺营造厂承建完工。百余年来，中国银行汉口分行经历战乱、洪水、扩建、加层、保护、修复，其建筑整体风格基本保留。（图 4-76）

图 4-76　“中国银行兑换券”1912 年伍圆、壹圆汉口地名

（图片来源：史密森尼学会钱币收藏网站）

中国银行在 2006 年建筑改造过程中进行柱式结构体系的加固，“该楼主体结构体系传力途径复杂，其主体为砖砌体加局部框架承重的混合结构体系。”[①]经过过梁柱外包钢加固、砖砌体加固、木楼板加固等结构加固保护，这栋百年建筑又重新焕发活力，并能更为安全地使用。其建筑上的绶带纹、果实纹、菱形图案也经过修复翻新，清晰可见。特别值得一提的是，一层原有门楣上的“中国银行”字迹保护完好。最初，“中国银行”四字由孙中山先生题写，目前全国有这类门楣石刻的银行旧址并不太多，汉口的石刻行名具有史料价值。门楣上还刻有一行小字“民

① 罗仁安，魏林春，周小帆，等. 历史建筑汉口中国银行结构加固设计与检验[J]. 建筑结构，2006(S1).

国四年八月建造五年十月告成”，记录开工和竣工年月。中国文字在近代建筑上十分多见，不仅具有装饰性，而且其史料研究性也尤其重要，在汉口的金融建筑外立面上很多都有中英文行名的文字记录。（图 4-77）

图 4-77 仿孙中山题写“中国银行”石刻门楣，刻有建造时间；比较南昌“中国银行”旧址字体

（图片来源：作者自摄；南昌中国银行图片来自携程网）

3. 建筑装饰设计

汉口中国银行建筑早期是由英国通和洋行设计，1894 年该行在上海成立。作为重要的建筑土木工程公司和房地产公司，创始人 Brenan Atkinson 和 Arther Dallas 在上海的业务一直持续到第二次世界大战期间，其设计建造作品包括：上海大清银行、东方汇理银行、人寿保险公司、上海商会议事厅等。通和洋行汉口分行位于汉口宝顺街（今天津路），作为近代汉口最重要的建筑师事务所之一，其早期的设计是移植英国本土的建筑风格，到中国银行设计时展开对新古典主义风格的成熟运用。（图 4-78）

中国银行建筑整体平面呈方形，建筑面积近 5000 平方米，楼高约 38 米，地上四层，地下一层。从 1916 年的历史照片看，原有建筑是三层，不知何时进行过加

图 4-78　汉口中国银行 1916 年历史照片与 1938 年历史照片比较

（图片来源：王汉吾老师提供）

层改建，原有方体与圆柱结合的柱体基础造型改为独立圆柱的整体造型。这种原有特殊的柱式结构在上海四明银行建筑立面中也能清晰发现。汉口中国银行原有顶部是山花矮墙，立面装饰绶带山花纹样，但由于加层增建楼层，此装饰造型已毁。中国银行原有的柱式间的铸铁栏杆也改为简约的线条水泥围栏。（图 4-79）

图 4-79　汉口中国银行 1931 年大水时的情景，可发现入口灯柱设计

（图片来源：汇丰银行网站）

中国银行建筑立面装饰性较强，中山大道一侧正立面中部缩进较大，而沿江汉路一侧中部略微缩进。该建筑立面设计不仅具有严谨的比例尺度与对称性，而且在西方传统的三段式模式原则下建筑装饰细节刻画丰富。中山大道一侧一层由四个拱券门洞组成外廊立面，拱券上部镶嵌别致的拱顶石，建筑中段有三组爱奥尼克双柱，两侧各有一根单柱，并穿通二、三层外廊；建筑四层为连续方柱外廊延续，整体外墙面麻石饰面到顶，局部横向有装饰性凹槽；建筑外窗均有几何图案窗套连续衔接，直至建筑二层转角小阳台处，装饰别致。建筑外部原有铸铁灯柱和栏杆已毁，目前基座上配中式风格威严石狮(麒麟)一对，中间矮柱上有风水球雕塑点缀。(图 4-80、图 4-81、图 4-82、图 4-83、图 4-84)

图 4-80　中国银行位于中山大道一侧历史照片对比

(图片来源:《晚清民初武汉映像》;作者自摄)

图 4-81　中国银行建筑上的植物纹样,几何形态的水泥阳台围栏设计

(图片来源:作者自摄)

图 4-82　中国银行室内爱奥尼克柱式与科林斯柱式的复合装饰柱头

（图片来源：作者自摄）

图 4-83　中国银行爱奥尼克柱式与科林斯柱式的复合装饰柱头

（图片来源：作者自摄）

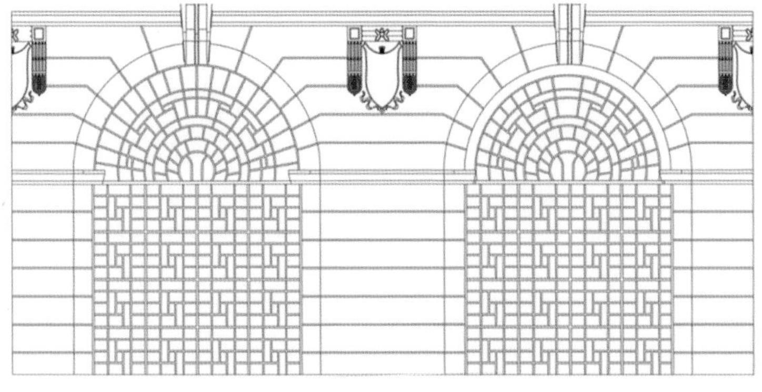

图 4-84　中国银行外立面及目前主入口增加的风水球石雕装饰

（图片来源：作者自绘）

4.3.2 汇丰银行(Hongkong&Shanghai Banking Corporation Limited)

1. 上海汇丰银行

1864 年 8 月 6 日,英格兰人托马斯·萨瑟兰德(Thomas Sutherland)在香港发起创立汇丰银行,1865 年 3 月 3 日正式营业,同年 4 月 3 日在上海外滩南京路转角开设分行。1921 年 5 月 5 日上海汇丰银行新大楼奠基,由公和洋行设计,英商罗德洋行施工承建,1923 年 6 月 23 日落成。其建筑占地 8021 平方米,建筑面积 23415 平方米,采用钢筋混凝土框架穹顶和钢框架结构,顶部穹顶仿罗马圣彼得大教堂,整个建筑体现出新希腊样式。这种 19 世纪中后期的新古典主义复兴风格,在建筑、装饰艺术和绘画中得到普及,将希腊、罗马、庞贝和埃及复兴的元素混合在一起,形成“一种富有折中色彩的混合体”,对室内装饰设计也产生了重要影响。(图 4-85)

图 4-85 汇丰银行 1922 年拾圆币,图左边是香港汇丰银行,图右边为上海汇丰银行
(图片来源:史密森尼学会钱币收藏网站)

作为当时远东最大的银行建筑,汇丰银行的室内外装饰极尽奢华,1923 年 6 月 25 日《字林西报》赞誉:“汇丰银行丝毫没有辜负所有关注它的建造的人们的信赖,也没有辜负敢于批准这一伟大计划的人们的信赖,一些具有创造天赋的建筑师设计出了这幢建筑,施工组织者使它在短短两年内成功地建造起来。运用高贵的材料和设计品质，建成后被称为‘从苏伊士运河到白令海峡最华贵的建筑’。”①同样《远东时报》在 1921 年 6 月和 1923 年 7 月两次刊登关于汇丰银行的主题内容，包括建造过程、设计师、材料配比、经营政策等，并且在文章中还附珍贵图像，展现出包括楼梯、八角大厅、壁画、柱廊、中国厅等室内外空间装饰特色，以及哈尔滨、大连建筑预想图。（图 4-86、图 4-87、图 4-88）

图 4-86　汇丰银行 1921 年建造历史照片及柱廊室内照片

（图片来源：《远东时报》1923.7）

图 4-87　上海汇丰银行主立面以及室内空间照片

（图片来源：《远东时报》1921.6）

① 熊月之，马学强，晏可佳. 上海的外国人（1842—1949）[M]. 上海：上海古籍出版社，2003:27.

THE STATELY HOME OF THE HONGKONG AND SHANGHAI BANKING CORPORATION ON THE BUND AT SHANGHAI: AS IT WILL APPEAR WHEN COMPLETED

From a Drawing by Cyril A. Farey; Architects, Palmer and Turner; Contractors, Trollope and Colls (Far East) Ltd. The 3,700 tons of structural steel used in the construction of the building were supplied by Redpath, Brown & Co., Ltd., of London

续图 4-87

图 4-88　哈尔滨、大连分行效果图，已经建成的汉口汇丰银行

（图片来源：《远东时报》1921. 6）

上海汇丰银行的建筑装饰是一个复杂的结构体，聚集中西方建筑师、雕塑家、工程师、艺术家和其他专家，他们精心挑选材料、仔细安装设备，以其娴熟的技术协调施工进度，在仅仅两年的时间内完成了在世界银行建筑史中都难以超越的精品。特别是汇丰银行入口八角门厅的设计，其拱顶内是马赛克镶嵌壁画，主题围绕当时在伦敦、纽约、东京、上海、香港、巴黎、曼谷、加尔各答的八家分行城市风景展开，各国的女神与建筑风景组合，象征银行奉行的品质：知识、坚韧、正直、历史、经验、忠诚、智慧、真理、劳作、公正、精明、哲理、平衡、镇静、秩序、谨慎。每个城市壁画之间由矩形板块分隔，上面是中国《论语》中的碑刻文字，“四海之内，皆兄弟”，即“Within the four seas all men are brothers”，中英文环绕穹顶一周，设计巧妙别致。

八角穹顶上还围绕有西方十二星座图像和八头狮子纹章图案。纹章是一门中世纪开始的符号学问，狮子作为英格兰皇室纹章，象征王权，汇丰银行用其象征权力与公正。汇丰银行大门前也有铜狮雕塑，它们都是银行威严、安全的守护神。中央穹顶中太阳神赫利俄斯（Helios）驾驶着一辆金色马车，披着长袍正追赶着他的孪生妹妹新月上的女神阿耳忒弥斯（Artemis），穹顶壁画背景一半白天，一半黑夜，象征着宇宙苍穹，生生不息。穹顶云彩上还有农耕女神克瑞斯(Ceres)，她手捧丰收的水果，是"博爱"的象征。(图 4-89)

图 4-89 入口八角形门厅马赛克镶嵌画装饰

(图片来源:《远东时报》历史照片上色;知乎网站)

上海的汇丰银行作为当时远东地区最宏伟的金融建筑，也是第一家总行设在中国的外资银行，其建筑装饰设计体现在室内外的墙面、地面、吊顶、门廊、金库等各个不同的空间界面。当时的建造材料几乎全都依靠进口，包括四根 13 米高的一体式大理石柱，这样的大理石圆柱目前全世界仅有 6 根，另外两根在巴黎的卢浮宫。对这栋建筑的研究还可继续，其真实可触的装饰细节，不同空间的图形样式，都是了解近代中国银行建筑设计的典范案例。

2. 汉口汇丰银行

"汇丰银行于清同治七年(1868 年)开设汉口支行，位于原英租界四码头附近，为二层砖木结构房屋。1913 年在沿江大道青岛路口内，由英籍工程师派纳设计，兴建甲种混合结构大楼，1917 年竣工。随后紧接着沿江大道转角处兴建 4 层钢筋混凝土结构主楼，由公和洋行设计，1920 年建成。"[①]汉口汇丰银行大楼早于上海汇丰银行竣工，是汉口江滩最宏伟的西方建筑之一，属于新古典主义风格。正立面十根高耸的爱奥尼克柱式与纵向三段式结构比例协调，突显典雅而明快的特征。汉口汇丰银行位于长江边的城市地理信息，以及特殊的景观风貌在 1921 年

---

① 武汉地方志编纂委员会. 武汉市志 · 城市建设志(下)[M]. 武汉:武汉大学出版社，1996:184.

汉口汇丰银行发行的“伍圆”纸币中描绘清晰。汇丰银行建筑层次细腻，周围有丰富的汉口城市市井图像，其中包括快速赶路的马车、停靠在银行门口的马车、江中两人摇曳的木船、行驶中的小汽车、江滩三两散步的人群，均惟妙惟肖。其建筑立面爱奥尼克柱式、顶层回廊、二层卷帘、山墙装饰、狮子雕刻也都依稀可见。纸币背面还印有代表长江特色城市标志的“黄鹤楼”“小孤山”形象，一张纸币充分说明当时汉口的城市地位，也能发现当时西方设计师的智慧与主张。近代中国的城市文化与地域性建筑，以一种货币符号的形式直接在流通传播中产生重要影响。(图 4-90、图 4-91、图 4-92、图 4-93)

图 4-90　汇丰银行“伍圆”纸币中建筑主体及汉口江滩风景

(图片来源：史密森尼学会钱币收藏网站)

图 4-91　汇丰银行 1921 年汉口发行的“伍圆”纸币

(图片来源：史密森尼学会钱币收藏网站)

图 4-92 汉口 20 世纪 30 年代汇丰银行历史照片

(图片来源:https://rmda.kulib.kyoto-u.ac.jp/item/rb00031496)

图 4-93 汉口汇丰银行入口门楣装饰细腻

(图片来源:汇丰银行网站)

3. 建筑装饰设计

汉口汇丰银行建筑设计由公和洋行承担，该建筑事务所最早创立于 1868 年，由英国建筑师威廉·塞尔维(William Salway)在香港创立。“1890 年后，建筑师 Clement Palmer 和 Arthur Turner 成为其主持人，行名改为‘Palmer& Turner Architects and Surveyors’。1912 年乔治·威尔逊(George Leopold Wilson)和洛根(M. H. Logan)一道来到上海开设分部，并为事务所取中文名为‘公和洋行’，几年之后公司总部正式迁到上海。”[①]公和洋行凭借其雄厚的建筑设计实力，在上海完成了诸多的设计项目，特别是汇丰银行赢得了极高的赞誉。汉口的汇丰银行目前是全国重点文物保护单位，其室内外装饰设计独具特色。(图 4-94)

图 4-94　汉口汇丰银行历史照片及现状对比，建筑原样基本保留，但入口处的灯柱顶灯已消失
(图片来源：https://mr.baidu.com/r/15O6JinVBfy? f=cp&u=1598718f00391ce0；https://mr.baidu.com/r/15O73BHBJK0? f=cp&u=bbe96f9e43266924；作者自摄)

汉口汇丰银行大楼总建筑面积 10244 平方米，占地 3591 平方米，楼高 3 层。大楼正立面呈长方形，长宽比例为 3∶1，左右严谨对称，增添建筑的稳重感，建筑正立面以大门正中为中轴线，五段划分，左右两端略微凸出，布局紧凑。建筑外墙装饰以 10 根爱奥尼克柱式进行划分，并贯通二层，基座、门廊、腰线、檐口、压顶等都有植物石刻雕花装饰，营造出一种理性与唯美的装饰审美。值得一提的是建筑主立面顶部由山花装饰，入口上方用英文标注“Hongkong and Shanghai Banking Corporation”字样，而在原华昌街一侧顶部用“匯豐銀行”中文字体，“汇丰”二字取自“汇款丰裕”的意思，当时汇丰银行以国际汇兑业务为主业，所以起名“汇丰”寓意汇兑业务昌盛繁荣。据说汇丰银行的中文字体是 1881 年曾纪泽为该行的钞票题的词，目前大楼顶部这四个中文字样已毁，顶部的山墙装饰也已消失，原有楼顶山墙正中旗杆也已消失。(图 4-95、图 4-96、图 4-97)

---

① 钟鸣. 扩张与融合 近代上海的汇丰银行及其建筑[J]. 上海工艺美术，2010(2)：70-72.

图 4-95 汉口汇丰银行 1931 年大水时照片，顶部的中文字样和正立面英文字样均在

（图片来源：孔夫子旧书网）

图 4-96 汉口汇丰银行立面徽章装饰图形及狮子浮雕装饰

（图片来源：自摄自绘）

图 4-97 汉口汇丰银行现状

（图片来源：作者自摄）

汇丰银行大楼室内外装饰十分协调，外立面运用植物花环、狮首、卷草、葡萄、风铃草、涡卷图案、火焰、铁锚等图像，雕刻细腻。特别是狮子的形象抽象而生动，顶上狮子张开大口十分凶猛，而下面方柱上的狮子凝神聚气十分专注。在香港和上海的汇丰银行入口有铜狮一对，其中张开嘴的叫史蒂芬、闭嘴沉默的狮子叫施迪，形象寓意吐纳资金。而汉口的汇丰银行立面上的狮子形象也许就是这两只狮子的抽象原型。目前汉口汇丰银行门口也有两只石雕狮子，仿造上海汇丰银行的铜狮子的形象进行雕刻。(图 4-98)

图 4-98　汉口汇丰银行正立面上的狮子及植物图形雕塑现状

(图片来源：作者自摄)

汉口汇丰银行入口经过 15 级台阶进入玻璃旋转大门，内部大厅地面镶嵌花岗岩，包柱均为白色大理石，室内办公空间由木墙裙装饰，精致华贵。植物装饰元素植入柱式、壁炉、天花、楼梯等细节设计中，具有英国维多利亚时代细腻、优雅的特质。特别是室内壁炉的装饰壁板设计令人炫目，大量的卷草、果实、花卉组合成立体图案围绕在壁炉墙壁上，中间目前为木板，以前有可能是镜面或绘画装饰，形成空间中高贵、庄重的视觉体量。(图 4-99)

图 4-99　汉口汇丰银行室内楼梯间门窗装饰

(图片来源：作者自摄)

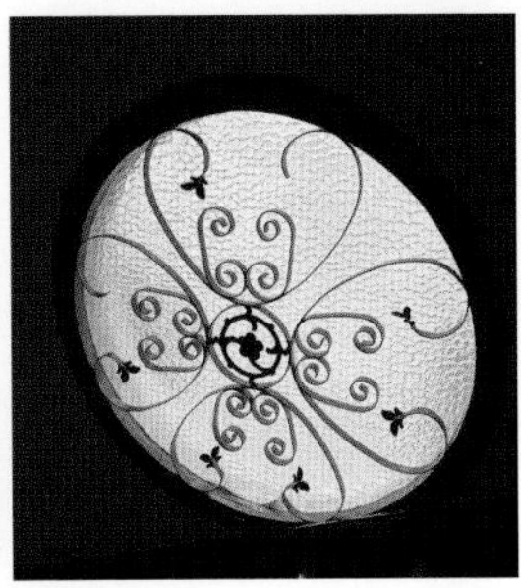

续图 4-99

4.3.3 花旗银行(The National City Bank of New York)

1. 汉口花旗银行

花旗银行的历史可以追溯到 1812 年,总部设在华尔街。它是一家服务于纽约商人的金融机构,19 世纪末已在全美各州开设分行,并成立国际部向海外拓展业务,1904 年花旗银行首推旅行者支票。1902 年花旗银行开始进入中国,并在新加坡、英国、中国香港、日本、菲律宾和印度开设分行。目前在中国的花旗银行旧址主要包括北京花旗银行(1914,现改为北京警察博物馆)、广州花旗银行沙面旧址、花旗银行奉天支行旧址(1928)、天津花旗银行(1921)、汉口花旗银行旧址(1913)、哈尔滨花旗银行旧址等。

汉口花旗银行由美国建筑师墨菲(Henry Killam Murphy,1877—1954)设计,他出生于美国康涅狄格州,耶鲁大学建筑系毕业。1906 年,他独立开展建筑设计业务,两年后与丹纳(Richard Henry Dana,Jr.)合伙,创办了“墨菲-丹纳建筑设计事务所”。1918 年,事务所在上海开设分所,并开始承接东亚地区的建筑设计,早期最为著名的案例是清华校园规划,以及与庄俊联袂营造的“清华四大建筑”。国民政府定都南京之初,墨菲以外籍顾问身份,受聘于当时的“首都建设委员会”,参与拟订《首都计划》(*THE CITY PLAN OF NANKING*),即中国近代史上最早的现代城市规划。

汉口花旗银行由景明洋行出设计图纸,魏清记营造厂承建,1921 年竣工,属于典型的新古典主义风格。大楼为钢筋混凝土结构,地上五层,地下一层,采用当时流行的古典三段式设计,爱奥尼克柱式贯通三层,其立面形式简洁。主入口突出,有山花和檐口装饰。建筑整体呈立方体,左右对称,形式庄重。建筑楼顶檐口密檐式天沟形成水平环带,外檐由女儿墙几何图案装饰,正中塑造地球和雄鹰雕塑,成为建筑的标志性设计。“地球”和“雄鹰”造型与花旗银行当时发行的纸币图案一模一样。(图 4-100、图 4-101、图 4-102)

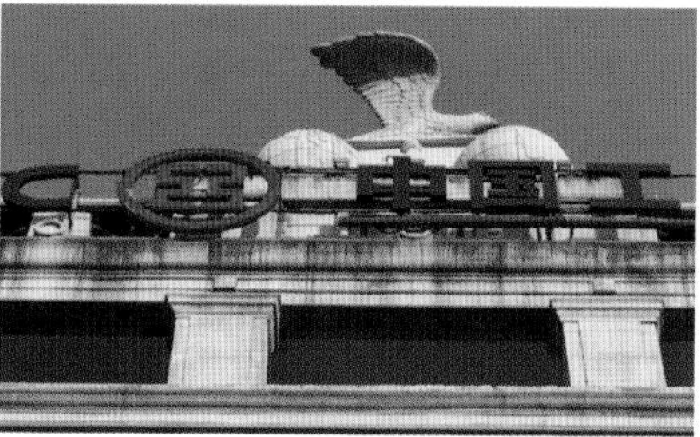

图 4-100　汉口花旗银行建筑顶部地球和雄鹰雕塑正是花旗银行纸币正中图案

(图片来源:美国史密森尼学院网站;作者自摄)

图 4-101　汉口花旗银行历史老照片

(图片来源:《晚清民初武汉映像》;人民网)

图 4-102　美国 1915 年建立密歇根州花旗银行、洛杉矶花旗银行

(图片来源:《Academy Architecture》《Architectural Review》)

2. 建筑装饰设计

汉口花旗银行建筑按照西方古典主义三段式构图，上、中、下分段层次清晰。中间明确为纵向七开间，二至四层六根爱奥尼克柱贯穿，并设外廊。每层阳台底面中间凸起，注重细节塑造，栏杆均为几何图案铸铁装饰；大楼入口采用凸出门斗设计，有四根立柱支撑，中间为塔司干柱式，两边为方柱；门斗檐口下方为罗马体"The National City Bank of New York"英文字样；建筑左侧次入口上方另有"花旗银行"中文浓墨楷书镌刻，其书法来源已无法考证。一层中间采用高大的拱券玻璃窗，上层为窄形竖条窗，厚石材基座与细长的半圆形拱窗形成强烈的对比。整体装饰仅在檐口、柱头、门斗上方，其余均为直线条，简洁利落。近代中国其他地方的花旗银行，也均有类似特点，建筑简洁明快，但也兼有西方传统元素特征，如天津花旗银行。（图 4-103、图 4-104）

图 4-103　汉口花旗银行建筑正立面及侧立面装饰设计

（图片来源：作者自摄；湖北发行明信片）

图 4-104　汉口花旗银行建筑立面及入口设计

（图片来源：作者自摄；http://kuaibao.qq.com/s/20191105a0q12p00）

4.3.4 横滨正金银行(Yokohama Specie Bank,Ltd.)

1. 横滨正金银行

横滨正金银行于1880年2月28日(光绪六年)在日本横滨正式成立,其目的是供应贸易界的铸币。该银行主要向中央银行提供黄金储备,并处理政府和日本银行的海外业务。1893年5月15日横滨正金银行在上海的代理处开业,之后陆续在中国各地设立分支机构,依次有香港、天津、营口、北京、汉口等分行。为排挤沙俄对东北的经济控制,该行在东北广设机构,依次为旅顺、大连、奉天、长春、哈尔滨等分行。大正时期,横滨正金银行成为世界三大外汇银行之一,到1908年,横滨正金银行在伦敦、纽约、孟买、亚瑟港和丹尼等地也都设有办事处。(图4-105、图4-106)

图4-105 横滨正金银行广告,横滨正金银行1904年开设奉天支行,1907年开设长春支行

(图片来源:京都大学图书馆)

图 4-106　上海横滨正金银行设计效果图与现状比较、哈尔滨横滨正金银行老照片

（图片来源:《远东时报》;www.heritage-architectures.com）

2.汉口横滨正金银行

“横滨正金银行于 1897 年(光绪二十三年)在英租界外滩(今沿江大道南京路口)建成开业,2 层砖木结构,拱券廊窗,尖山屋顶设暗层,四面方窗。1921 年拆除重建成 4 层钢筋混凝土结构大楼,由景明洋行设计。”[①]目前收藏界发现有 1917 年汉口横滨正金银行发行的“汉钞”,纸币正面正上方有“横滨正金银行”行名,并加印“汉口”字样,面值有“壹圆”“拾圆”等,正面下方还有日本横滨正金银行的建筑图案,背面标注“THE YOKOHAMA SPECIE BANK,LIMITED”英文名称。(图 4-107)

图 4-107　横滨正金银行 1917 年汉口发行的“拾圆”纸币,其中间图像与日本 1920 年、中国大连 1904 年建立的横滨正金银行建筑类似

（图片来源:史密森尼学会钱币收藏网站;《亚细亚大观》）

---

① 武汉地方志编纂委员会.武汉市志·城市建设志(下)[M].武汉:武汉大学出版社,1996:813.

续图 4-107

1906 年，横滨正金银行在汉口英租界江滩开设汉口分行，早期是一座二层砖木结构建筑，立面采用连续拱券结构，逐层收分，从沿江大道、阜昌街口（今南京路口）都能看到其具有标志性的等腰三角形大屋顶。该栋建筑最初是汉口茶商阜昌洋行的办公楼，底层办公，二层、三层阁楼是住宅，具有典型的"维多利亚式"建筑风格。其砖砌的墙体有色彩变化，柱式结构细腻，采用双柱大拱顶套小拱顶的形式，产生丰富的韵律感和视觉变化。（图 4-108）

图 4-108　汉口横滨正金银行 1913 年历史照片，1921 年在旧址上新建的横滨正金银行比较

（图片来源：http://www.flickr.com/；京都大学图书馆；《武汉晚清影像》）

早期这栋二层砖砌建筑也是俄国银行旧址，在 1902 年从汉口邮寄到德国基尔的明信片中可以清晰地看到老照片右下写着“Russian Bank”字样，在 1905 年邮寄到法国的明信片中也可以发现照片上清晰地记录着“English Bund; Russo-Chinese Bank”，英租界华俄道胜银行，估计是横滨正金银行修建新楼之后，原有的华俄道胜银行就搬到俄租界(今宋庆龄故居博物馆)。(图 4-109、图 4-110)

图 4-109　汉口 1902 年邮寄的明信片正面建筑照片右下标注“Russian Bank”字样；1905 年明信片，左下有“English Bund; Russo-Chinese Bank”字样，“英租界华俄道胜银行”

(图片来源：《晚清民初武汉映像》)

图 4-110　汉口横滨正金银行建筑大楼立面及入口现状

(图片来源：作者自摄)

3. 建筑装饰设计

1921 年横滨正金银行兴建四层钢筋混凝土结构大楼，由景明洋行设计，汉协盛营造厂施工，建筑面积 5632 平方米，属于新古典主义风格。整座大楼内外装修雅致，临街立面造型严谨对称，尺度雄伟，从转角处看好似一艘刚刚启航的船舶，正迎风启航。外立面两侧均为双柱式柱廊，通体爱奥尼克双柱贯通二层和三层，顶部女儿墙有阶梯造型，四层外廊设计短柱，壁面圆环吊缀装饰，颇有灵动感。整体建筑为古典三段式构图，麻石花岗岩材料从基础、柱式到顶部。柱身直径 1.3 米，中段稍带收分，从外圈看是一段一段拼接到顶，爱奥尼克柱头雕花细腻，沿江大道主入口檐口底面还有植物叶片装饰浮雕，强化建筑的细节。（图 4-111）

图 4-111　汉口横滨正金银行现状柱式及地下一层外立面装饰

（图片来源：作者自摄）

大楼底层为仓库用房，粗犷的麻石上有规整的回纹和立体叶片纹样装饰，而这些图案纹样也在室内大厅顶部的柱头上出现，室内外装饰形式统一。建筑一层门厅地面和楼梯面全部铺设白色大理石，中央营业大厅以水磨石铺设，长 26 米，宽 13 米，顶部玻璃采光顶棚高至三层顶。从横滨正金银行开业历史照片中能发现大厅柜台全部摆满植物，家具摆放有序，各类开业迎宾的对联、吉祥锦旗，用丝绸刺绣“美轮美奂”“华堂映日”等围绕大厅四周，都是赞美横滨正金银行新楼高大华美。银行大厅内靠沿江大道一侧设为办公用房，第三层办公用房以回廊连通贯穿，有共享空间的思路，而周围的栏杆装饰也十分巧妙，办公室及公寓房间地面全铺木地板。（图 4-112、图 4-113、图 4-114、图 4-115）

图 4-112　汉口横滨正金银行与美国近代建筑比较

(图片来源:http://www.ifuun.com/a20175242406365/;《Academy Architecture》)

图 4-113　汉口横滨正金银行 1921 年开业场景及老照片;
19 世纪美国银行入口铜门装饰、室内吊顶装饰

(图片来源:http://www.ifuun.com/a20175242406365/;
http://www.ifuun.com/a20175242406365/;《The Architectural Record》)

图 4-114　汉口横滨正金银行基座下方周边有回纹图案和植物图案装饰

（图片来源：作者自摄）

图 4-115　汉口横滨正金银行灯柱装饰变化、窗花装饰保留、栏杆铁艺装饰保留，
这些均有菊花图形，与横滨正金银行的标志以及日本的文化有关联，
当下中信银行在原横滨正金银行顶层的走道空间设计

（图片来源：作者自摄）

续图 4-115

4.3.5 台湾银行(Bank of Taiwan,Ltd)

1. 台湾银行

第一代台湾银行总行是日本人 1899 年 9 月 26 日在台北创立,沿用原清朝“布政使司衙门”里的一座“藩库”(“藩库”是清代布政使司管辖下的一座储放粮食的仓库(库厅),后因配合台湾银行公司成立改为“台湾银行台北金库”),正式挂牌营业。1904 年第二代台湾银行在台北建立,仿后期文艺复兴式风格,有拱券、山墙和坡屋顶设计;后因遭受白蚁侵蚀和使用空间不足等原因,1937 年在旧楼东侧重建了三代台湾银行,由日本建筑师西村好时设计,大仓组土木施工。(图 4-116)

图 4-116 台湾银行 1904 年第二代建筑属于西方古典主义风格,三代台湾银行正在建设中

(图片来源:江户东京博物馆;https://long11281128.pixnet.net/blog/post/468164897)

第三代台湾银行是 1934 年 8 月 4 日开工，1937 年 6 月 30 日竣工，目前该建筑也是台湾银行营业部所在地；1945 年台湾银行发行的"拾圆"纸币上就有第三代台湾银行清晰的建筑图像。这栋建筑 1998 年被列入台北市古迹保护地点，属于新古典主义建筑风格，二楼至三楼为贯通二层的科林斯柱式，圆柱头上有向上卷曲的毛莨叶装饰，方柱头上有植物连续图案装饰，层次丰富。（图 4-117、图 4-118、图 4-119、图 4-120）

图 4-117　台湾银行 1945 年发行"拾圆"纸币正反面图像

（图片来源：史密森尼学会钱币收藏网站）

图 4-118　第三代台湾银行在纸币上的图像、1937 年建成的台湾银行新楼

（图片来源：https://mr.baidu.com/r/15O8zZqBlNS? f=cp&u=0534c5f87161459c；《日据时代的建筑》）

图 4-119　第三代台湾银行室内空间

（图片来源：《台湾建筑会志》）

图 4-120 台湾银行在印度尼西亚泗水的分行，屋顶装饰有台湾银行标志及中英文；台湾银行广告

（图片来源：https://tr.pinterest.com/pin/164803667604160540/? mt=login；《Glimpse of China》）

2. 汉口的台湾银行

1900 年台湾银行在厦门设立支行，1901 年在香港设立支行，之后又在福州、广州、汕头依次建立支行。1911 年台湾银行在上海设立支行，汉口的台湾银行建于 1915 年，由景明洋行设计，汉协盛营造厂施工，位于汉口歆生路（今江汉路步行街），紧挨一个药店，从历史照片中可以发现药店广告招牌字样。台湾银行建筑已有百余年，除楼顶大型雕塑已毁，其余建筑构筑外立面都保留完好，大楼现为中国人民银行武汉分行清算中心。（图 4-121、图 4-122、图 4-123、图 4-124）

图 4-121 汉口民国时期台湾银行入口及江汉路街道，台湾银行整体效果，顶部雕塑和三段式建筑结构

（图片来源：https://page.auctions.yahoo.co.jp/jp/auction/j1054320949；《晚清民初武汉映像》）

图 4-122　近代汉口台湾银行发行“伍圆”纸币，中间樱花图案明显，顶部有银行标志

(图片来源：https://www.auction-world.co/library/item_128914.html)

图 4-123　台湾银行 1961 年“壹圆”纸币；台湾银行广告上标注有 1899 年建立时间；1914 年广告及银行标志；汉南地区窑头口早期窑厂生产的红砖，有类似台湾银行标志

(图片来源：https://americanhistory.si.edu/；《密勒氏评论报》；作者收藏)

THE BANK OF TAIWAN LTD.

(Established 1899).

(Incorporated by Special Imperial Charter).

Capital ... ... **Yen 20,000,000**
Reserve Fund... ... ... **Yen 4,880,000**

Head Office: TAIPEH (FORMOSA)
Shanghai Branch: 16 THE BUND
London Branch: 58 OLD BROAD STREET
London Bankers: PARR'S BANK LD.

BRANCHES:

Amoy, Canton, Foochow, Hankow, Hongkong, Keelung, Kiukiang, Kobe, London, Osaka, Semarang, Shanghai, Singapore, Soerabaia, Swatow, Taichu, Tainan, Takow, Tokyo

6 Branches in Formosa

AGENCIES:

Batavia, Bombay, Dalny, Hankow, Manila, Moji, Nagasaki, New York, Seoul, San Francisco, Yokohama, etc.

Every description of Banking and exchange business transacted. Special exchange facilities for Japan, Formosa and China ports.

K. TSUDZURABARA, *Manager.*

续图 4-123

图 4-124　台湾银行正立面顶部有人物及球体圆雕

（图片来源：湖北省武汉市邮政广告公司发布明信片）

3. 建筑装饰设计

汉口的台湾银行属于新古典主义建筑风格，建筑地上五层，地下一层，古典三段式立面，庄重典雅。基座为花岗岩砌筑，外墙麻石到顶，建筑二至三层为双柱柱廊，爱奥尼克柱头装饰。檐口以上为四层用房，顶部两端屋顶托起球体雕塑，源自古希腊神话中的擎天神阿特拉斯(Atlas)，四神一起托起天球，造型生动。擎天神的雕塑在 19 世纪西方很多建筑中都能发现，如德国法兰克福车站屋顶的青铜雕塑、纽约时代广场上的雕塑。门廊上有"Taiwan building"的英文字样。大门是半圆拱门窄门斗，二层窗户为半圆形，上部有内廊阳台，有十根廊柱，两边为单个圆柱，中间为四组圆柱。(图 4-125、图 4-126、图 4-127、图 4-128)

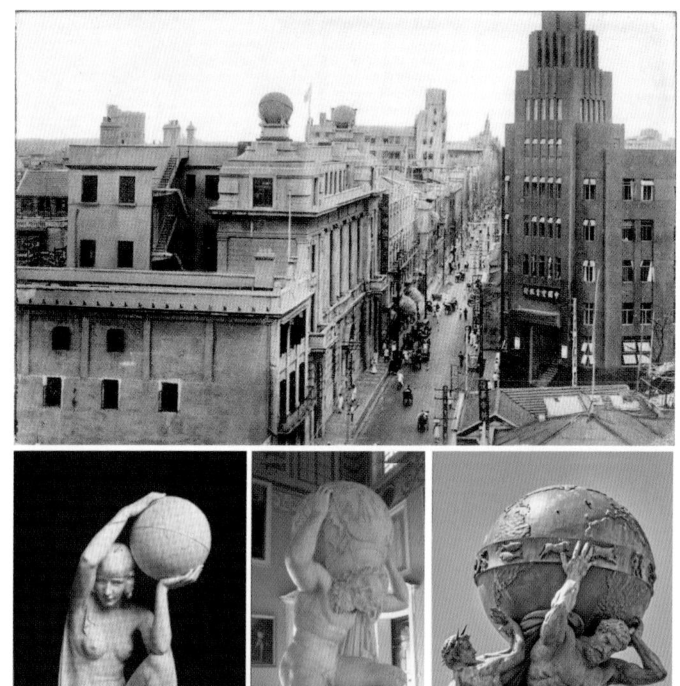

图 4-125　汉口台湾银行 1932 年历史照片及世界各地女神、大力神托举地球雕塑

(图片来源：书香武汉；《The Architectural Review》；那不勒斯国家考古博物馆；https://www.gettyimages.ie/detail/photo/frankfurt-royalty-free-image/1408867752? adppopup=truem)

图 4-126　台湾银行建筑顶部的擎天神和球体装饰；约翰·辛格·萨金特（John Singer Sargent）的阿特拉斯与赫斯珀里得斯（1925）

（图片来源：https://www.wikiart.org/en/john-singer-sargent/atlas-and-the-hesperides-1925）

图 4-127　古希腊神话中擎天神雕塑在西方建筑装饰中的运用

（图片来源：作者自摄）

图 4-128　汉口台湾银行建筑入口、立面、柱式及拱券装饰

（图片来源：作者自摄）

4.3.6　金城银行（Kincheng Banking Corporation）

1. 金城银行

金城银行成立于 1917 年，总行设在天津，是中国著名的"北四行"（金城银行、盐业银行、中南银行、大陆银行）之一，"金城"之名来自《汉书 · 蒯通传》"金城汤池，不可攻也"，"盖取金城汤池永久坚固之意"。作为当时享誉全国的中资银行和领军者，其业绩优异。随着政治中心的南移，金城银行将总行由天津迁至上海，并在全国陆续增设分支机构 50 余处，成为全国性的商业银行。在扩大商业、储蓄两部门的同时，金城银行还添设信托、证券等部门，1917 年至 1937 年，各项业务均有大幅度增长，发展迅速。1936 年金城银行存款达 1.83 亿元，一度超过上海商业储蓄银行，居私营银行首位。（图 4-129）

图 4-129　民国时期金城银行在重庆、大连的分行

（图片来源：《金城银行十周年》）

2. 上海金城银行

1927 年南京国民政府建立后，全国政治、经济中心由北向南转移，当时金城银行董事长兼总经理周作民决定将总行由天津迁往上海，并建造新楼。上海金城银行主楼位于江西中路 200 号，对面是原英租界工部局，由中国第一代留美归国建筑师庄俊设计。1914 年庄俊毕业于美国伊利诺伊大学建筑工程系，1925 年在上海成立“庄俊建筑师事务所”，作品以新古典主义建筑风格为主导方向，代表作还包括济南交通银行、汉口金城银行、青岛交通银行、哈尔滨交通银行、大连交通银行等。

1925 年上海金城银行由申泰兴记营造厂承建，1926 年 1 月底落成。“该行所用之材料，外面用苏州石，里面用斐纳之意大利云石，故于观瞻上异常美感而雅致。库及库门为约克洋行所承造，库门呈圆形，遥望之如洞天别府，颇称优越，上海各大银行，采用此种精美之库及库门者，尚称独步，其中设备，更较完全。”[①]从这段在《中国建筑》上对金城银行室内空间装饰的描写可以看出当时大楼内部空间华美，装饰材料有苏州石、意大利云石等高档石材，设计讲究，并且购置先进的金库大门，保障银行金融体系的安全。这栋大楼是新古典主义风格，三段式构图，柱式不再作为构图中心，仅在主入口设一对多立克柱，十分简洁。值得一提的是上海金城银行为北洋政府的财政问题提供了大力支持，很受北洋政府青睐，因此在建筑入口处金城银行特意用“中华民国的国徽”作为银行标志。国徽是由中国古代“十二章”图案组成，即日、月、星辰、山、龙、华虫、宗彝、藻、火、粉米、黼、黻。金城银行入口这一醒目标志，在中国近代的银行建筑装饰上独树一帜。（图 4-130、图 4-131）

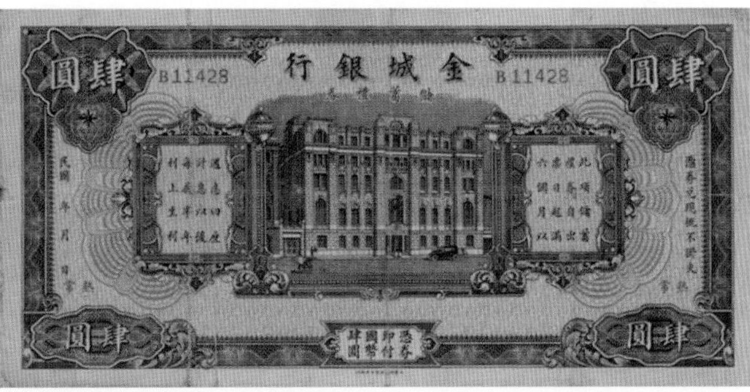

图 4-130　上海金城银行广告及金城银行发行的“肆圆”纸币，其中有上海金城银行五层建筑图像

（图片来源：7788 收藏网）

---

① 中国建筑杂志社编辑：《中国建筑》，中国建筑师学会出版，1933 年，第 1 卷第 4 期，第 6 页。

图 4-131　上海金城银行立面石材建筑构造及入口中华民国国徽“十二章”纹样

（图片来源：上海图书馆《中国建筑》1936）

上海金城银行建筑用料和装修十分讲究，底层为营业大厅，地面用大理石铺装，二楼为银行办公室，墙壁、楼梯、方柱等也采用天然大理石饰面，办公室地面采用木地板铺装，墙面是柚木护壁板装饰，并且还为中国客户设计中式文人接待室，家具陈设讲究。三楼、四楼出租给保险公司和丝业公司，大楼内部的落水管全部采用紫铜皮，电梯和保险金库都是当时世界上最先进的。底层大厅高两层，柱头、井格梁天花、窗口、楼梯栏杆等细部装饰设计华丽。（图 4-132、图 4-133）

3. 汉口金城银行

汉口金城银行作为重要的银行分支机构，1918 年先设汉口分庄，后改为汉口分行，依托总行“辅助国民经济之发展，扶植工商业之推进”的业务方针，该行开始经营储蓄及存放款等业务。其建筑地位也不容忽视。早期金城银行在汉润里内设置办公室，1928 年购买了新昌里 670 平方米的地块，由建筑师庄俊设计，汉协盛营造厂施工，1931 年新大楼落成。1938 年日军侵入武汉，金城银行成为日军陆军特务部。1945 年抗战胜利后，大楼被金城银行收回。1952 年，金城银行关闭，大楼由当时的“公私合营银行”出租给武汉图书馆，1957 年至 2003 年，武汉少年儿童图书馆在此开设。2008 年，金城银行改扩建成国家重点美术馆——武汉美术馆，

图 4-132　上海金城银行历史照片

(图片来源:上海图书馆《中国建筑》1936)

图 4-133　上海金城银行金库大门、美国 1930 年建筑杂志上金库门广告

(图片来源:上海图书馆《中国建筑》1936;《Architectural Record》1930)

其内部结构变化较大，但外立面保留完好。大楼顶部修复好“金城银行”四个大字，阶梯状山墙有回纹、绶带纹等装饰点缀，整栋大楼宏伟而庄重，对称而华美。（图 4-134、图 4-135）

图 4-134　汉口金城银行主入口 8 根列柱门廊宏伟华丽，狮面柱头装饰设计形象生动

（图片来源：作者自摄）

图 4-135　近代汉口金城银行入口小广场对称分布有灯柱、方形花坛；武昌金城银行办事处（储蓄处）是中式传统建筑风格

（图片来源：《金城银行十周年》）

4. 建筑装饰设计

金城银行属于新古典主义建筑风格，大楼和银行职员住宅金城里共计花费 28 万元。大楼为四层钢筋混凝土结构，建筑面积 2198 平方米，正立面划分为传统的三段式，设七间八柱，采用西方古典柱廊样式，回纹、狮首造型圆柱贯通一至三层，

高大气派。建筑一层内廊中部两层拱门入口为中心，两侧各开设三个拱形长窗，顶部有几何图案装饰，左右对称，相得益彰。（图 4-136）

图 4-136 汉口金城银行主入口顶部山墙和柱头装饰设计细腻

（图片来源：作者自摄）

金城银行建筑顶部中间山花装饰大气，回纹、垂穗、太阳翼盘等图案在厚重的山墙和立面上点缀细腻。山墙正中“金城银行”中文字体与柱头上方金城银行英文名称均对应分布，檐口上下线条简洁。正立面柱头上对应设计精致回纹图案，四面有狮首雕刻象征银行的权威，使大楼外观气度不凡。立面两侧凸出的檐口下方有太阳浮雕图案，浮雕下方是带有翅膀的几何图案，在西方，翅膀象征神性并且西方神话中的天使都有一对灿烂光芒的翅膀，这里的装饰也许寓意金城银行生意兴隆，财源广进。金城银行原有室内装饰用料考究，大理石镶铺地面、宽敞的水磨石楼梯、铸铁栏杆等，原有二楼经理室地面铺装木地板，墙面饰柚木护壁，银行内部曾安装电梯、保险库等先进设备，在当时堪称一流。（图 4-137、图 4-138、图 4-139）

图 4-137 汉口金城银行两侧立面建筑装饰、柱头装饰

（图片来源：作者自摄）

图 4-138　汉口金城银行铸铁大门上原有英文字母穿插组合成为其银行标志

（图片来源：作者自摄）

图 4-139　黑色大门是原金城里住宅入口，建筑外廊阳台设计别致，
柱廊均有几何图案、植物图案装饰

（图片来源：作者自摄）

4.3.7　大陆银行(The Continental Bank)

1. 大陆银行

大陆银行于 1919 年 4 月 1 日在天津成立，是著名的“北四行”之一，取名“大

陆”,含“发展于东亚大陆”之意,1920 年在上海设立分行。1923 年大陆银行与金城银行、盐业银行、中南银行在上海共组四行储蓄会,参与各项投资,特别重视城市房地产业的发展。大陆银行除自建上海外滩的本行大楼外,还以独资或联合投资等形式在中国各地城市中心城区兴建公寓、花园住宅、新式里弄,目前天津、武汉等地都留存有大陆银行投资建成的房产。1936 年大陆银行在上海的分行改为总行,成为近代中国重要的商业银行。(图 4-140)

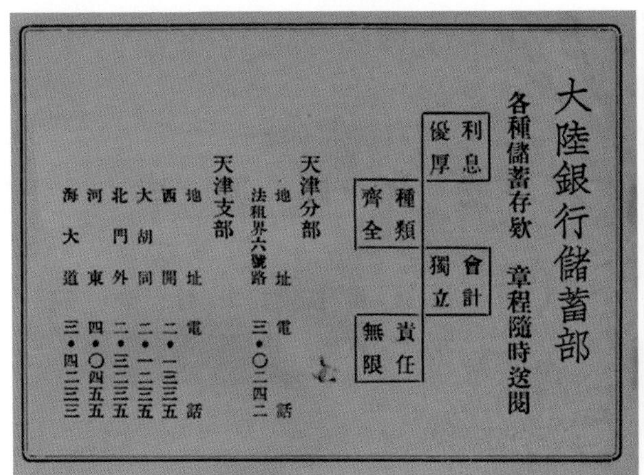

图 4-140 大陆银行天津分部广告,上海大陆银行广告绘有上海总行建筑立面

(图片来源:孔夫子旧书网)

2. 汉口大陆银行

汉口大陆银行营业部是 1931 年由建筑师庄俊设计,李丽记营造厂建造,位于中山大道与扬子街口的交会处。该建筑转角处立面为弧形,顶部山墙线条简洁,中间有钟盘装置设计,是 20 世纪 90 年代开设婚纱摄影楼时增设。1952 年公私合营后,大陆银行汉口分行停业,其营业处改为武汉茶叶公司营业处,20 世纪 90 年代扬子街为婚纱摄影一条街,这栋建筑也改为婚纱影楼,目前是武汉文创大楼。(图 4-141)

在大陆银行购置的这块狭长地块还建有银行职员公寓大陆坊(背街),而临中山大道一侧是民国时期重要的商业区,曾经开设过大陆布店、实业百货店等。20 世纪 80 年代这里也非常繁华,有万国理发厅、糖业烟酒批发公司、土产日杂商店等,目前,街面开设有咖啡厅、服装店、儿童摄影店,虽然中山大道立面都得以翻新粉刷,但商业氛围远不及从前。(图 4-142)

大陆银行商业用地的另一边在南京路口,转角处近代是竟成皮货店,20 世纪

图 4-141　汉口大陆银行 20 世纪 90 年代开始的婚纱影楼时期与当下文创大楼时期的建筑立面比较

（图片来源：作者自摄）

图 4-142　汉口大陆银行临街店铺是日本人开设的实业百货、东京白木屋经营店

（图片来源：王汉吾老师提供）

80 年代经营土产日杂。21 世纪，转角处是“WEIZIYAOHUANG”服装精品店，装修店面时在建筑顶部弧形山墙上设计“魏紫姚黄”[①]四字，其字体比例与山墙本身

① 原指宋代洛阳两种名贵牡丹品种，一出于魏仁浦家，一出于姚氏民家，故以此为名。后泛指名贵花卉。

相互协调,使很多人误以为是大陆银行原有的建筑装饰符号。目前南京路口的这家服装店已经改为“汉和酥”专营店,不久前又被良品铺子承租,售卖零食。(图 4-143)

图 4-143　汉口大陆银行南京路口“魏紫姚黄”服装店铺以及临街儿童摄影门店

(图片来源:邓伟明老师提供)

3. 建筑装饰设计

大陆银行属于新古典主义建筑风格,庄俊建筑师对场地的整体设计思路与他设计的金城银行、金城里十分类似,均为临街的三层建筑。银行与高级公寓组合得当,商住一体。大陆银行建筑装饰元素仅仅在山墙、壁柱、红砖墙体上简约巧妙地运用,整体立面设计线性地表达出特有的秩序感,与街道环境空间协调。

大陆银行在壁柱柱头、檐口有少量植物图形装饰点缀。临街二层、三层是带阳台的住宅,阳台是双层门并带百叶窗,几何形铸铁栏杆巧妙别致。建筑采用砖混结构,每个立面单元相间水泥壁柱,表面涂以白色,与清水红砖形成对比。民国时期大陆坊作为银行高级职员、军官、医生的居所,还有做生意的人在这里居住,属于高档公寓住宅。大陆坊巷道内设计有略微外凸的单元入口,整体木窗体也呈现特别的微小弧度,楼梯间外框装饰线条收边完整;八角窗、百叶窗、凸窗都巧妙别致,窗下还加以图案点缀;大陆坊建筑装饰设计体现出当时建筑材料和工艺技

术的进步，其红砖砌筑的稳重色彩也给予历史巷道空间独特的年代美感。（图4-144、图4-145）

图4-144　汉口大陆银行建筑在扬子街路口的营业部和南京路路口的商铺不同的山墙装饰比较

（图片来源：作者自摄）

图4-145　汉口大陆银行壁柱、门楣、窗体的简约装饰形式

（图片来源：作者自摄）

4.3.8 中孚银行(The Chung Foo Union Bank)

1. 中孚银行

中孚银行成立于 1916 年 11 月,总行设在天津,在北京、汉口、上海设有分行。1929 年总行迁到上海。中孚银行虽为商业银行,但经营的业务非常广,有抵押放款、存款、私人保险箱、货币交换等。中孚银行在中国首创代办国外汇兑业务,通过美国花旗银行、运通银行和日本帝国银行代办,成为中国第一家特许经营外汇的商业银行。因此,在近代很多外文报纸、书籍中都能发现中孚银行的英文广告。中孚银行有过最初十年的辉煌,在各地银行的作用下,开设一系列面粉厂,并建立银行大楼。1937 年全面抗战开始后,中孚银行各支行及办事处逐渐收缩。目前能够发现的中孚银行纸币很少,仅有少量礼券,其动植物图案丰富,具有中国传统的吉祥寓意。(图 4-146、图 4-147)

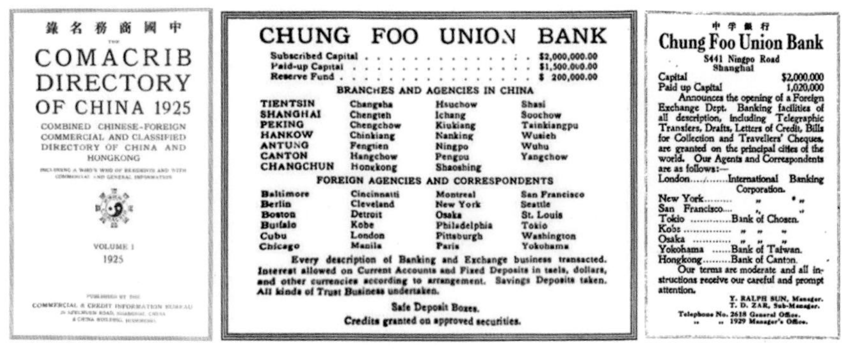

图 4-146 《中国商务名录》上刊登的中孚银行广告、1918 年《密勒氏评论报》上的广告

(图片来源:《密勒氏评论报》)

2. 汉口中孚银行

中孚银行 1917 年 4 月在汉口设通汇处,10 月改为汉口分行。1918 年在汉口南京路建成银行新大楼,由汉协盛营造厂施工,是典型的新古典主义风格。立面采用古典三段式,大檐口、壁柱线条流畅。大楼后面同期建有五栋砖木结构石库门房屋,为银行职员居所。大楼旁边还建有一栋三层小楼,其檐口与中孚银行檐口保持水平,这里曾是华中地区邮政通信中心,1951 年成立武汉邮局,目前仍是中国邮政。中孚银行一层主入口由圆柱、方柱组合形成门斗空间,小巧而实用,非常适合武汉的雨季。(图 4-148、图 4-149)

中孚銀行

CHUNG FOO UNION BANK,

LIMITED

Statutes approved by Chinese Government in 1916

Capital Authorised . . $2,000,000.00
Capital Paid-Up . . . $1,020,000.00
Deposits $4,700,000.00
Reserve Fund $54,000.00

HEAD OFFICE:

29, Rue de l'Amiraute, French Concession, Tientsin, CHINA.

Branches and Agencies in Domestic Cities:

Shanghai, Ichang, Pengpu, Wusieh, Kiukiang, Peking, Changteh, Nanking, Hangchow, Changchun, Hankow, Chengchow, Yangchow, Ningpo, Antung, Changsha, Tsinkiangpu, Chinkiang, Shaoshing, Fengtien, Shasi, Hsuchow, Soochow, Wuhu, Canton.

Agencies and Correspondents Abroad: London, Boston, Kobe, Yokohama, New York, Tokio, Osaka, Hongkong, San Francisco.

T. C. SUN, *Managing Director.* **NIEH CHI WEI,** *Depty Managing Director.*

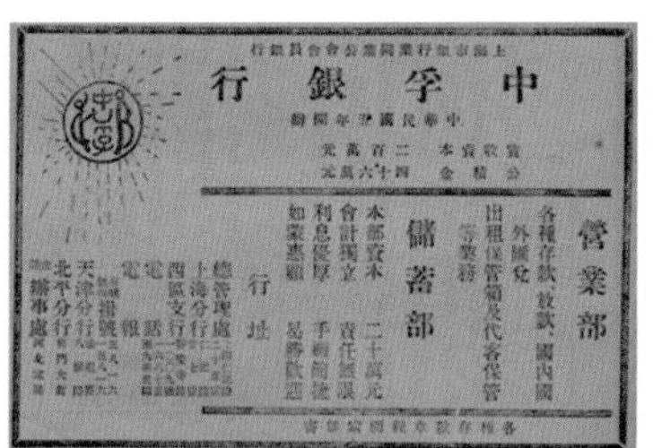

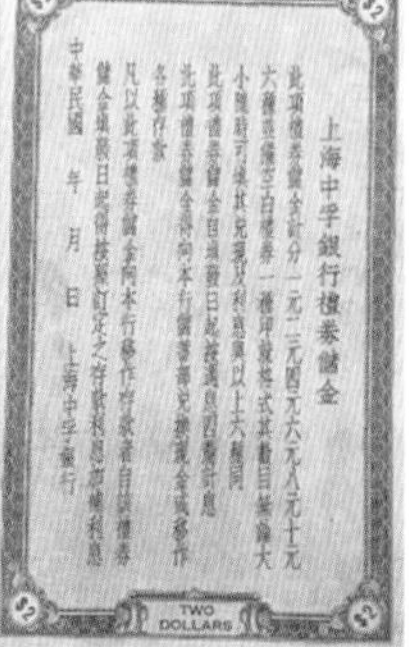

图 4-147　天津中孚银行建筑及广告；中孚银行储蓄盒及收票证铜牌；中孚银行广告
（图片来源：上海市银行博物馆；孔夫子旧书网；上海中孚银行发行的礼券；
美国史密森尼学会钱币收藏网站）

图 4-148 汉口中孚银行现状，旁边是中国邮政

（图片来源：作者自摄）

3. 中孚银行建筑装饰

汉口中孚银行在 2010 年被列为武汉市一级文物保护单位，该建筑立面中轴对称，整体麻石饰面，主入口两侧窗户均由几何图案构成门楣、门套、窗套，设计细节讲究。主入口柱式为圆柱和方柱的并列组合，并且有方形柱础，提升柱式的体量感。立面窗下有环形装饰，檐口有典型的几何形图案装饰。中孚银行后面的中孚里是汉口典型的石库门住宅，相对其他里份，这里总是干净整洁。入口设计有小天井，中式传统木门保留完好，二层设计有挑出的阳台，铸铁栏杆方形图案穿插别致。（图 4-150、图 4-151）

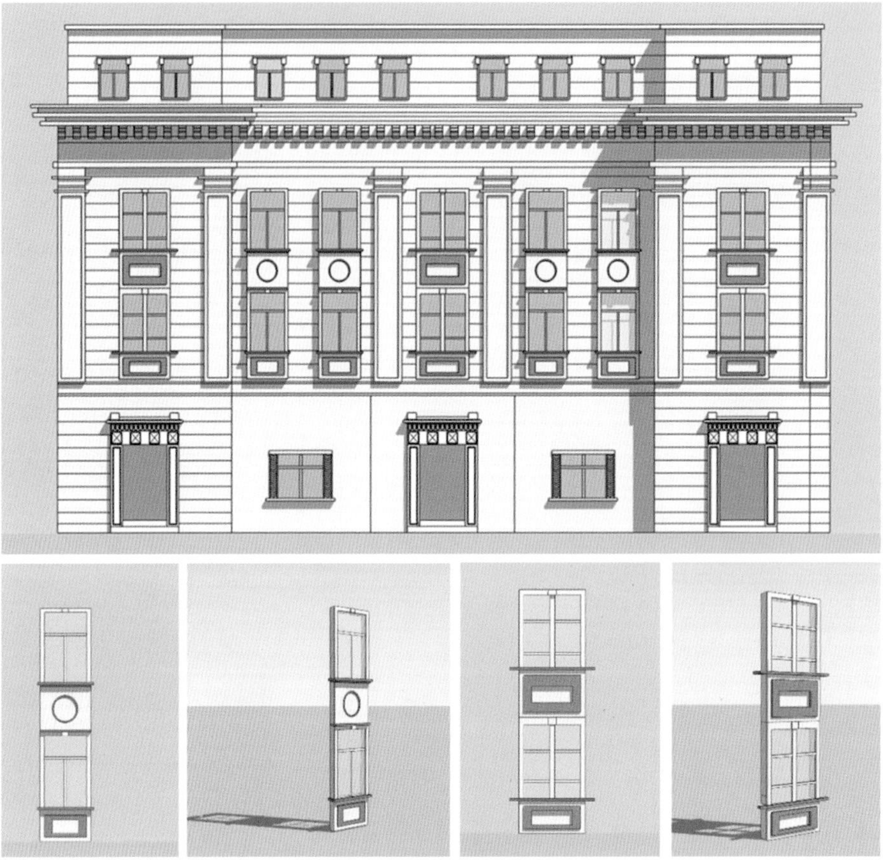

图 4-149　汉口中孚银行整体立面设计及简洁的门窗装饰

（图片来源：李路璐绘制）

图 4-150　中孚银行入口麻石墙面层次丰富，柱础设计厚重，注重细节工艺

（图片来源：作者自摄）

图 4-151 中孚里 1 号、3 号,中西结合石库门入口,传统风格木门仍然保留完好
(图片来源:作者自摄)

4.3.9 交通银行(The Bank of Communications)

1. 交通银行

清末,外国银行通过金融资本控制操纵中国的工商业、路权等,为筹集资金收回被掠夺的京汉铁路主权,办理完全被外国银行把持的国外汇兑,交通银行应运而生。1908 年 3 月 4 日,交通银行在北京开业,是仅次于大清银行的一家中国银行,当年 12 月京汉铁路收回,交通银行完成最初成立的使命,并接受清政府委托代理收回电报局商股。交通银行早期主要办理铁路、邮电等业务,北洋军阀统治时期获得发行货币和代理金库的特权。1928 年及 1923 年国民政府对交通银行进行过两次改组,特许交通银行为发展全国实业之银行,形成中央银行、中国银行、交通银行、中国农民银行、中央信托局、邮政储金汇业局,即"四行两局"的金融体系。(图 4-152、图 4-153)

现存的交通银行旧址包括北京、上海、天津、汉口等地。北京交通银行旧址在宣武区(现北京市西城区),1931 年由建筑师杨廷宝设计,是中西合璧折中主义风格;上海交通银行是进入外滩的第二家华资银行,其外滩 14 号是 1917 年原德华银行旧址,建筑为典型的新古典主义风格。1928 年,交通银行总行由北京迁往上海,将外滩分行改作总行行址,但随着业务日益发展,旧楼已不敷使用。1940 年上海交通银行在中山东一路 14 号兴建新大楼,由鸿达洋行设计,陶馥记营造厂施工,建筑主体六层,为典型的现代主义风格。设计强调立面垂直线条,简洁明朗,底层外墙用黑色大理石贴面,庄严华贵。(图 4-154)

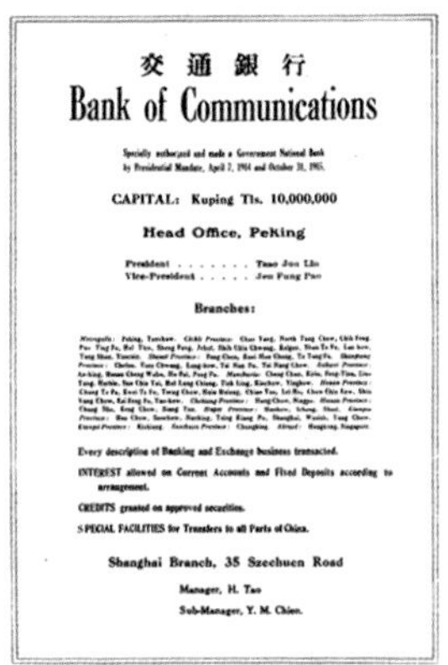

图 4-152　交通银行广告及带有发动机图案的银行样券

（图片来源：《密勒氏评论报》；史密森尼学会钱币收藏网站）

图 4-153　交通银行 1927 年发行的拾圆纸币，中间图案是船运和火车运输图案

（图片来源：史密森尼学会钱币收藏网站）

2. 汉口交通银行

交通银行 1908 年在汉口设立分行，最初在小关帝庙，1912 年迁到京汉铁路局，后迁往法租界霞飞路，1919 年正式筹建银行大楼，1921 年大楼建成。新大楼由景明洋行设计，汉合顺营造厂施工，地上四层为办公空间，地下一层为库房。该

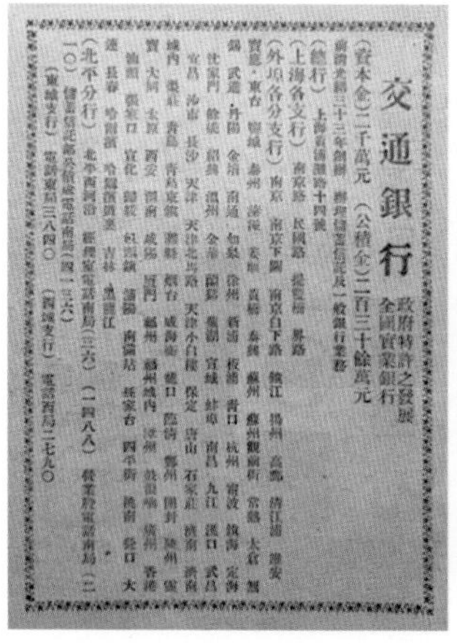

图 4-154 交通银行近代广告关于各地分行的名称、天津交通银行建筑历史照片

(图片来源:孔夫子旧书网)

建筑属于新古典主义风格,沿用古典三段式立面,缔造出庄重、典雅的空间格局。交通银行为钢筋混凝土结构,花岗岩踏步拾级而上进入门廊,直径 1.3 米、高 14 米的 4 根爱奥尼克柱式贯通一至三层,四层有双列短柱延伸设计,柱础有方块体穿插,设计新颖,整体建筑立面宏伟俊朗。(图 4-155)

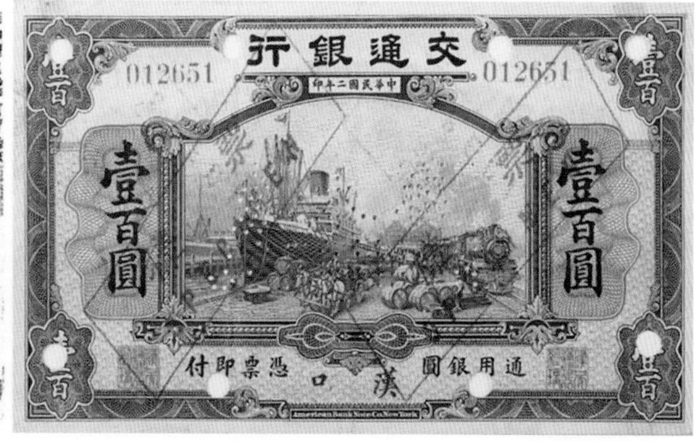

图 4-155 《大公报》刊登汉口交通银行广告;汉口 1913 年发行的交通银行纸币,中间为轮船、火车图案

(图片来源:《大公报》;https://mr.baidu.com/r/15OcQGh9nBC? f=cp&u=33ce9246b0d989fe)

3. 建筑装饰设计

汉口交通银行建筑装饰简洁，但注重细节的塑造。建筑两端略微凸出，并在二层巧妙设计外凸阳台，"米"字形十字交叉铁艺装饰与阳台下端"X"图案协调，充分说明建筑师在设计建筑立面细节时的统一性思考。银行外窗装饰有窗套设计，麻石雕刻植物立体图案围绕窗套两侧，建筑两端的壁柱柱头也有植物花体垂落装饰。入口大门上方原有盾形装饰植物纹样已毁，仅残留盾形形态外壳，建筑顶端中心处的山花卵形装饰立体雕塑已毁，但从老照片中看到十分唯美，中间植物造型立体感突显，顶尖设有旗杆；交通银行女儿墙设计简洁，四层双列柱上方有四个菱形方块凸起装饰点缀，建筑两侧中心处最上端女儿墙有方形弧线装饰与四层窗套顶端协调；建筑外院入口由花岗岩围栏和两个小铸铁花院门形成较为严肃而舒适的尺度空间，正入口两侧的花岗岩灯柱有圆形交叉图案装饰，但精致的庭院灯具已毁。交通银行室内营业大厅设置三个采光天井，吊顶保留原有石膏线条，现为建设银行。（图 4-156、图 4-157、图 4-158、图 4-159）

图 4-156　交通银行 20 周年纪念明信片

（图片来源：华宇拍卖网 http://www.huabid.com/auctions/654549）

图 4-157　交通银行爱奥尼克柱式及阳台装饰设计

（图片来源：作者自摄）

图 4-158　交通银行外院院墙、门垛装饰设计

（图片来源：作者自摄）

图 4-159　交通银行地下室通风口装饰设计

（图片来源：作者自摄）

4.4 Art Deco 风格银行建筑装饰

“装饰艺术”(Art Deco)运动是 20 世纪 20—30 年代在法国、英国、美国等国家展开的设计运动，它与欧洲的现代主义运动几乎同时发生，彼此都有一定的影响。1925 年在巴黎举办的“国际现代装饰和工业艺术展”第一次出现这一名称，该展览旨在展示“新艺术”运动之后的新建筑与新装饰风格。后被用于专指一种特别的设计风格，以及一个特定的设计发展阶段。“装饰风艺术却继承并维护了长期以来为赞助人服务的传统，其设计面向的对象是富裕的上层阶级，所采用的材料是精致、稀有、贵重的，尤其强调装饰别致优雅，与上层阶级的品味相符合。”① Art Deco 风格的建筑体现出一种摩登风格，最早在中国上海出现，20 世纪 30 年代达到设计的顶峰。目前在汉口、北京、天津、广州、福州等城市还保留有大量 Art Deco 风格的建筑。Art Deco 风格的银行建筑从许多艺术流派中吸收灵感，采用对称的形式，在建筑外立面中运用直线多于曲线，适应机器时代与新材料的要求，如使用钢筋混凝土、隔热玻璃等，将艺术与工业结合，产生更有特色的建筑。

① 邵宏. 西方设计：一部为生活制作艺术的历史[M]. 长沙：湖南科学技术出版社，2010：293.

4.4.1 四明银行(Ningpo Commercial&Savings Bank,Ltd)

1. 四明银行

四明银行全称为四明商业储蓄银行,创立于光绪三十四年(1908 年),总行设在上海宁波路,在上海市民国路、南京杨公井、宁波江北岸和汉口特三区鄱阳街都设有分行。四明银行行名源于宁波著名的四明山,其创办人袁鎏、虞洽卿、朱葆三等也是宁波人。四明银行、中国通商银行、中国国货银行、中国实业银行并称为“小四行”。1921 年 9 月,实力日益强大的四明银行总行迁入位于上海北京东路的新大楼。此后,四明银行不仅随着分支机构的扩张而大肆建造营业用房,同时也着手规划建设大批商品房。如今,处于上海闹市中心的四明别墅、四明里、四明邨等就是其投资的物业。上海解放后,四明银行被人民政府接管,1952 年并入上海金融业统一的公私合营银行。目前,上海四明银行总行建筑遗址还在,但楼顶塔楼已毁,从老照片和纸币中可发现昔日这栋金融建筑的光芒。其地理位置十分具有标识性,银行的室内装修豪华,地面铺装高档地砖,顶面有石膏线收边,家具陈设风格现代。(图 4-160、图 4-161、图 4-162)

图 4-160 四明银行 1909 年发行的“壹圆”纸币,中央图像为宁波四明山风景
(图片来源:史密森尼学会钱币收藏网站)

2. 汉口的四明银行

汉口四明银行新大楼 1936 年建成,由卢镛标建筑事务所设计,汉协盛营造厂施工,是华人在武汉设计的第一栋钢筋混凝土建筑,也是典型的 Art Deco 装饰艺术风格。武汉沦陷后,大楼被日军占用,遭遇数次空袭,但幸运的是这栋大楼在战乱中基本保留,实属不易。2000 年,大楼由当时中国人寿信托投资公司进行过全

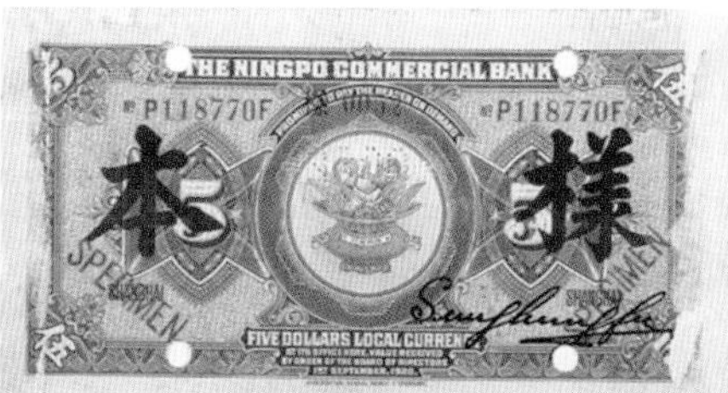

图 4-161　四明银行“伍圆”样券中图像为上海四明银行新楼

（图片来源：史密森尼学会钱币收藏网站、宁波帮博物馆）

图 4-162　纸币上的“聚宝盆”，典型如意、铜钱等传统图案

（图片来源：史密森尼学会钱币收藏网站）

面整修，目前该建筑被列为武汉市优秀历史建筑。大楼一、二层现辗转于不同品牌的商铺，三层以上有部分办公用房和七天酒店经营用房，副楼部分有居民用房，内部设有中庭天井，空间组合十分复杂。（图 4-163、图 4-164）

图 4-163　汉口四明银行建筑外立面及商铺内部及商铺内部楼梯空间

（图片来源：作者自摄）

图 4-164　汉口四明银行主入口铁艺大门、竖向立面中的折线及几何装饰图案

（图片来源：作者自摄）

3. 建筑装饰设计

汉口四明银行主楼七层，两侧副楼五层，建筑正立面呈“凸”字形，外观简约、内装舒适。

其装饰设计运用当时欧美流行的 Art Deco 风格，体现在正立面、外窗、主入口、大门等细节，并且注重内部功能与结构装饰的统一性。立面构图强调竖向，简化的壁柱直通顶部，简单的几何线条装饰点缀。建筑一层为麻石贴面，以上采用水刷石材质，入口处宽大有小院围合，院门栏杆的设计也带有几何线条装饰。整座建筑显得线条明晰，错落分明，厚实却不显笨拙。

底层营业大厅内有中庭，宽大的楼梯扶手用石材贴面，楼梯栏杆为几何图案装饰，中庭顶部是轻钢屋架玻璃顶。室内有电梯，载重 1300 磅(约 590 千克)。目前还有金库大门作为展示物品在一楼大厅陈列。二至三层为原有银行办公室，现为商业空间；原有四层以上为银行职员住宅，楼梯间设计有阶梯形矩形玻璃钢窗，目前是酒店的客房及公共空间；原有门窗把手的五金件还有保留，其装饰有三角形图案。原有每层安装暖气和卫生设备，在当时是一栋非常现代的银行建筑，目前这栋建筑利用率较高，但顶楼及局部楼层有乱搭乱盖现象，很多门窗装饰被遮蔽，还有外部的四明里原有公寓入口被一旁突兀的建筑压抑，十分不协调，遮挡了老建筑的原始风貌和装饰细节，希望将来的设计师再做改善。(图 4-165)

图 4-165　汉口四明银行周边突兀的建筑造型影响历史建筑的本真尺度；楼梯钢窗、把手、木门几何图案装饰

(图片来源：作者自摄)

续图 4-165

4.4.2 大孚银行(Dah Foo Commercial&Saving Bank)

1. 大孚银行

大孚银行原名大孚商业储蓄银行,是汉口一家私营商业银行。1927 年,江西商人黄文植在汉口联合工商业人士发起创办大孚银行,并任董事长,最初在汉润里一户住宅内办公。该银行为股份有限公司,经营商业储蓄、投资、房贷等银行业务。1936 年大孚银行迁入位于中山大道与南京路交会处的新址,该大楼由景明洋行设计,钟恒记营造厂施工,地上四层,转角处五层,地下一层,为钢筋混凝土结构。1938 年武汉沦陷后,大孚银行迁往重庆,银行大楼被日军宪兵队占用,目前建筑上还遗留当时日本人绘制的迷彩色标识。新中国成立后大孚银行旧址曾用作中国人民银行的干部进修学校,后来作为中国人民银行南京路办事处。20 世纪 90 年代这里作为武汉市图书馆外借处、天宝首饰公司,2016 年武汉中山大道改造后,这里成为物外书店。目前,这里是武汉图书馆的城市书房所在地,给广大读者提供阅读、学习的空间。(图 4-166)

图 4-166　大孚银行与大陆银行在南京路口建筑现状

(图片来源:作者自摄)

2. 建筑装饰设计

大孚银行作为汉口历史建筑中 Art Deco 装饰风格的典型代表,以简练的几何图案和竖向壁柱分隔立面。线条平直的壁柱加强了建筑的整体统一性,壁柱延伸至女儿墙,与墙身融为一体。其主楼正中楼顶有中式传统云纹装饰,在这一片区域的其他 Art Deco 建筑中也有类似装饰符号出现。建筑外窗为竖向矩形钢窗,轮廓清晰,每层窗下有长方形浮雕装饰图案。建筑底层为麻石砌筑,坚固而稳重,主入口大门为透视门多层叠涩,简洁明快。原有主入口两侧设计有六角形大壁灯,新颖实用。大孚银行整栋建筑室内装饰也充满现代主义的元素,无论是石膏线吊顶,还是柱式形态都是简约的线条,充分体现出内外空间的协调一致。(图 4-167、图 4-168)

图 4-167 大孚银行现状及顶部云纹装饰

(图片来源:作者自摄)

图 4-168 大孚银行作为武汉市图书馆的城市书房夜间开放阅读空间

(图片来源:作者自摄)

4.4.3 中国实业银行(The National Industrial Bank of China)

1. 中国实业银行

中国实业银行,1915 年由北洋政府财政部筹办,至 1919 年 4 月正式成立。主要发起人为中国银行前总裁李士伟、前财政总长周学熙、前国务总理熊希龄、钱能训等人。中国实业银行总行设在天津，1932 年迁至上海，改为总管理处。倡导“金融为实业之先，实业之本”，主张建立一个统一的健全的为发展实业而服务的金融机构。该行名为“实业银行”，其营业范围却极为宽泛，除经营储蓄、信托、仓库及发行钞票等，还投资工矿企业，涉及煤矿、水泥、火柴、纺织、卷烟等行业。其放款的对象还包括种植、垦牧、水利、交通等行业。由于得到北洋政府的支持和有钞票发行权，业务较为发达，20 世纪 30 年代初期，存款已超过 4000 万元，在全国重要商业银行中位居第八。（图 4-169）

图 4-169　中国实业银行 1922 年发行的“壹圆”纸币，以及纸币中上海总行建筑

（图片来源：美国史密森尼学会钱币收藏网站；《刘海之，银行家中的收藏》；https://sh.diandianzu.com/listing/detail-i514.html）

2. 汉口的中国实业银行

汉口的中国实业银行开设于 1922 年，行址最早在汉口扬子街。1936 年，汉口分行在洞庭街口建成第二代银行大楼，由中国建筑师卢镛标设计，李丽记营造厂承建，是一栋具有现代主义建筑风格的钢筋混凝土结构建筑。武汉沦陷时，银行迁入法租界福熙路(今蔡锷路)。抗战胜利以后实业银行又迁回江汉路大楼办公，1949 年后实业银行与其他银行合并成立公私合营银行。20 世纪 80 年代中国实业银行旧址为湖北省药材公司，现为中信银行江汉路支行。（图 4-170、图 4-171）

图 4-170　中国实业银行发行的“伍圆”纸币，其上印有“汉口”字样

（图片来源：史密森尼学会钱币收藏网站）

图 4-171　中国实业银行历史照片

（图片来源：京都大学图书馆藏明信片）

3. 建筑装饰设计

中国实业银行带有 Art Deco 建筑风格的简洁形式，建筑整体平面呈 L 形，在数十年间引领武汉三镇高楼之最。大楼外观装饰简洁明快，中间塔楼 9 层，两侧翼各 6 层，底层有半地下室。街面转角处强调入口设计，上部塔楼逐层收进，用以减缓对街面的压抑感。底层营业大厅呈八边形，顶棚天花形似八边形藻井，装饰特别。

中国实业银行建筑外观色泽靓丽，临街立面底层为黑色抛光大理石贴面，中上层粉刷砖红色水泥砂浆到顶，竖向分隔为玻璃长窗。每层楼的窗户均采用钢窗，整齐划一。大楼内部装饰木材有美国松木、柚木等，室内木质地板镶有花边，铺装细腻。（图 4-172）

图 4-172　汉口中国实业银行现状与历史照片比较；江汉路步行街利用该银行建筑装饰形态设计井盖

（图片来源：作者自摄；京都大学图书馆藏明信片）

4.4.4 中央信托局(The Central Trust of China)

1. 中央信托局

中央信托局是国民政府的金融机构之一,1935 年 10 月正式开业。总局设在上海,并相继在南京、北平、天津、青岛、重庆、汉口、广州、济南等地设立分局,主要办理信托、储蓄、保险、收购出口物资、采购军火等业务,直属中央银行领导。首任理事长为孔祥熙,局长由张嘉璈兼任,其后叶琢堂、李国钦等相继为局长。在抗战时期中央信托局易货、购料等业务迅速扩大,成为国民政府垄断对外贸易,从事买办性商业活动的工具。1949 年中华人民共和国成立后,中央信托局由人民政府接管。(图 4-173)

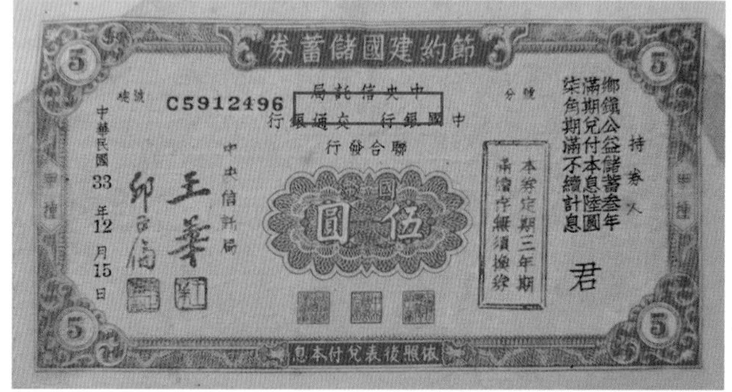

图 4-173 中山大道上的中央信托局建筑;中央信托局与中国银行、交通银行联合发行的"伍圆"储蓄券

(图片来源:《汉口五国租界》;7788 收藏网)

2. 汉口的中央信托局

中央信托局利用中央银行在全国各大城市庞大的分支机构和营运网络优势设立代理处。1940 年设立国内第一个分局——昆明分局。1942 年增设桂林、贵阳、衡阳、成都四分局，积极购买军火物资，办理易货、运输等，对支援抗战起到作用。1945 年 9 月中央信托局迁回上海，并于 10 月 22 日在武汉成立中央信托局汉口分局。汉口为当时中国四大金融市场之一，汉口分局借助独特地理位置及业务的迅速拓展，后来居上，成为重要的一等分局。其业务从开始的银行和保险两部分，到后来涉及放款、保险、房地产、购料、运输、仓储、贸易等方方面面。1947 年 12 月 1 日，总局业务稽核处通电嘉奖汉口分局“盈余达 62 亿元，9 月份存款余额 275 亿元，较 1 月份增加颇巨，足征工作努力，深堪嘉许。”[①]（图 4-174）

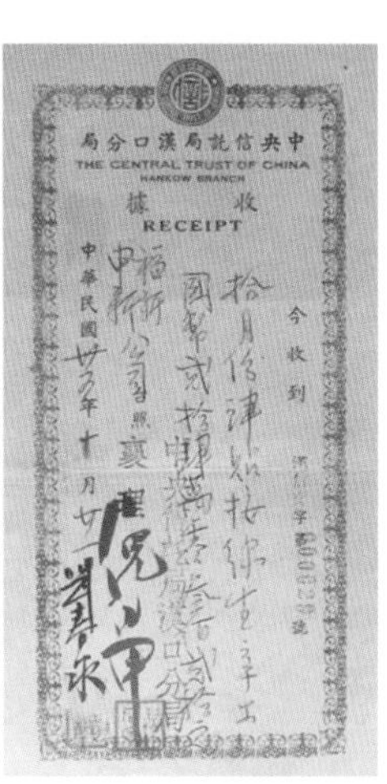

中央信託局漢口分局
THE CENTRAL TRUST OF CHINA
HANKOW BRANCH
收據
RECEIPT
今收到

图 4-174　中央信托局汉口分局收据，现状照片

（图片来源：7788 收藏网；作者自摄）

3. 建筑装饰设计

中央信托局汉口分局是典型的 Art Deco 建筑风格，为卢镛标事务所设计，上海洪泰兴营造厂施工，1936 年建成。整栋大楼底部两层及地下层为麻石构筑，上部为黄色耐火砖砌筑，顶部有水泥折线装饰图案收边。大楼气势宏伟，具有典型的标识性特征，立面装饰细节体现在主入口大门、钢窗下部以及窗户护栏等处，折

① 湖北省档案馆：LS29-1-126 总局发给汉口分局之业务、福利等代电，1947。

线渐变、菱形、重复十字形等装饰线形都给这栋现代建筑增添了很多细节特色。(图 4-175)

图 4-175　中央信托局汉口分局现状照片

(图片来源:作者自摄)

4.5 折中主义风格银行建筑装饰

折中主义又称“集仿主义”,是 19 世纪上半叶至 20 世纪初在欧洲、北美等地流行的建筑样式。欧洲以法国最为典型,巴黎高等艺术学院是当时传播折中主义艺术的中心,其风格任意选择、模仿和组合历史上出现的各种建筑形式,虽相对混杂,但注重形式美。建筑师任意模仿历史上各种建筑风格,或自由组合,或拆解简化,他们不讲求固定的法式,只讲求比例均衡,注重形式美法则。折中主义建筑思潮依然是保守的,没有按照当时不断出现的新材料、新技术去创新,而是存续与之相适应的古典主义建筑形式。折中主义对中国近代建筑的影响更为深远,应用更为广泛。这种“集仿风格”的形式同样出现在北京、上海、汉口等地的金融建筑中。设计外资银行的外国建筑师和设计华资银行的中国建筑师都具有深厚的西方建筑设计功底,并善于运用不同风格样式组合产生折中主义样式,彰显其建筑特色。

4.5.1 汉口商业银行(Hankow Commercial Bank)

1. 汉口商业银行

汉口商业银行大楼由汉口烟土大王赵典之于 1931 年投资修建,并于 1934 年 11 月开业,地上五层,地下一层。这栋建筑是典型的折中主义风格,上海工程师陈念慈以中西结合的方式将大楼的屋顶设计成中式歇山顶,而建筑的柱式及入口又运用西方古典柱式和洛可可风格装饰图案。整栋建筑由汉口的汉兴昌营造厂修建,建筑材料大部分由国外进口,具有极高的艺术价值,其设计图稿也刊登在 1936 年《建筑月刊》杂志上。1939 年 4 月 20 日汉口特别市政府在此成立,1957 年至 2003 年为武汉市图书馆。汉口商业银行大楼现为武汉市少年儿童图书馆。(图 4-176、图 4-177、图 4-178、图 4-179)

图 4-176 汉口商业银行历史照片及模型

(图片来源:汉网社区;《建筑月刊》1933.3)

图 4-177 《良友》杂志 1934 年刊登汉口商业银行大楼;汉口商业银行侧立面现状;建筑现状

(图片来源:《良友》;作者自摄)

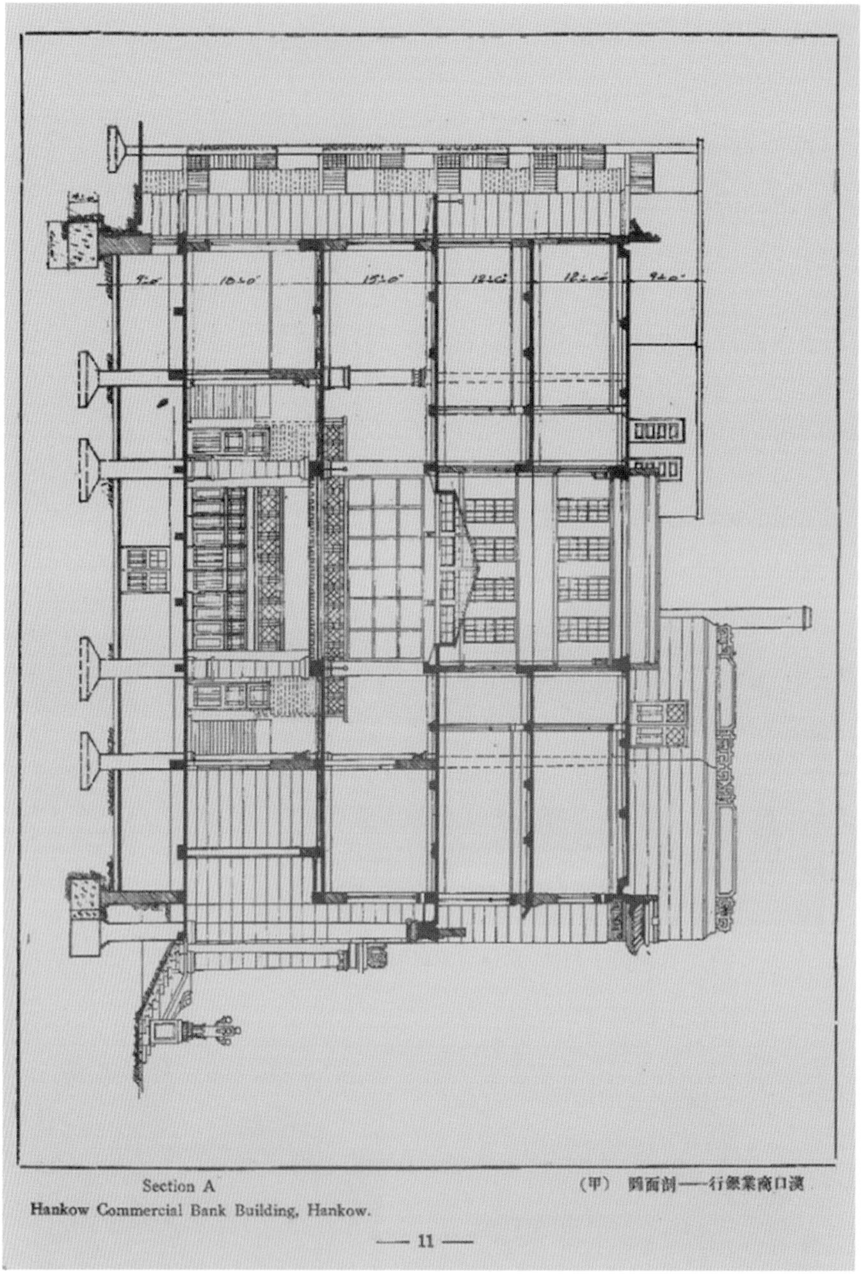

Section A

Hankow Commercial Bank Building, Hankow.

漢口商業銀行——剖面圖 (甲)

— 11 —

图 4-178　汉口商业银行建筑剖面图

(图片来源:《建筑月刊》1933.3)

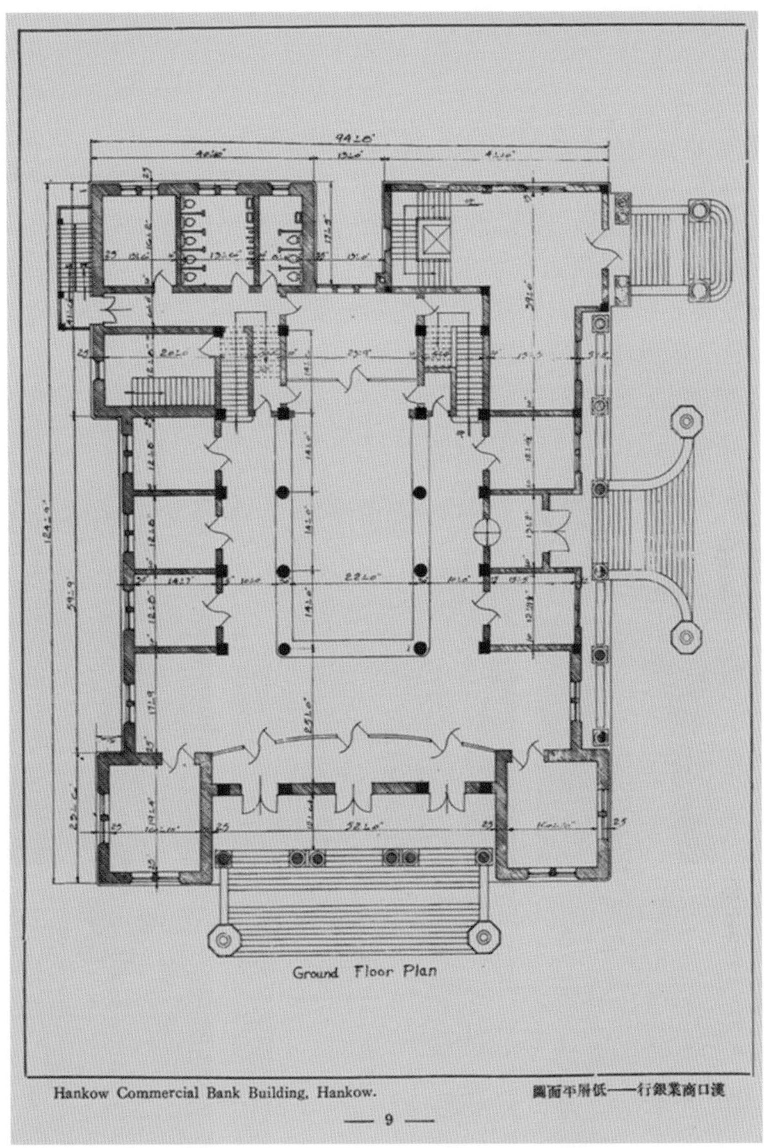

图 4-179 汉口商业银行建筑一层平面图

(图片来源:《建筑月刊》1933.3)

2. 建筑装饰设计

汉口商业银行大楼整体平面呈方形围合状,局部六层,二层中庭上部设置玻璃顶棚装饰,带有国际主义风格。整个建筑通过中心轴线左右严谨对称,门窗做工考究精细，柱头有精美花饰，檐口、线脚处理美观。建筑立面为三段式构图，顶层南面设有一独立歇山顶，蓝色琉璃瓦简约大方。北部两个中式风格小亭与歇山建筑南北遥相呼应，内含中式屋顶花园，空间雅致。汉口商业银行形成中西合璧的混合样式，大楼外墙为仿麻石墙面，西方古典柱式及外窗、入口门楣典型的西方植物图案装饰，这些与中式屋顶形成强烈的对比，风格融合巧妙。整个建筑色调较浅，横向勾缝处理墙面、柱身，灰色水泥砂浆涂刷阳台、门楣，简洁素雅。

建筑主入口的处理精美细致，其中东立面的主入口采用了复杂的洛可可装饰手法。正立面 6 根爱奥尼克柱，形成入口柱廊，两边各一根，中间为双柱并联装饰。主入口三扇圆拱门楣装饰复杂，几何图案、植物图案浮雕围绕其间。大楼侧面入口门楣装饰更为繁缛，大量洛可可风格植物曲线点缀窗户和门楣。（图 4-180）

图 4-180 汉口商业银行建筑装饰

（图片来源：作者自摄）

4.5.2 盐业银行(Yien Yieh Commercial Bank)

1. 盐业银行

盐业银行 1915 年 3 月 26 日在北京正式开业。1928 年 7 月总行迁往天津，1934 年 6 月总行迁至上海。盐业银行是近代著名的“北四行”(盐业银行、金城银行、中南银行和大陆银行)之一，不仅在四行中成立最早，而且是四行联营的倡导者。上海北京东路 280 号盐业银行大门上有个十二章纹徽(钱币界的所谓龙凤图案)，这与民国十五年硬币上的图案几乎完全一致。原设计人为鲁迅、许寿裳和钱稻孙，在中心为一盾牌，中绘嘉禾，二章环列其周，是北洋时代民国政府国徽的备选图之一。上海盐业银行大楼由英商通和洋行设计，原来是一幢五层现浇钢筋混凝土梁、板、柱结构体系大楼，具有简化的新古典主义风格。(图 4-181)

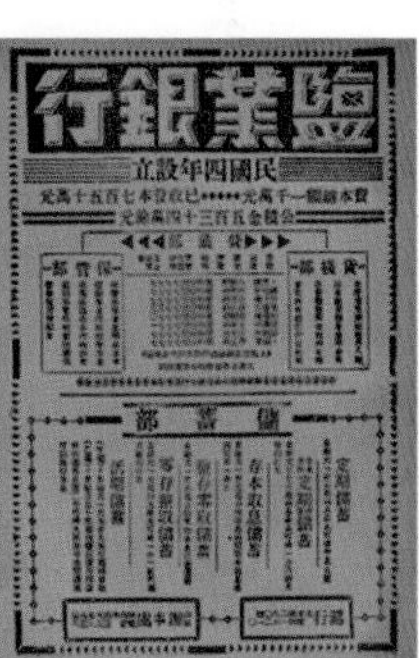

图 4-181 上海盐业银行十二章图案以及上海盐业银行广告

(图片来源:《中国钱币》;孔夫子旧书网)

天津盐业银行凭借其水陆通达的地理优势，盐业为主的经济条件，通商口岸的开放格局，吸纳民间游资，发展业务。以抵押、收购等方式掌控大批纱厂、航运、外贸、盐业、化工等企业，金融业务遍及国内外。天津盐业银行建筑主体内部四层，外观三层，主入口位于转角处。入口两侧各有一根中西合璧混合式巨柱支撑厚重的檐口，上端为三角形山花装饰。沿街一侧立面七开间，横向、纵向三段式布局，半地下室为基座，中间五间用相同的通高柱式贯穿，十分具有气势。建筑阁楼层以方柱形成开放式廊柱，与下部柱子对应，最上端为女儿墙围合。沿街立面方窗上有牛腿支撑的弧形窗楣凸起装饰，三层两侧各有一个圆形小窗，作凸起装饰。(图 4-182)

图 4-182　天津盐业银行、汉口盐业银行历史照片

（图片来源：孔夫子旧书网）

2. 汉口盐业银行

汉口盐业银行大楼主入口面临中山大道，次入口在北京路。银行大楼由景明洋行设计，汉合顺营造厂施工，后来又交汉协盛营造厂，1926 年最后完成。该建筑于 2008 年被公布为湖北省第五批省级文物保护单位之一，保护等级为一级，具有较高建筑艺术价值，大楼现为工商银行江岸区支行办公大楼。（图 4-183）

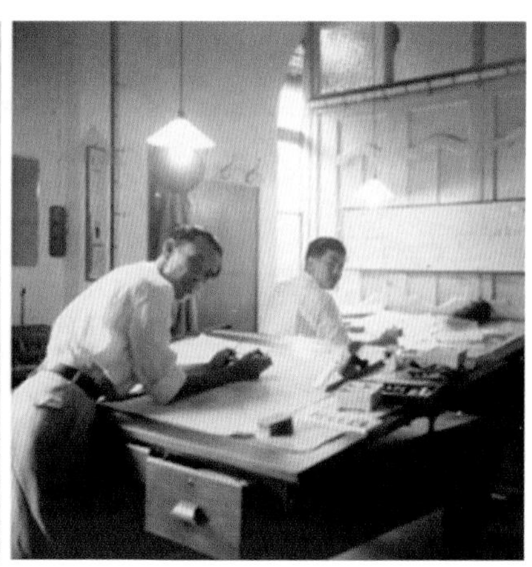

图 4-183　汉口盐业银行黑白模型历史照片及早期建筑师事务所

（图片来源：journals. openedition. org/abe/docannexe/image/742/img-8. jpg）

3. 建筑装饰设计

汉口盐业银行建筑为五层钢筋混凝土结构，建筑正立面简洁大气，没有运用过多繁复的装饰，但体现出中式风格柱式与西方古典三段式的有效结合，具有折中主义风格特色。外墙为花岗石麻石到顶，主入口正中间的柱廊设计给原本平淡的立面赋予变化，六根巨柱贯穿一至二层，柱头有 S 形和矩形条状装饰，门楣正中刻有“盐业银行”文字和简洁的几何图案浮雕点缀。门楣上方檐口层次丰富，四层是一排方形玻璃窗房间，檐上正中立着八角形石质盐业银行徽章，上有旗杆装饰。盐业银行门口的围栏装饰也独具特色，盾形、半球体、涡卷、植物叶片等组合，与建筑协调统一。(图 4-184)

图 4-184 汉口盐业银行建筑装饰现状

(图片来源:作者自摄)

4.5.3 中国国货银行(The Manufacturers Bank of China)

1. 中国国货银行

中国国货银行 1929 年 11 月 1 日成立于上海，与四明银行、中国实业银行、中国通商银行合称“小四行”。创立目的是提倡国货、振兴民族工业、发展国家经济，同时也是国民政府定都南京后的一家官商合办银行。创立背景来源于 1928 年 5 月 3 日济南惨案后国内掀起抵制日货的风潮，1929 年 11 月 15 日国货银行正式营业。

1930 年至 1936 年国货银行发展达到鼎盛期，银行规模不断扩大。1930 年增设南京分行，1936 年在中山路 19 号建成新大楼，这是由公利建筑公司建筑师奚福泉设计，成泰营造厂承建的六层钢筋混凝土结构。它是中国近代建筑史上“新民族建筑形式”的折中主义风格典范，为当时南京最高建筑。

1931 年中国国货银行增设天津分行，行址设于天津法租界(现和平区赤峰道 38～46 号)；1934 年增设汉口分行，位于汉口保华街与南京路交会路口；1937 年抗日战争全面爆发后逐步走下坡路，1943 年汪伪政府对其进行非法改组，银行信用及影响力受到影响。1949 年上海解放后停止营业，国货银行由此退出历史舞台。(图 4-185)

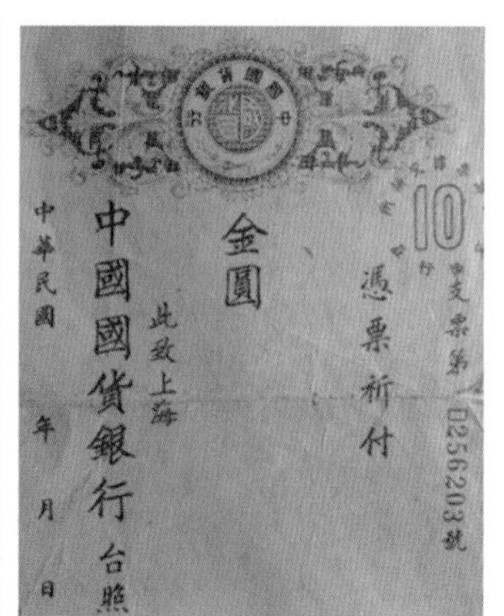

图 4-185 中国国货银行广告、支票；南京国货银行六层钢筋混凝土建筑

(图片来源：孔夫子旧书网；https://history.sohu.com/a/210347052_725681)

2. 汉口的中国国货银行

中国国货银行汉口分行于 1934 年设立，建在中山大道与南京路交叉路口，属于繁华的城区中心区。这里曾经是汉口金融业的“风水宝地”，其一侧为金城银行，对面是大陆银行和大孚银行。这座三层建筑由著名建筑设计师卢镛标设计，汉口李丽记营造厂修建，庄重大方，属于折中主义风格建筑。1949 年以后为湖北省人民银行房产，20 世纪末至 21 世纪初，老楼曾经整修多次，曾为金银首饰公司、钱币公司、证券公司和婚纱摄影店等。（图 4-186）

图 4-186　中国国货银行作为婚纱摄影楼时期的样式

（图片来源：作者自摄）

3. 建筑装饰设计

中国国货银行建筑整体为三段式构图，底部正中为主入口，两侧有拱券窗，中国传统回纹柱头装饰圆柱贯通二层至三层。顶部凸出檐口设计，女儿墙正中“中国国货银行”水泥字已复原，正中设有插旗杆石墩，并辅以转角处装饰典型的棕榈叶花纹图案。原有外墙设计则突出透明、开放的视觉效果，从历史照片中可发现二层通廊有水泥栏杆、三层通廊有曲线交叉铸铁栏杆。目前外廊均为封闭透明玻璃窗，南京路侧面窗下有中式席纹交叠装饰。中国国货银行体量虽然不大，但整体形象庄重大方，是汉口金融建筑中颇具折中主义风格的建筑。（图 4-187、图 4-188）

图 4-187　汉口中国国货银行目前现状照片

（图片来源：作者自摄）

图 4-188　汉口中国国货银行柱式

（图片来源：作者自摄）

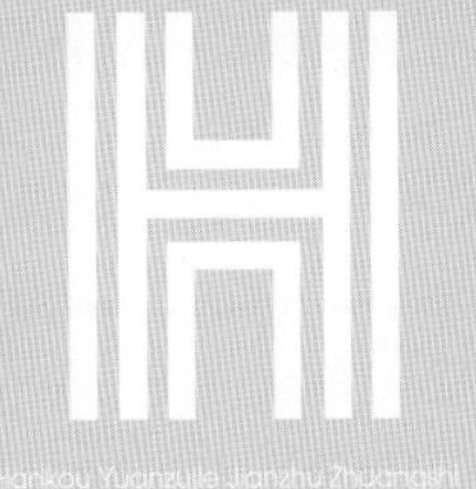

第五章

汉口原租界公寓建筑装饰

19 世纪末至 20 世纪初，随着汉口租界地商业贸易的兴盛，来汉口的西方职员日益增多。为就近办公，银行等大公司均为其员工修建公寓，主要位于沿长江的五国租界区域。“1908 年以后，随着租界区大规模市政建设的进行，各种西方建筑形式传入武汉，哥特式、罗马式、文艺复兴式、巴洛克式建筑风格一应俱全；1927 年以后，注重功能的现代主义建筑成为湖北建筑的主流。”①公寓式住宅的兴建打破了传统以天井式里份居多的模式，新公寓以一种集合型、开放式的建筑空间逐渐替代早期里份住宅。设计师和使用者都追求一种简洁、实用、易清洁、安全、舒适感强的室内环境体验。目前，原英租界中留存的公寓包括上海村、德林公寓、金城里、大陆坊；原俄租界内留存的公寓包括巴公房子、信义公所、珞珈山街公寓；原法租界内留存公寓包括立兴洋行公寓；原日租界留存的公寓包括日本军官宿舍。这些建筑室内外装饰十分细腻，成为那个时代建筑风格的流行样本，无论是外立面砖砌筑形式，还是门窗、檐口、阳台栏杆的装饰图形，都能在其中发现专业建筑师、施工者对待新建筑工作的严谨性。（表 5-1）

表 5-1　汉口原租界区主要遗存公寓装饰特点

所属租界	公寓名称	建成时间	创建人	设计公司	建筑装饰特点
英租界	上海村	1923 年	李鼎安	不详	檐口装饰丰富、门带窗装饰、石库门具代表性
	德林公寓	1925 年	王光	景明洋行	三段式结构、外窗收边装饰
	金城里	1931 年	周作民	庄俊建筑师事务所	柱式雕花、红砖砌筑
	大陆坊	1934 年	大陆银行	庄俊建筑师事务所	红砖砌筑、凸窗装饰、百叶门窗
俄租界	巴公房子	1910 年	巴诺夫	景明洋行	红砖砌筑、阳台装饰丰富、砖叠涩、雕花、山墙
	信义公所	1924 年	教会组织	德国石格司建筑事务所	三角形山墙、木格玻璃窗、楼梯装饰
	珞珈山街公寓	1927 年	不详	德国石格司建筑事务所	砖砌建筑墙件、壁炉烟囱装饰
法租界	立兴洋行公寓	1923 年	立兴洋行	三义洋行	青砖砌筑、门斗装饰丰富
日租界	日本军官宿舍	1909 年	日本三菱公司	福井房一	红砖砌筑、砖拱券、钟楼保留

① 刘奇志，吴之凌，等. 近现代优秀历史建筑保护研究[M]. 北京：中国建筑工业出版社，2013：153.

5.1 原英租界公寓建筑装饰

5.1.1 上海村

1. 建筑历史

上海村始建于 1921 年，由上海银行商人李鼎安投资修建，共计 27 栋，1923 年落成，原名“至强里”，1925 年改名“鼎安里”，1927 年作为上海银行职工宿舍，后改称“上海村”。上海村有五条巷道，主巷东南到西北走向，东入口通鄱阳街，西入口通江汉路，总长 350 米，宽 3 至 5 米。其公寓空间组合完整，具有多天井、大进深、厚外墙、高空间、冬暖夏凉等特点。

上海村地理位置十分优越，南面紧邻江汉路步行街，西面与中国工商银行相接，整体居住环境闹中取静。“上海村是从传统石库门式住宅向新式公寓式住宅转化时期的过渡型里巷，一是住宅单元取消了前天井；二是除临街的 9 座住宅单元(四层楼)的屋顶为坡顶外，其余住宅单元均为可以供人使用的平屋顶。”①从上海村住宅平面的变化中可以看出，汉口早期里份建筑仅有 1 至 2 层，其形态从传统石库门式住宅向新式公寓转变后，具体表现为取消狭窄天井，形成进入式三面合院和开放入口单元，这充分体现出近代新式公寓对公共空间的注重。上海村属于市二级保护街区，并于 1993 年被武汉市人民政府列入“武汉市优秀历史建筑”保护名录。(图 5-1)

2. 建筑装饰

上海村整体呈现出 20 世纪 20 年代中国建筑装饰的风格，是古典与现代的共融、西方与东方的并存，这类折中主义风格特色在上海村的立面装饰、檐口收边、地面铺装、石库门造型上均有具体呈现。上海村的石库门中有一类文艺复兴式门头与中国铜钱图形组合的装饰形态，设计巧妙而大气；临江汉路一侧的沿街立面追求整齐划一，体现建筑本身的和谐与稳定，对称式的收边处理与装饰线条，简洁精致。屋顶斜坡有尺度较大的老虎窗，与立面协调。公寓立面外窗、大门均为简

① 王汗吾. 武汉里巷故事[M]. 武汉：长江出版社，2015：36.

图 5-1　上海村入口及建筑环境细节装饰

(图片来源:《武汉旧影》;作者自摄)

洁的矩形,有些为门带窗的现代造型,设计中舍弃繁复的装饰性图案或镶边,利用简化质朴的壁柱进行分隔。具体设计:横向的第一段、第三段和第五段的二、三层立面外窗为四扇,其余各段为三扇;而第一、三段的顶层则变为老虎窗,立面既统一又富有节奏和韵律美。(图 5-2)

图 5-2　上海村鸟瞰:红屋顶及老虎窗、女儿墙松果装饰点缀

(图片来源:作者自摄)

上海村为防潮、防水、保温、隔热，第一层地面多设有架空层，公寓内部设施齐全。上海村的石库门、老虎窗均设计简约，其门窗装饰为门带窗形式，大厅地面有水磨石拼花图案。公寓门窗装饰为门带窗形式，抽象而简洁。二层窗户外侧百叶均为两扇对开，百叶窗扇尺寸比例设计具有细微变化，将实用功能与装饰紧密结合，内层为木框玻璃窗，外层为木质百叶窗，而后天井一侧由于主要功能是作厨房及卫生间，因此立面的窗为普通木框玻璃窗。其门窗设计中充分体现当时的建筑师对空间功能与装饰线条的注重，追求立面上的平衡与协调。

当下上海村作为汉口重点历史建筑保护社区之一，虽然存在电线杂乱、设备老旧等问题，但公寓及巷道已有修复和整改，并融入新的时代设计元素。公寓一层居住空间有些改为时装店铺、茶室，以及猫咖店等商业空间，入口处设置廊架、绿植进行装饰。目前上海村内僻静的生活环境被打破，各类不同形式的商业活动频繁介入，改变了老建筑原有的建筑形态，因此需要进行“减法”处理。巷道中很多环境设计与建筑装饰和原有设计相悖，在风格上很不协调。因此，在后续的设计中应先做好历史背景调研，然后才能进行功能设计的替换，原有历史建筑的装饰形态已经组织得相当成熟，保持巷道的本质、色彩、肌理才是其应有定位。公寓阳台、露台、窗台可设置种植池或悬挂花盆，藤本、草本植物都可以进行季节性替换，让上海村成为生态环境的典范，成为社区老人们的天堂、孩子们的乐园。（图5-3、图5-4、图5-5、图5-6）

图 5-3　上海村巷道内空间现状、上海村石库门装饰

（图片来源：作者自摄）

续图 5-3

图 5-4　上海村石库门当下现状

（图片来源：作者自摄）

续图 5-4

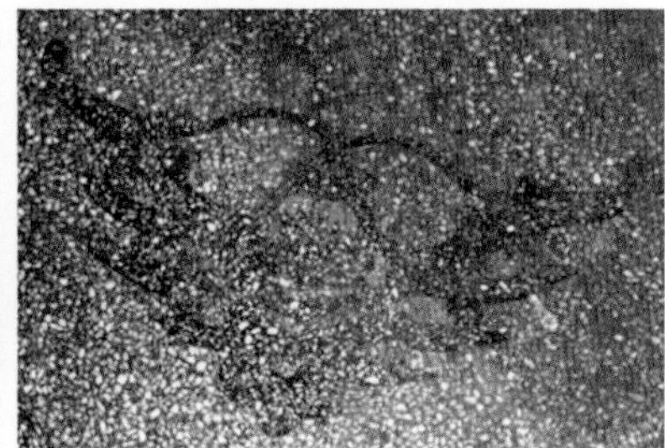

图 5-5　上海村地面水磨石装饰、外窗绿色植物配置、外窗下的铃兰花造型装饰

（图片来源：作者自摄）

续图 5-5

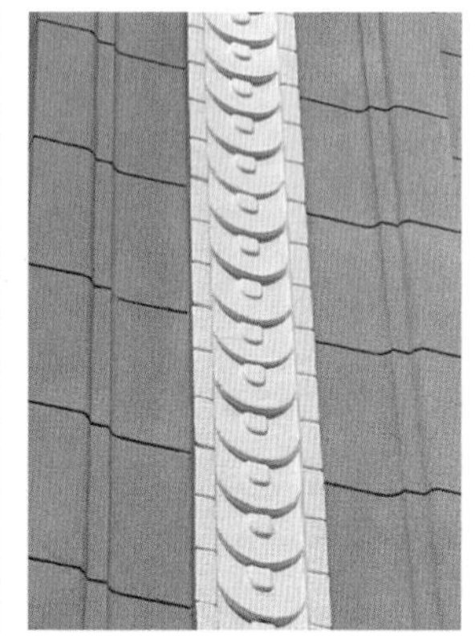

图 5-6　上海村外窗及立面有铜钱图案装饰

（图片来源：作者自摄）

5.1.2 德林公寓

1. 建筑历史

德林公寓 1925 年由华侨王光投资兴建,共 16 栋。1927 年“七·一五”反革命政变后,周恩来和邓颖超曾秘密居住于德林公寓 2 号(现天津路 22 号)。“中共‘八七’会议就是在原俄租界中举行的。党的领导人陈独秀、瞿秋白、周恩来、刘少奇、李立三等当时都曾在租界中居住和活动。”① 此处作为汉口中共中央领导人旧住址,具有较高研究价值和红色革命意义。德林公寓楼下原有钟表眼镜店、日用百货店、协成东酒行、杏林堂医院、恒义升袜衫厂、仓岛洋行等多类型的业态。新中国成立初期,德林公寓成为市供销合作总社的办公楼和宿舍,20 世纪 80 年代成为市蔬菜公司办公楼,现在德林公寓的居民,绝大多数是过去武汉土产公司、蔬菜公司员工家属。目前建筑一层中心入口处仍保留着一块刻有“武汉土产公司土产批发部”的水泥牌匾,它已成为这栋公寓最显著的历史标志。

汉口德林公寓地处原英租界湖南街(今胜利街)、天津街(今天津路)与吉祥街(今合作路)之间。建筑由景明洋行设计,汉协盛营造厂承建,主体建筑共三层,底层为商店,上层为公寓,每套房屋有卧室、起居室、卫生间、厨房及佣人房,套间有推拉门。德林公寓为近代最豪华、气派的高档公寓之一,在屋顶有大露台,可俯瞰人群和街道。这里曾经作为三镇民生甜食馆大楼,成为老汉口人民心中的烟火一隅,现在也是全国重点文物保护单位。(图 5-7)

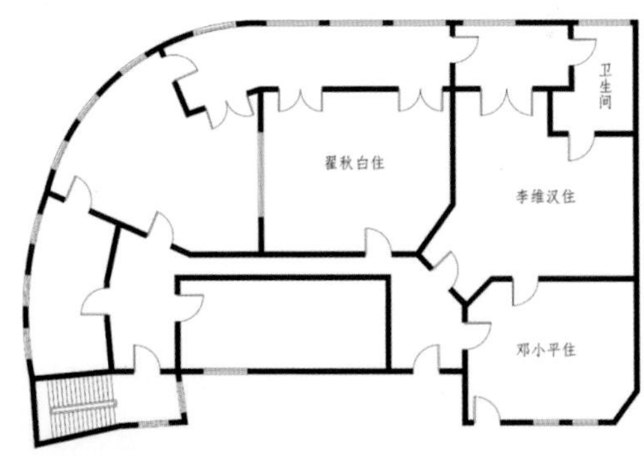

图 5-7 汉口德林公寓历史照片、建筑二层平面图

(图片来源:江汉关博物馆;作者自绘)

① 皮明庥,邹进文.武汉通史·晚清卷(上)[M].武汉:武汉出版社,2006:134.

2. 建筑装饰

汉口德林公寓为古典主义风格建筑。原建筑为三层，砖混结构，屋顶均匀分布望柱栏杆，木制坡屋顶上覆红瓦。室外立面每层凸出一圈麻石腰线，其弧形建筑立面均匀分布通高的方形木质门窗，体现出井然有序、整齐划一的街区尺度氛围。室内每层套间平面布置包括卧室、起居室、卫生间、厨房及佣人房，内部生活设施齐全，套间内设有推拉门。楼道铺设实木地板，楼梯扶手装饰着素雅的卷草花纹，整体细节精致。(图 5-8)

图 5-8　德林公寓转角立面装饰及特色门窗收边线装饰

(图片来源：作者自摄)

续图 5-8

20 世纪 90 年代作为汉口繁华地段的公寓，德林公寓临街店铺门面大量出租，导致主入口被封，位于公寓背面的消防楼梯成为目前居民日常交通途径。消防楼梯空间狭窄，影响通风排烟，导致外立面遍布油烟污渍，不仅破坏建筑美观度、能见度，缩短建筑寿命，还增加不少安全隐患。针对以上问题，目前三镇民生甜食馆店铺已经关闭，相关管理部门引进具有品牌效应的商业店铺，引流人群；从节流的角度，加强建筑内部排烟管道设计，定期清理墙面污渍，增设灯光照明设施，使得整栋建筑从整体到局部都能生动体现出建筑装饰的魅力。该建筑在阳台栏杆、落地窗、百叶窗、女儿墙、屋顶露台等的设计中都具有独特的美感和吸引力，同时也能够提升街区的商业价值和城市形象。(图 5-9)

图 5-9 德林公寓目前修复好的门窗装饰设计

(图片来源：作者自摄)

续图 5-9

5.1.3 金城里公寓

1. 建筑历史

金城里原名“新昌里”，始建于清末，临近原英租界，于 1928 年选址修建。建筑由中国第一代建筑师庄俊担当设计，汉协盛营造厂负责施工，以金城银行为中心，东西沿街折线部分建筑划分为“金城里公寓”。公寓采用周边式的总体布局形式，是由两条街道围合而成的一处“城市岛屿”，一侧临近中山大道上黄石路至南京路段，另一侧属于保华街街区，入口部分正对保华街上的原有欧式中心花坛，形成井然有序的内向院落空间。整体以主巷型的交通方式将公寓与临街的商住建筑分离，使主巷与城市道路相连，闹中取静。“金城里由三栋三层砖混结构单元式公寓楼组成，共 9 个单元……住宅紧邻地块东西两侧与南端的金城银行相连，共同围合成院。”①这一银行职员附属公寓是汉口租界区内用地日趋紧张的设计作品，利用地段的间隙空间建造出集合化的新式公寓，满足银行高级职员的居住要求，以此获得良好临街商业环境与便捷的日常居住条件。

金城里公寓建筑设计受“新生活运动”影响，平面布置采用西式样式，强调空间功能性。室内餐厅开始独立于客厅设置，并出现新型的生活空间，如卧室内增

① 涂文学. 武汉里巷故事[M]. 武汉：长江出版社，2015：65.

加卫生间、浴室，客厅与餐厅成为交通组织空间，避免卧室间相互贯穿等人性化设计，保证各个空间的私密性。金城里公寓将竖向空间完全独立，用户共用楼梯间，形成标准的“一梯两户”单元式现代居住形态，向现代集合型住宅发展。但由于战争爆发，公寓式里份并未在 20 世纪 30 年代的汉口继续发展，使得金城里和大陆坊成为目前仅存的几处近代公寓建筑。1993 年金城里被武汉市政府定为二级优秀历史建筑保护项目。2008 年金城银行、金城里整体改造为武汉美术馆，金城里因其独特的城市区位条件和建筑群体关系成为武汉美术馆整体项目的一部分。这也是国内第一处将近代公寓建筑改造为市级美术馆的案例，对之后的旧建筑改造具有示范作用，其中原有住宅与银行的围合院落改建为美术馆中庭，成为美术馆中精致的文化空间。（图 5-10）

图 5-10　金城里公寓立面图、金城里银行和金城里公寓转角衔接处建筑空间

（图片来源：作者自摄）

2. 建筑装饰

公寓式建筑从建筑立面到室内平面的功能组织都更具现代城市特征，金城里的建筑装饰也具有简洁、线条流畅的特点。金城里公寓和金城银行大楼是一个完整的建筑装饰体系，民国时期的金城里公寓作为银行主体建筑两侧的延伸，与金城银行大楼东西两翼同高，统一装饰浅灰色麻石外墙。公寓建筑紧贴道路而建，其底层设置临街骑楼，为商铺提供尺度适宜的步行区域，柱式整体结构是简单的几何形。二、三层是通廊式住宅，外阳台连续的栏板下做横向线条和纽扣式图案装饰，精致典雅；三层檐口柱头有花瓣形立体花纹设计，细节突出；阳台内侧清水红砖外墙保存原有质朴形态，与水泥柱式形成对比。

如今金城里仅仅保留大楼主立面外墙和沿中山大道、保华街两侧外墙，骑楼形态依旧但内部结构全部拆除。作为美术馆的功能空间，金城里公寓外围增加琴行、旅行社等商业空间，但目前业态还未形成繁荣景象，仅有部分作为咖啡店营业，其他商业店面装饰未做具体设计。二层以上建筑装饰以"混合"处理新与旧的关联，现代的铝合金门窗装饰代替原有老旧木质门窗，保留原有红砖墙色彩进行填缝勾勒，花岗岩贴面材质塑造柱式外层，顶部檐口简单的水泥色整齐划一。（图5-11）

图 5-11 金城里石质柱廊、临街骑楼入口和新建商铺室内融合

（图片来源：作者自摄）

5.1.4 大陆坊公寓

1. 建筑历史

大陆坊坐落于南京路与中山大道交会处南侧，大孚银行对面。大陆坊公寓由大陆银行投资，1934 年建成竣工。近代"城市经济结构发生变化，对外贸易成为城市经济主体……新式商人、企业集团和近代知识分子出现了，雇佣工人也随着工商业和交通运输业的发展而增多。"①大陆坊公寓作为银行员工的高档住宅区，居住者除大多为银行高层外，还包括军官、商人、医生等，属于民国汉口时尚安全的住宅区。公寓建筑东至南京路，西临扬子街，不长的弧形巷子内形成闹市区中前店后居格局的典型布局模式。这条背街小巷不仅保障内部民居采光通风，又阻隔外面路人的视线，还能隔音，同时避免外部人车借道通行，实现动线分流。

大陆坊公寓建成时，由两排三层建筑组成，红砖清水墙砌筑，共九个单元，底层主要用于商铺经营，二、三层则为带阳台住宅。20 世纪 80 年代，由于住房紧张，在原基础上加盖一层，但壁柱、山墙、门窗等仍规整有序。如今的大陆坊内巷墙壁斑驳，电线、垃圾桶、空调室外机等杂物不规则堆放，单元内木质楼梯油漆剥落，建筑久经岁月洗礼。(图 5-12)

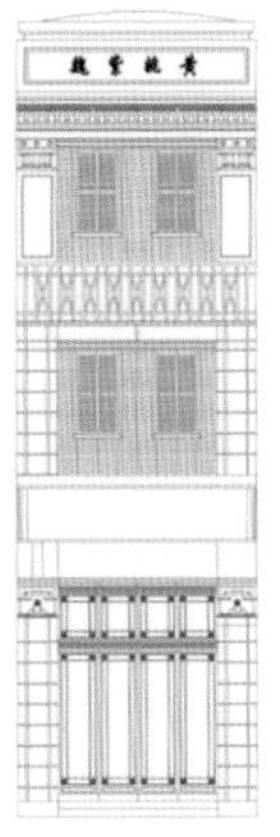

图 5-12 南京路口大陆坊公寓正立面现状、立面图

(图片来源：作者自摄；自绘)

---

① 皮明庥，邹进文. 武汉通史·晚清卷(上)[M]. 武汉：武汉出版社，2006：135.

2. 建筑装饰

大陆坊公寓由近代著名建筑师庄俊设计，李丽记营造厂施工，是典型的古典复兴样式，折中主义风格。居住空间中主巷与道路相连，动静分流，这类单元设计在 20 世纪 30 年代如江汉村、洞庭村等汉口里份中沿用较广，也是汉口现代公寓式里份的典型样式。建筑装饰在临街面和背街面设计截然不同，包括材质选择、装饰风格、尺度把控等均有所不同。大陆坊临街面建筑装饰采用典型公共建筑的简洁模式，古典三段式处理手法，底层商铺有石材贴面，二层以上红砖清水墙装饰局部涂料，窗间壁柱粉白色，整体墙面间隔装饰。柱式设计尺度较大，壁柱作为竖向装饰分隔，檐口线脚轻盈，作为建筑的横向装饰。

大陆坊背街立面设计则是将楼梯间作为立面设计重点，采用内凹式和微弧面造型，外墙部分均为红色清水砖墙砌筑，与外部临街立面装饰呼应，局部水泥装饰花纹点缀。建筑装饰整体设计强调门斗、立柱、栏杆、百叶窗等，兼有西式古典建筑风格特点和传统建筑特征，局部细节出现中式传统纹样，简约大方又相互协调，具有艺术研究价值。（图 5-13）

图 5-13　大陆坊公寓立面和巷道内部

（图片来源：作者自摄）

1)墙面

大陆坊公寓沿中山大道立面外墙整体保存修复较好，但内巷墙面凌乱、混杂，没能有效突出建筑原有风貌。主体建筑为砖砌红色抹灰砖墙，白灰勾缝。应对这些墙面装饰进行整体思考和归纳，塑造有序的立面特色。内巷单元建筑立面为外凸梯形，每两个单元为一组，中部凹进部分形成公寓主入口空间。建筑立面红色清水砖墙和方窗装饰点缀，在视觉上极具序列感。

2)门窗

大陆坊公寓多采用木质门窗，又高又窄的窗框和厚实的百叶构成外窗的主要形式。上部点缀有钻石形装饰，十分别致，入户单元大门使用双层门，外侧为伸缩式铁栅门，内层为传统木质门，门板上部使用透明玻璃，或配以矩形图案装饰，保存较为完好。该建筑的百叶窗是当时武汉地区降低室内温度的重要手段，是早期西式建筑解决隔热及通风的重要构造，在大陆坊公寓中至今得以保留使用。(图 5-14)

图 5-14 大陆坊木质门窗、几何形装饰图案设计

(图片来源：作者自摄，自绘)

续图 5-14

3)楼梯与内窗

大陆坊公寓采用一间半式的平面布局方式,半间为交通空间,每两个单元对称布置,因此从平面图上看,建筑交通部分相对集中。在实际使用时,由于居住户数较多,该住宅已采用逐层分户的方式,形成类似“一梯一户”的竖向居住空间样式。建筑内部楼梯采用铁艺栏杆和木质扶手,稳固耐用,扶手转角处设计为弧形式样,并采取新艺术风格的几何图形装饰。楼梯空间转角处设计成微弧面落地大窗,分为三段,既实现良好的采光效果,又营造出楼梯间浪漫的空间氛围。扶手栏杆上有几何形状装饰图案,简约而富有秩序,扶手栏杆立柱线脚丰富。目前木质楼梯磨损严重,部分油漆脱落,需进行修复与加固。(图 5-15)

图 5-15 楼梯间弧形木质扶手及立柱设计

(图片来源:作者自摄)

大陆坊公寓虽保留完整的建筑风貌，但巷道内独具特色的墙面及门窗因空调器等现代设备的安装而遭受破坏，建筑也不再显现出完整的立面。一方面，红砖清水墙面因过多的电线与空调器设备的安装插入，导致其表面肌理被破坏；另一方面，大量机械设备也对墙体的承重能力构成安全隐患。此外，墙面杂乱排布的电线极易引起房屋火灾。因此，如何精心排布现代设备，处理历史建筑木质门窗之间的关联，呈现原有建筑装饰特色，成为大陆坊公寓等历史街区建筑保护的关键。历史建筑外立面干净利落的装饰设计、创新的空间置换可采用，但内巷中居民的生活起居安全性、建筑墙面的美观性也需要注重。居住、餐饮、商业、文化空间等需要整体融合与思考，三镇的特色元素也可以介入。（图 5-16、图 5-17、图 5-18）

图 5-16 大陆坊公寓的电线、机械设备楼梯间弧形外窗和八角小方窗装饰的修复 P 图前后对比

（图片来源：作者自摄及墙面修图比较）

图 5-17　大陆坊沿街立面改造为咖啡外卖店

（图片来源：作者自摄）

图 5-18　大陆坊公寓外部立面改造后商店现状

（图片来源：作者自摄）

5.2 原俄租界公寓建筑装饰

5.2.1 珞珈山街公寓

1. 建筑历史

黎黄陂路属汉口原俄租界，20 世纪初俄国茶商巴诺夫(J. K. Panoff)将所买下的三教街一带大块地皮转手倒卖，先由英商怡和洋行作为木材堆栈，后由杜百里(W. S. Dupree)主持修建惠罗公司、珞珈山街公寓等建筑群。19 世纪末至 20 世纪初，来汉口商人日益增多，城市内用地越发紧张，公寓成为众多西方人首选的居所。珞珈山街公寓于 1927 年建成，地处法俄租界交界区，坐拥长江沿岸码头优势，早期英商怡和洋行高级职员大多携家眷居住于此。公寓建筑北至黎黄陂路，西止兰陵路，建筑群首尾相连，整体区域呈不等边三角形，中间设置开放型小花园，花墙月门，翠竹亭立，别具特色。

珞珈山街公寓由多栋三层红色砖混结构的小公寓组合而成。这类住宅是西方联排别墅的简单雏形，1946 年“洛加碑路”改为“珞珈山路”，新中国成立后又改名为“珞珈山街”，“珞珈碑公寓”也随之改名为“珞珈山公寓”。珞珈山街作为汉口百年建筑历史风貌区，其砖砌建筑群成为汉口俄租界的典型代表。1993 年珞珈山街公寓被评为武汉市二级优秀历史建筑。当下，珞珈山街公寓底层建筑大部分为商业空间，如咖啡馆、餐厅等，二、三层为住宅区域。(图 5-19、图 5-20)

图 5-19 珞珈山街公寓区域及其鸟瞰

(图片来源：作者自摄)

图 5-20　与珞珈山街公寓同时代的建筑带有西班牙式装饰风格

（图片来源：作者自摄；《The Architectural Record》）

2. 建筑装饰

珞珈山街公寓由德国人理查德·石格司(Richard Sachse)设计，汉协盛营造厂施工，属于典型欧洲联排式单元住宅，混合西班牙式建筑风格，质朴优雅。公寓内通常为多个独栋单元相邻排列，满足近代城市人口密集的居住需求。珞珈山街公寓为清水红砖砌筑的西式楼房，与朴实温暖的红瓦坡顶色彩和谐呼应。公寓立面通过水泥拉毛、木制檐口、砖石排列组合，形成精致的建筑表皮装饰肌理，节奏、比例、尺度适宜。公寓门窗多为拱券形或方形，上下错落，突出空间层次感。立面外窗外层百叶，内置玻璃，满足室内空间的保暖和遮阴需求。（图 5-21、图 5-22、图 5-23）

图 5-21　珞珈山街公寓立面及西班牙风格的檐口装饰设计

（图片来源：作者自摄）

珞珈山街公寓使用独栋单元楼梯，有效保证住户私密性，而且设施齐全。“房屋平面底层设有汽车库和杂房、佣人房等，侧面有露天台阶通往二层，二层为门

图 5-22 珞珈山街公寓立面红砖砌筑、壁炉烟囱水泥与红砖搭配设计

(图片来源:作者自摄)

图 5-23 珞珈山街公寓砖拱券及彩色玻璃窗装饰

(图片来源:作者自摄)

厅、客厅、餐厅,三层为书房、卧室等。室内设备齐全,还建有烤火壁炉。"①可见该公寓已具有现代设计理念,室内空间的功能划分完善合理,并结合如小阳台和露台等公共小环境的设计,人性化思考完善。公寓室内全铺实木地板,搭配拱券彩色玻璃木窗,整体设计小巧精致,符合现代人对居住环境的追求,注重实用性和舒适性。

如今珞珈山街公寓区域,其街道外环境整洁干净,在街道的公共空间中也增

① 李百浩.湖北近代建筑[M].北京:中国建筑工业出版社,2005:134.

设休憩座椅、花卉种植池等休闲景观设施。但针对建筑本身的装饰形态和室内空间的保护措施还有待改进，对原有外立面不合理的杂乱电线、水管等影响建筑原有立面视觉效果的元素需进行仔细更替、维护，真正让历史建筑呈现出新的艺术魅力。(图 5-24)

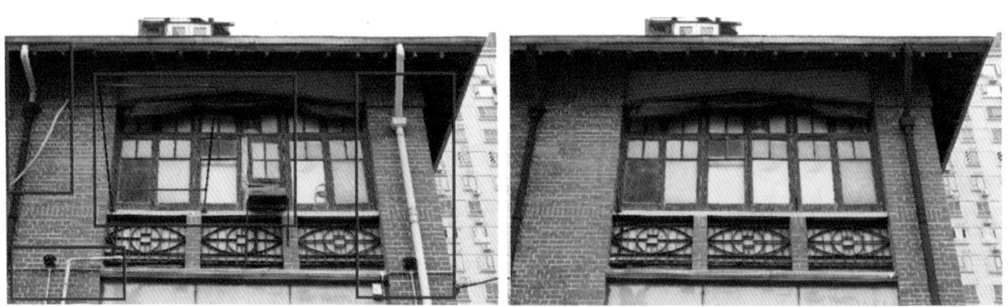

图 5-24 珞珈山街公寓外窗立面装饰修复 P 图前后比较

(图片来源：作者自摄及墙面修图比较)

在未来建筑保护方面，应遵循“统一规划、整体保护、合理利用”的原则，保留建筑原有特色，尊重建筑物立面的造型、装饰、色彩、材料和结构体系等历史元素，保留汉口独特地域文化内涵。珞珈山街公寓为研究近代西方建筑何时进入武汉地区提供出有效的案例，它也是当时国际上西班牙风格建筑的流行样本，具有宝贵的学术研究价值。

5.2.2 巴公房子

1. 建筑历史

巴公房子位于鄱阳街、洞庭街与兰陵路三街交会处，是汉口原俄租界体量最大的多层公寓。在原有三角地块基础上，经过对不同历史时期的建筑进行围合改建，最终形成将场地三边进行围合的公寓建筑。建筑始建于 1901 年，俄国人巴诺夫(J. K. Panoff)买下此处地皮，并花 15 万两白银修建这幢公寓大楼，后又不断扩建，靠兰陵路一边的“梯形”建筑是 1910 年建成，因其建筑面积较大，立面体量丰富，被称为“大巴公”；黎黄陂路一边的“三角形”建筑是 1917 年建成，“平面为单元式布局，为节省用地，在限定的低端内顺应路网与地形，形成锐角三角形形状”[①]，因此称为“小巴公”。后来大小巴公合二为一，统一称为“巴公房子”。(图 5-25)

---

① 丁援，李杰，吴莎冰. 武汉历史建筑图志[M]. 武汉：武汉出版社，2017：2.

图 5-25　巴公房子鸟瞰图

（图片来源：作者自摄）

巴公房子的建筑名称中的“巴公”源于俄国茶商“巴诺夫”。1869 年，巴诺夫来到汉口，随后应邀出任新泰洋行的大班。“俄租界主要成了俄商人经营砖茶的基地”①，在汉口进行制作、包装，转运销往俄国、欧洲。1874 年巴诺夫开办阜昌砖茶厂，并担任洋行联合经理。1896 年，俄租界开辟时，巴诺夫被推选为俄租界市政会议常务董事，1902 年前，他还出任过俄国驻汉口领事。巴公房子成为俄国人和其他外籍人居住的现代公寓，室内设施齐备，阳台、露台、壁炉等一应俱全，成为汉口当时为数不多的“高层建筑”。（图 5-26）

新中国成立后，巴公房子在局部加建第四层，保持其原有古典主义建筑风格。整体建筑为地下一层，地上四层，为砖木、砖混结构，室内有两室一厅、三室一厅、单间公寓等多种布局形式，并以数个单元连通，出入上下。整个公寓总建筑面积近 10000 平方米，内部设有壁炉，顶部有露台，其单元楼梯间尺度舒适，房间共计 220 多套，为武汉市一级优秀历史保护建筑。目前，这栋体量较大的近代建筑也成为汉口原俄租界历史街区中的标志性建筑，在近期整体修复完工后已有星巴克等商业机构入驻，受到年轻人的喜爱。（图 5-27、图 5-28、图 5-29）

① 费成康. 中国租界史[M]. 上海：上海社会科学院出版社，1991：264.

图 5-26 巴公房子早期历史照片;俄国人室内家居陈设

(图片来源:《那个年代的武汉 晚清民国明信片集萃》《外国人在汉口》)

图 5-27 汉口巴公房子不同历史时期照片比较

(图片来源:盖蒂中心;《那个年代的武汉 晚清民国明信片集萃》)

图 5-28 俗称"大巴公"和"小巴公"建筑位置与立面特色

(图片来源:作者自摄)

续图 5-28

图 5-29 巴公房子 2023 年修复完成后第一个入驻的商业品牌:星巴克

(图片来源:作者自摄)

2. 建筑装饰

巴公房子具有欧洲古典主义和文艺复兴式建筑的浪漫特色,清水红砖墙砌筑的建筑立面成为装饰主体。在百年历史变换中,这栋建筑经历过多次改造与修复,但值得庆幸的是其整体建筑风格和外立面特色基本都有效保留。特别是建筑外立面采用的古典柱式、拱券、檐口雕花、阳台多样造型、铸铁栏杆植物图案点缀等都生动反映出那个时代的艺术表现形式。

公寓为红瓦坡屋顶，底部花岗岩基础，错落砌筑清水红砖外墙，形成建筑立面横向、竖向有序块面，收分合理关联，并在各层由水泥腰线分隔。建筑顶部檐口有异形红砖雕花收边，线条层次丰富，花纹点缀。另外，小巴公端头设计穹顶造型，原有木质穹顶构造，后改为铁皮穹顶，外刷防水白色涂料。（图 5-30）

图 5-30　巴公房子立面丰富的艺术形式

（图片来源：王佳丽绘制）

公寓内部空间则采用共享空间、公共景观楼梯、室内楼梯相互连接，巧妙合理利用高差，每一套居室都保持相对独立，又宛转相通。室内墙面有壁炉、吊顶石膏线点缀装饰，层次丰富。巴公房子立面外墙采用红色黏土砖砌筑形态，这种设计也在中庭部分的墙面装饰结构中显现，展现出砖石原色，具有历史厚重感。架空层室内通高有 1.8 米左右，方便舒适，其中最有特色之处是有多个拱券结构，类似“古罗马水道”，民国时期可作为防空洞使用，目前其具体功能尚不得而知，未来希望充分发挥该建筑的艺术特色，赋予其新的生命与价值。汉口近代建筑风格多属于折中主义，建筑的轮廓、几何图案装饰及造型构图既大量运用古典装饰元素又在其基础上进行简化，具有简约、大方的时代特色。（图 5-31）

图 5-31　巴公房子 2023 年立面修复后呈现效果

(图片来源:作者自摄)

1)公寓入口装饰

巴公房子入口格局丰富,外窗及阳台作为入口的一个整体形态,呈现出多样统一的装饰效果。公寓共设有八个出入口,且每个出入口的装饰设计各具特色,旨在彰显其独特的标识性。临鄱阳街有三个出入口,其中两个出入口用拱券形态的砖和仿石材进行装饰,纹样复杂且优雅,另一个出入口为“大巴公”原有正门与鄱阳街交界处的出入口。临洞庭街也有三个出入口,其中两个出入口较宽,与出入口顶部阳台设计相呼应,视觉上提升整体高度;另外一个出入口是原有“大巴公”临洞庭街与兰陵路交界处的出入口,其实木大门保留,上方异形外窗可开启,成为少有的装饰特色。临兰陵路沿街面是“大巴公”正门正中的一个出入口,原有木门保留,目前是星巴克咖啡店入口。临黎黄陂路沿街面出入口是“小巴公”正门正中的一个出入口,圆形转门保留,出入口上方有多个小阳台,错落有序。(图 5-32、图 5-33、图 5-34)

图 5-32　巴公房子不同街区出入口及装饰细节

（图片来源：作者自摄）

图 5-33　“大巴公”兰陵路一侧出入口正立面

（图片来源：作者自绘）

图 5-34 “大巴公”原有出入口上方椭圆形“1910”砖雕

(图片来源:作者自摄)

2)外窗装饰

巴公房子临近原俄租界的四条街道,外窗造型和装饰各不相同。具体体现在鄱阳街、洞庭街、兰陵路、黎黄陂路四条邻近街道立面。临鄱阳街立面中可以发现外窗造型和装饰十分丰富,其显示某种自由的表现和对个性的追求。其特点在于用直线、坚挺的边缘或角来组合构图,有特定的装饰风格,同时装饰细部常用与本体建筑同样的材料。其中最常见的窗形式是拱券窗,它除竖向荷重时具有良好承重特性外,还起着装饰美化的作用。其外形为圆弧状,由于各种建筑类型的不同,拱券的形式略有变化。(图 5-35、图 5-36)

图 5-35 巴公房子中不同类型的外窗和内窗

(图片来源:作者自摄)

图 5-36　巴公房子中庭外窗及内墙面装饰

（图片来源：作者自摄）

3)阳台装饰

巴公房子阳台及栏杆在整个建筑装饰中样式独特。基本包括两类，一类是水泥宝瓶式装饰栏杆，另一类是黑色铁艺雕花栏杆，整体风格古典浪漫。公寓多数阳台属凸阳台，以其独特的造型、合适的空间比例增添建筑立面的层次和艺术魅力。环保性、安全性也将成为后续阳台装饰的一个重点，可在这些阳台上进行多种植物配置，建立绿色生态微景观体系，即使不入住其中也能让其色彩、形态深入人心。（图 5-37）

图 5-37　巴公房子阳台栏杆装饰

（图片来源：作者自摄）

续图 5-37

4)楼梯装饰

巴公房子内外交通有楼梯 7 部,主楼梯间宽阔、舒适。楼梯多数为木质踏步,木质扶手,侧面装饰有花卉植物图案,雕刻细腻,整体风格古典浪漫。(图 5-38)

图 5-38　巴公房子室内木质楼梯栏杆

(图片来源:作者自摄)

目前巴公房子整栋建筑的内外均已修复,底层用于商业,后续也将部分空间改为酒店等一系列的现代空间。对巴公房子进行保护是一个长期的过程,可以根据不同部位的建筑装饰构造进行深入思考。在保留该建筑整体布局情况下,清水红砖外墙、年代铭牌、穹顶、檐口、门斗、立柱、栏杆、楼梯、内外门窗等需建立档案库进行长期有效保护,保证其多种风格并存又相互协调的长久性。(表 5-2、图 5-39)

表 5-2　巴公房子中的建筑装饰构件及材料装饰

建筑装饰构件	所用材料	施工方法	主要装饰特色
柱子	青砖	清水砖砌筑	砖砌圆柱
入口	红砖、水泥	砖砌筑灰泥	仿石材贴面

续表

建筑装饰构件	所用材料	施工方法	主要装饰特色
屋顶	红瓦	红瓦木构架	坡屋顶瓦面
檐口	红砖	清水砖砌筑	雕刻细腻
室外楼梯	木质、铁艺	木质构造	错落有序
室内楼梯	实木	木质构造	雕刻装饰
门	实木	木质构造	玻璃装饰
窗	实木	木质构造	异形玻璃
地面	实木	实木地板	实木铺装
墙体	红砖	清水红砖砌筑	凸凹变化
砖砌筑形式	红砖	清水红砖砌筑	形式多样

THE FAR EASTERN REVIEW

PERFECTION SMOKELESS OIL HEATERS

Make that Cold Room a Cozy Den

In nearly every house there is one room that is extremely hard to heat—it is therefore practically closed for the winter. This room can be made the coziest room in the house with no trouble by the use of the

Perfection Oil Heater

This heater gives intense heat, with no smoke, no smell. Turn it as high as you can to light it, as low as you can to extinguish it. Easy to clean, easily carried from room to room. Nickel or Japan finish. Every heater guaranteed.

THE Rayo LAMP

is the best lamp for all-round household purposes. Gives a clear, steady light. Made of brass throughout and nickel plated. Equipped with the latest improved central draft burner. Handsome—simple—satisfactory. Every lamp guaranteed. Extra shade.

PERFECTION WICKLESS BLUE FLAME OIL STOVES

ABSOLUTELY SAFE AND RELIABLE

QUICK HEAT UNDER THE KETTLE AT LITTLE COST

SAVES TIME FUEL and TEMPER

ONCE TRIED ALWAYS USED

A COOL COOK, CHEAP FUEL AND A HOT MEAL

INDISPENSABLE FOR TROPICAL HOUSEKEEPING

THE NEW PERFECTION STEEL OVEN DOES AWAY WITH ALL THE DISCOMFORTS OF FORMER BAKING

THE ABOVE HEATERS, LAMPS AND STOVES, WITH ALL THEIR ACCESSORIES AND SPARE PARTS, CAN BE OBTAINED AT YOUR NEAREST DEALER

SHANGHAI

HONGKONG

Lane Crawford, Ice House St.

MANILA

ILOILO

图 5-39 巴公房子正在修复室内柱式的场景及可参考的那个时代的家居陈设

(图片来源:作者自摄;《THE FAR EASTERN REVIEW》)

5.2.3 信义公所

1. 建筑历史

“进入晚清，天主教率先再度进入湖北，新教各派则在汉口开埠之后纷纷来鄂，大有后来居上之势。四力教会依仗强权和不平等条约赋予的特权，深入湖北城乡各地。”[①]1876—1931 年间，汉口地区有教堂十余所，其中包括华中地区总堂，例如汉口圣保罗教堂、俄国东正教堂、美国基督教青年会等。由于频繁举行宗教活动，当地教会需要更多居住空间为传教士们提供住宿需求，因此，教会购买地皮，兴建各类办公与居住结合的建筑类型，其中就包括信义公所。信义公所大楼由美国、瑞典、挪威、芬兰等六国教会组织进行集资建造，为宗教活动兼办公场所，具体办理代理购置产业、贸易、定购书籍、交易、银行业务等。信义公所又名“中华基督教信义大楼”，1924 年建成，位于俄租界、法租界交界处，由于地理位置优势，不仅是人流、车流集散地，而且还是西方基督教进入武汉地区传教、发展的见证地。

信义公所大楼建成时是古典三段式构图，共有房一百二十余间，建筑面积七千平方米。公寓一层抬高约 50 厘米，下设通风口，配营业局、公事房、餐厅、客厅，立面石材贴面；二层至四层为套间，其中二、三层通高搭配窄窗；五层设计单人公寓阁楼，搭配四处三角形山花，中间设有老虎窗，且建有开敞式阳台。1945 年抗战胜利后，华中圣教书局设在公寓二楼，负责华中地区各省《圣经》发行工作。信义公所作为原俄租界历史街区内保存较为完整的建筑之一，1993 年被列入“武汉市二级优秀历史建筑”。信义公所建筑立面虽多次重新粉刷，却始终难掩内院杂物凌乱堆放的现象，整体保存状况堪忧。当下进行的内部改造工程，力求将这座汉口教会公寓建筑焕发出新的生机与活力。（图 5-40、图 5-41）

2. 建筑装饰

信义公所由德国石格司（Richard Sachse）建筑事务所设计，汉协盛营造厂施工，钢筋混凝土结构，其装饰风格较为现代且偏向简约。公寓现为地上六层，地下一层，顶部山花与阁楼已拆毁，改为红瓦坡屋顶，有小露台。主拱券入口设于洞庭街，建筑外墙使用真石漆饰面，建筑南侧临街转角采用圆弧造型，平面呈“U”字形。

---

① 章开沅，张正明，罗福惠. 湖北通史 · 晚清卷[M]. 武汉：华中师范大学出版社，1999：43.

图 5-40　1932 年汉口信义会所老照片

（图片来源：书香武汉 http://www.whcbs.com/）

图 5-41　美国基督教青年会历史照片和汉口教堂室内老照片

（图片来源：《甘博摄影集》《汉口五国租界》）

公寓建筑沿街立面横向呈三段式构图，一层与半地下室构成第一段；二、三层通高有立面壁柱，四层立面恢复正常楼层高度；顶层坡屋顶与五层、六层（后加盖楼层）共同形成目前的顶部设计，外立面简单分隔，使用涂料粉刷，且窗洞比建筑原始窗洞略宽。原有阳台改为封闭式，强调水平檐口分隔线，整体风格简洁、质朴。（图 5-42）

1）门窗

信义公所入口采用圆形拱券式造型，辅以玫瑰形半圆花窗，体现文艺复兴建筑特色。建筑立面使用横向线条勾勒，窗洞两侧有方柱，柱头下有穗形装饰，线条丰富；落水管采用黑色铸铁。目前外窗为矩形铝合金窗框，配透明玻璃。外窗周边辅以雕花装饰。室内采用矩形木质门框镶嵌玻璃；室内窗户使用菱形花纹及矩形图案装饰，配彩色贴花玻璃，立面窗洞装饰保存完好。（图 5-43）

图 5-42 信义公所外立面现状及电梯现状

（图片来源：作者自摄）

图 5-43 信义公所门窗局部照片

（图片来源：作者自摄）

2)楼梯及地面

信义公所公寓的室内装有一部 20 世纪留存至今的垂直电梯,它见证了公寓的历史变迁和岁月沉淀。建筑楼梯及卫生间位于“U”字形转弯处,楼梯使用铁艺栏杆,木质扶手,立柱线脚丰富,并采用多跑式结构围合于电梯井。建筑室内走廊及楼梯踏步使用水磨石地面装饰,房间内部采用木质地板,建筑室内门窗大部分沿用建筑原木门,部分有更改。(图 5-44)

图 5-44　信义公所一层电梯入口、楼梯局部

(图片来源:作者自摄)

3)屋顶和室内

建筑屋顶采用四坡屋顶形式,覆以红色平瓦,檐沟组织排水。目前红瓦铺设完善,安全性、美观性较好。室内采用正方形木门框,对开式门板,装饰有几何形图案并进行分隔,上半部分为磨砂玻璃,下半部分为实心木板。(图 5-45)

建筑目前仍在投入使用,室内部分空间一层被改为服装店铺,二至五层出租给各类公司作为办公使用,六层为基督教协会办公及会议室用房。其建筑室内格局均按照各自需求进行改建,很多空调外机安置杂乱。针对老旧建筑改造的这些问题,需要进行一定的规范化管理,适当整合有限空间,尽量保留原有建筑的历史和文化元素,在电梯间、室内办公空间、弧形楼梯等处,可将建筑历史老照片进行展示,并适当介入时代元素。

图 5-45 信义公所红瓦屋顶、室内门窗
(图片来源:作者自摄)

5.3 原法租界公寓建筑装饰

1. 建筑历史

立兴洋行公寓为原法租界留存公寓。"1923 年,法国立兴洋行董事和法国侨商合伙组建立兴产业有限公司(Racine&Cie. S. A.),在汉口法租界吕钦使街(今洞庭街一段)建楼,用于公司办公及住宅出租。1923 年建成,三义洋行设计绘图,广州和隆营造厂承建施工,砖混结构,共四层,耗费 14 万银元(包括安装水电设备在内)。"[①]立兴洋行公寓位于洞庭街 116 号、118 号,建成时一楼为办公空间,二、

① 武汉市档案馆.老房子的述说[M].武汉:武汉出版社,2016:81.

三、四层公寓出租给外国人居住。其中有高档商务住宅，会客厅、厨房、浴室等一应俱全。1936 年以后由于租界内华人人口增长，该公寓也有很多华人居住。1954 年，由武汉市房地局代管该栋建筑，调配给多个企事业单位使用，目前建筑内也有很多家庭居住，同时咖啡厅等小型商业模式也介入其中。(图 5-46)

图 5-46　立兴洋行公寓现状照片

(图片来源:作者自摄)

2. 建筑装饰

立兴洋行公寓属于新古典主义建筑风格。建筑主体是四层砖混结构，立面清水外墙，凹凸有致，平曲相间，砖雕花饰十分精美。建筑底层两个主入口（单元门）式样一致，两根爱奥尼克柱托起一块凸出的拱券门斗。平面两端前凸，第二、三层为双联券柱式窗，底层中部至入口前为多立克券柱式，三开间门廊，四柱向上贯通，临空悬挂两层半圆形跳台敞廊。立兴洋行公寓内部楼梯为八角形，起步柱顶部有圆球形装饰，楼梯为木材质。楼梯外窗的高度随着楼梯台阶的升高逐次抬升。此楼每层两套，四层共 16 套，每套有 7 间房，“在单元平面设计上已开始采用现代住宅功能，将居室、起居室、厨房、厕所、佣人间按主从关系合理布置，试图压缩辅助面积，提高住宅平面利用率”①。立兴洋行公寓各种功能一应俱全，属于高档商务住宅。（图 5-47）

图 5-47　立兴洋行公寓装饰细节：门窗、楼梯间等

（图片来源：作者自摄）

① 李传义，张复合，村松伸，等. 中国近代建筑总览：武汉篇[M]. 北京：中国建筑工业出版社，1992：24.

续图 5-47

5.4
原日租界公寓建筑装饰

1. 建筑历史

日本军官宿舍为原日租界留存公寓，其建筑位于原日租界中街（今胜利街一段）、山崎街（今山海关路）交会处，建于 1909 年。该建筑最早是日本三菱公司员工宿舍，因房屋设施齐全，建成后成为原日租界高档的公寓式住宅。之后“松廼家旅馆”在此开设酒店，底层是餐厅空间，上层为旅馆房间，庭院外围设通透性铸铁栏杆围墙，具有一定的开放性视野。当时“汉口的日本旅馆只有松廼家和竹廼家两家，不仅竹廼家特别繁华兴盛，松廼家也拥有毫不逊色的盛况……室内铺设榻榻米展现日本式风格，但是餐厅和装饰设计是欧式风格”，且旅馆的卫浴设施、饮食服务都是日本当时最先进的形式。因此，“松廼家旅馆”成为当时汉口极受日本人欢迎的 Art Deco 风格的和式旅馆。（图 5-48、图 5-49）

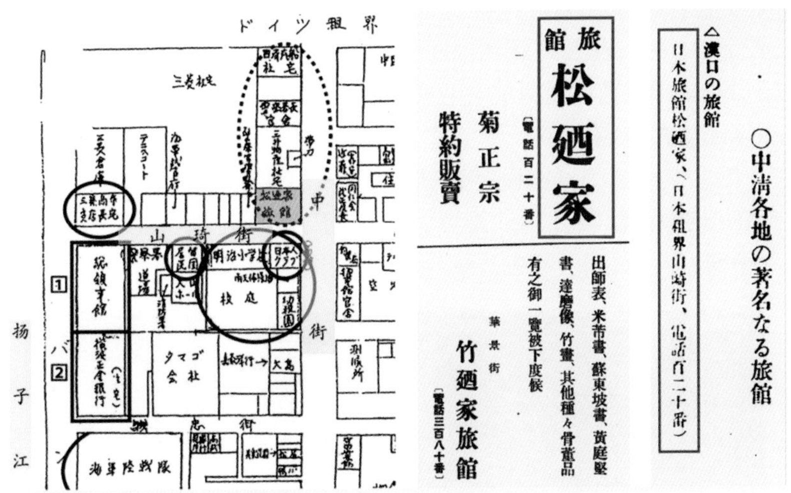

图 5-48 “松廼家旅馆”在文献和地图中的记载协调一致

（图片来源：汉口の旧日本租界地の建筑について；《汉口案内》）

图 5-49 “松廼家旅馆”建筑侧面和客房室内

（图片来源：《国际视野下的大武汉影像（1838—1938）》；

https://page.auctions.yahoo.co.jp/jp/auction/s806073112）

1938 年该建筑被称为“台银支店长舍宅”，同年武汉沦陷后日本军队在此驻兵，此住宅被分配给携家眷的日本军人居住，称为“日租界军官宿舍”。当时日租界中的房屋多为两至三层砖木结构，红瓦坡屋顶，顶部有气屋或阁楼，清水红砖建筑材料成为主要建筑元素。这栋建筑成为那个时代日租界建筑的典型代表。1944 年 12 月 18 日，汉口原日租界地区被美军飞机轰炸成一片废墟，这栋建筑却有幸保留。新中国成立后此处曾为四野总医院驻地，20 世纪 50 年代后为中国人民解放军某部家属住宅。1993 年该建筑因整体保存完整，被列为“武汉市一级优秀建筑”。如今该公寓因长时间闲置，局部墙体出现斑驳，墙头爬满青苔，流露出经年累月的侵蚀感，以及岁月沧桑感，今后期望政府部门能够及时地挖掘出该建筑的合理价值，促使其焕发新的生机与活力。（图 5-50）

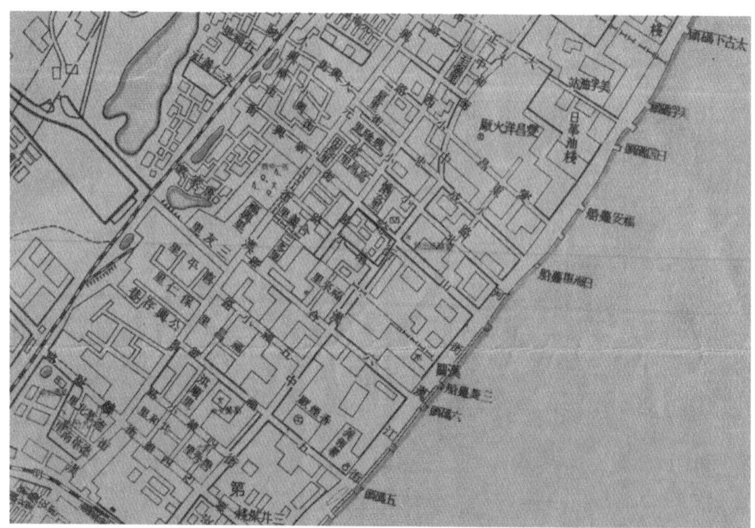

图 5-50　日本军官宿舍位置及建筑老照片

（图片来源：1938 年三镇地图；《国际视野下的大武汉影像（1838—1938）》）

2. 建筑装饰

日本军官宿舍由日本三菱公司投资修建，福井房一设计，大仓土木组施工，是带有欧洲建筑特色的和式建筑。建筑空间整体为两层砖木结构，转角处有三层塔楼，红瓦坡屋面，红砖清水外墙被砖砌壁柱和隅石分割。立面竖向窗间隔墙、入口门斗及勒脚处为水泥砂浆抹面，形成立面装饰线条。院墙侧面入口处有构造柱和铁艺栅栏，保障内部隐私。基层抬高 30 厘米，下设通风孔。一层入口门斗由爱奥尼克柱式装饰点缀，门斗上为半圆形露台；顶部塔楼四面装饰雕花女儿墙，整体效果重视几何体块装饰，属于文艺复兴式建筑装饰元素。公寓门窗均用圆弧形拱券，木质框镶嵌玻璃门窗，做工精细，窗框外有凸出砖柱；内窗为玻璃窗，外加纱窗，设计成两层，连续条窗间设有壁柱，形成强烈的序列感和韵律感。（图 5-51）

图 5-51 日本军官宿舍的外立面、窗户、入口设计

（图片来源：作者自摄）

续图 5-51

对于日本军官宿舍,从改造利用的角度,建筑细节推荐保留原有台阶、门扇、楼梯等构件材质,并定期对木构件进行检测,采取防腐、防白蚁措施。该公寓室内设计综合考虑建筑的历史文化背景,并结合功能要求,供文化、创意、旅游等有利于建筑保护与利用的行业使用。该建筑为研究原日租界建筑功能演变提供有效的实际案例,在修复改造的过程中可参考当时国际上相似的风格模式,了解文化差异和相似点进行设计,不随意添改新元素,确保文化遗产的长期保存和可持续发展。(图 5-52)

图 5-52　上海大都会历史建筑与汉口日本军官宿舍建筑相似;同时期其他国家建筑老照片

(图片来源:《The Architectural Form》)

第六章

汉口原租界公馆（故居）建筑装饰

在古代，公馆在衙宇建筑中，是作为上司巡礼之所。《礼记·杂记上》注中曰："公馆，君之舍也。"[①]即达官显贵的住宅。公馆也被称作宫殿，指官方或富裕家庭的住所。近代公馆由于受到西方建筑风格的影响，成为独栋别墅与庭院的组合形式，除建筑本身外还包括周围外部环境。汉口原五国租界公馆具体区分很细，包括领事官邸、政要公馆、名人故居、独院式别墅等，其建筑建立时间从19世纪初至20世纪中晚期。晚清时期公馆中涉及人物包括：各国领事、西方传教士、外国商人、外籍人员、中国买办等；辛亥革命时期包括：政府官员、文化教育界人士；北洋军阀时期包括：高级军政领导人、外国洋行中方代理、民族资产者；民国时期主要为：国民党高级军官将领；沦陷时期包括：汪伪官员及政要、大资本家等。

汉口公馆建筑主要分为两大类，一是以西式风格为主的公馆建筑，二是结合中式传统庭院的公馆建筑。由于近代汉口历史风云际会，政要商贾云集，英雄豪杰辈出，大批公馆官邸建筑应运而生。虽经历战火摧残和岁月侵蚀，但这些公馆建筑和名人故居却保留下来，并彰显出中西方文化交融特征，特别是建筑装饰元素与原租界各国历史文化有一定关联性。

开展对汉口原租界区公馆装饰设计的深入研究，能够对近代城市历史街区的发展轨迹有更为清晰的认知，历史名人所承载的内在艺术文化精神，在他们的生活空间与故居陈设中也有充分体现。重视这些公馆或名人故居建筑室内外装饰图形的传播与延续，以及对建筑装饰纹样现状进行测量、绘图，是延续建筑文脉底蕴的另一种方式。目前，汉口原租界中保留比较典型的公馆是带院落的独立式别墅，如原法租界涂堃山公馆、原俄租界李凡诺夫公馆等，目前有些公馆已得到保护与修缮，而大多被置换为办公、商业、博物馆或混合用途。然而，对这些公馆居住者历史背景、建筑空间、装饰细节做出风格定位的准确分析并不多见，对其空间中典型西方装饰特点与图形构造判断也未作出合理依据进行深入研究。因此，本章节将对现存原五国租界内的典型公馆和故居建筑深入分析并思考未来汉口历史建筑保护、再利用更为有效的方法和途径。(图6-1)

汉口原五国租界区留存公馆目前用途如下：

1. 私人住宅

近代汉口留存公馆仍然作为私人住宅利用相对较多，由于缺少保护指导和经济支持，保存完好程度不同。目前作为私人住宅使用的公馆有13处，占汉口现存公馆数量的27%，其中原英租界、德租界公馆占将近一半，还有些公馆位于租界后

① 礼记[M]. 王红娟，译注. 长春：吉林大学出版社，2021：159.

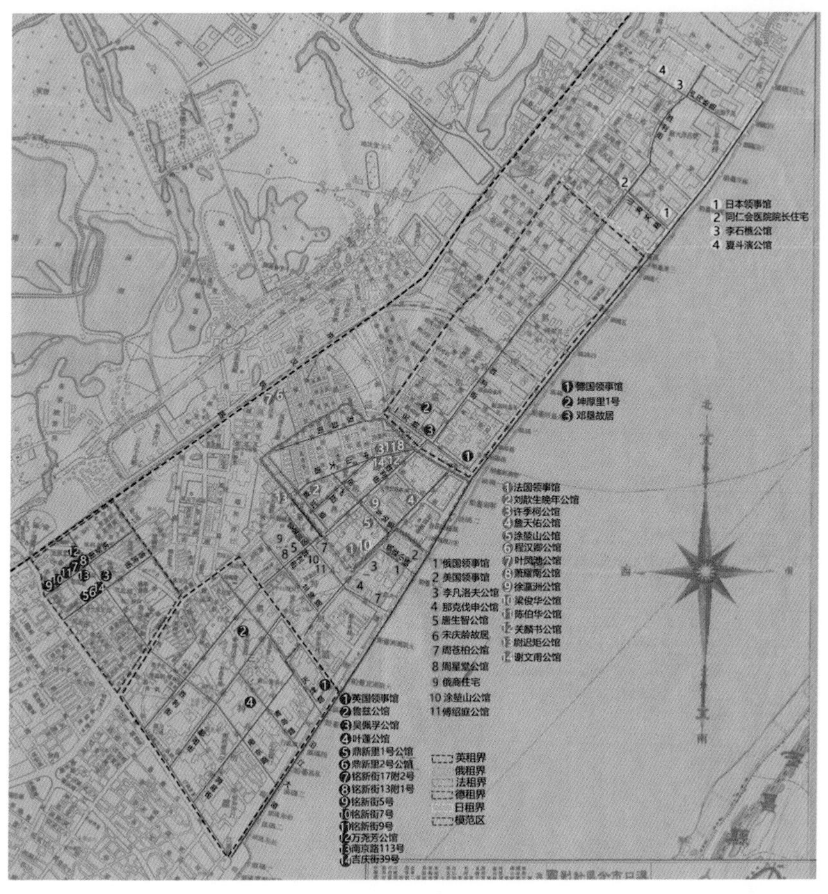

图 6-1　汉口五国租界现存公馆数量及分布

（图片来源：1938 年武汉三镇地图上改绘）

期模范区内。作为私宅使用的公馆分为独户和多户两种类型。一般，独户使用的公馆保存状态较好，更多保存该建筑原始风貌与功能；多户使用的公馆，由于保护级别较低，多家庭居住使用，未能在建筑保护方面引起足够重视，虽然挂有历史建筑铭牌，但建筑毁坏严重。为增加使用面积，常出现乱搭建、扩建及改建现象，极大地掩盖、改变及破坏了原始公馆建筑的风格特色与装饰细节。

2. 办公空间

汉口现存公馆作为办公空间使用的有 12 处，占现存公馆数量的 25%。作为办公空间使用，因其人流量少、公共性强，使用者对建筑的破坏和改动都较小，而更多是对其室内外进行修缮。这种做法保存公馆的建筑特色，一般保存状态较好，但该用途的公馆一般不对外开放，参观者及调研者很难进入建筑内部了解其建筑的真实状态和建筑装饰室内现状。

3. 商业文化

汉口作为商业用途的公馆有16处，占现存公馆数量的33%。其中原法租界、日租界公馆较多。这些公馆大多被出租用于会所、茶馆、咖啡厅、餐厅等，还有一些公馆被政府收回作为纪念馆使用。商业用途的公馆保存完好度参差不一，有些公馆合理地保存其原貌，并注入新的使用功能，而另外一些公馆改造、变动较大，已经失去原有风貌特色。例如位于铭新街19号的万尧芳公馆，公馆在尊重原特色、结构、布局的前提下，曾改造为复合型商业空间，成为网红打卡地，但目前关闭停业。

4. 混合功能

混合使用的公馆数量较少，只有6处，占现存公馆数量的13%。此类公馆多属于政府收公再分配，然后再出租给个人。因为承租者较多，公馆多被分隔为几部分，变为复合型功能公馆，功能主要为居住与商业的结合，也有居住与办公的结合，还有居住、商业与办公三者的混合。如位于原俄租界洞庭街李凡诺夫公馆，功能是以住宅为主，辅助有办公及商业功能。

6.1 原英租界公馆

6.1.1 鲁兹故居(汉口鄱阳街34号)

1. 建筑历史

鲁兹(Logan Herbert Roots)，美国人，中文名吴德施。1870年出生在美国伊利诺伊州，1891年毕业于哈佛大学文学院，1896年毕业于圣公会总会神学院，同年由美国圣公会差会派遣来中国，此后长期在汉口、武昌传教。1896年11月在武昌高家巷圣约瑟堂任教堂牧师。1899年调任汉口圣保罗教堂牧师。1904年11月，任湘鄂皖赣教区主教(1912年教区分割，继续任鄂湘教区主教)。辛亥革命前，他支持创办书报阅览室日知会，并出面营救日知会成员。1913 年被选为中国基督教续办委员会委办长。1922 年后兼任中华基督教协进会执行干事。1926—1931 年兼任中华圣公会主教院主席。1931 年长江、汉水流域洪水成灾，他出任全国水灾救济会湖北分会执行委员，积极联合处理赈灾事务。1938 吴德施退休后回纽约定居。

“鲁兹故居”是吴德施在汉口任圣公会鄂湘教区主教期间携全家居住的地方。该建筑 1913 年建成，建筑原有前部是美国圣公会圣保罗教堂，后部是鲁兹住宅。1944 年 12 月 18 日，美国空军轰炸武汉，汉口圣保罗教堂被炸毁。1951 年圣公会教友集资，在圣保罗教堂原址废墟上重建教堂，但规模远不及旧堂。修建长江隧道时，新圣保罗堂也被拆除，而鲁兹故居幸免继续保留在原址。鲁兹故居近年曾进行过修缮，建筑现状保存完好，已被列为湖北省文物保护单位，现为江岸区博物馆。（图 6-2）

图 6-2　鲁兹故居建筑外观

（图片来源：作者自摄）

2. 建筑装饰

鲁兹故居位于原英租界，坐东南朝西北，二层砖混结构。建筑屋顶四坡，屋顶有老虎窗和壁炉烟囱构造，盖红色机制瓦，建筑装饰设计体现出维多利亚时期的特点。建筑外墙底部墙基由红砂岩砌筑，深灰色清水砖墙垒砌，汉口本地生产的红砖、青砖上下两层间隔砌筑，间隙进行几何图案装饰与外窗楣、窗檐装饰点缀。整体立面设计独具特色，是汉口目前保留较为完整、具有代表性的砖砌筑建筑装饰案例。这种质朴、简约的设计作为近代汉口城市建筑中的审美特征，简朴庄重，在当下看来也是一类既环保又美观的建筑立面设计。

鲁兹故居门窗造型结构富有特色，正立面一侧一层设连续拱券外廊，二楼一侧有拱券门窗，外框是砖拱券，中间有锁心石，凸出窗体形态，造型优雅。室内大门顶部也有拱券，整体用木质材料装饰，刷有红漆，比例协调。窗户采用同样的材质，窗棂和窗扇构架由木材搭建，分成拱窗、矩形窗两种形式，木材的红色和墙壁上红砖搭配协调，并且突出窗台底部装饰细节，整体体现细腻的施工工艺和造型特点。地下室通风口、排水口等建筑细节设计也独具匠心，采用有植物纹样的铸铁装饰，中心花瓶图案与周围卷草图案巧妙结合，体现出西方古典风格样式。（图6-3）

图 6-3　鲁兹故居门窗建筑细部装饰

（图片来源：作者自摄）

6.1.2 叶蓬公馆

1. 建筑历史

叶蓬，幼年就读于黄坡望鲁高等小学，后入保定陆军军官学校第六期学习。曾任民国陆军师长、湖北省长、参谋总长、陆军部长。叶蓬在汉期间于汉口青岛路、车站路、怡和村、岳飞街等地都购置房产，目前遗存的青岛路房产属于其公寓所在地。“1932 年以后建成，为二层砖结构花园式住宅”。[①] 建筑坐西南朝东北，西北面毗邻青岛路，四层砖混结构，清水红砖外墙。底层设方形砖柱半圆拱形券廊，二、三、四层设外廊，入口处为凸出门楼，门楼顶部为二层宽大的阳台。楼板和柱头等为白色粉饰，独具特色。2012 年，叶蓬公馆被列为武汉市一级优秀历史建筑。

2. 建筑装饰

叶蓬公馆建筑平面呈“L”形，整体建筑为 Art Deco 现代风格，建筑外立面材料采用清水红砖，墙面大块弧形砖拱形成连续立面构造。建筑每层均带有走廊，一层为方柱支撑，楔状拱顶装饰，具有古典主义建筑风格。一层走廊有石阶与院落相通，走廊尽头有楼梯间直通建筑上部楼层。二层阳台尺度较大，婉转延伸到建筑内部其他空间，给人流动空间视觉感受。二层长廊设有铁花围栏装饰，其纹样采用新艺术风格抽象化的简单元素，栏杆之间水泥柱墩，顶端装饰白色水泥柱头；三层楼板向内收，避免了建筑立面的单调，具有韵律感。外廊栏杆同样采用新艺术风格纹样的铸铁栏杆，与二层相协调。四层总体形制和三层保持一致，屋顶为平顶。（图 6-4）

叶蓬公馆曾为武汉市房地局办公楼，现已经改造为华发公司办公楼。从保护建筑的角度，将公馆置换为办公空间，是一种比较灵活且可以较为完整地保护历史建筑的方式。叶蓬公馆建筑空间未改变，保留其二层外凸露台设计，相对于封闭的早期公馆设计，这一空间较为开敞和舒适，符合现代办公空间需求。公馆在作为办公空间使用的过程中更容易发现需要修缮的地方，既能更好地维护历史建筑本身，从可持续发展的角度看，也能够活化历史建筑。希望在未来的修复过程中，可通过更加完善的设计来达到改善历史建筑现状的目的，如通过墙面设计展

---

① 《汉口租界志》编撰委员会. 汉口租界志[M]. 武汉：武汉出版社，2003:204.

图 6-4　叶蓬公馆建筑平面及外观简约装饰，细节装饰为铁艺图案

（图片来源：作者自摄）

示该建筑的砖砌图样，加入关于该建筑各历史时期变化特点老照片，完善入口门厅、花园景观的设计等，更好地发现和展示历史建筑特有的风貌。

6.1.3　吴佩孚公馆

1. 建筑历史

吴佩孚，1874 年出生在山东省蓬莱县（现蓬莱市），祖籍江苏常州。作为北洋系军人，吴佩孚是民国时期著名军事家、政治家。1920 年，吴佩孚在直皖战争中击败了皖系，引起了国际上的关注。1924 年 9 月 8 日，吴佩孚成为美国《时代》杂志封面人物，也是第一个登上该杂志的中国人。《时代》杂志刊发的文章中称“他是中国最有能力的军事专家，”强调吴佩孚是“中国的风云人物”，在其照片下还有两行解说文字：“GENERAL WU”“Biggest man in China”。1925 年吴佩孚在汉称十四省联军总司令，1926 年占据湖北，成为本地区最有势力的军阀。1939 年 12 月 4 日吴佩孚病逝于北京东城区魏家胡同吴公馆。（图 6-5）

图 6-5　《时代》杂志 1924 年 9 月 8 日刊的封面；1926 年 6 月 28 日张作霖、吴佩孚在北京会晤，联合组建北京政府

（图片来源：《时代》杂志；www. alamy. com）

吴佩孚公馆位于汉口南京路 122～124 号，是吴佩孚在武汉的住所之一。建筑于 1925 年建成，1926 年后作为教会用房使用，1949 年公馆成为红军第四方面军的住宅，此后一直作为私人住宅。2006 年，吴佩孚公馆被列为武汉市一级优秀历史建筑。近几年吴佩孚公馆又改为民宿，内设餐厅、茶馆等，沿用至今。目前吴家花园作为汉口高端民宿，面向社会开放，室内保留建筑空间原貌，并将原有的房间改造成多个不同风格的民宿房间，还用中国诗词来命名，如樱花落、海棠夜、倾城恋等。家具方面多选用民国时期流行欧式风格的家具，建筑室内设计虽然已有“新颜”，依然能从细节间窥见往昔的“旧貌”。（图 6-6）

图 6-6　吴佩孚公馆建筑群现状

（图片来源：作者自摄）

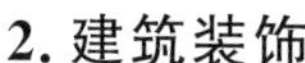

2. 建筑装饰

汉口吴家花园由门楼、主楼和附楼三栋建筑及院落组成，整体沿中轴线对称布局。主楼为三层砖混结构，平面中轴对称，内部设有回廊式天井。建筑二层部分为平屋顶，三层部分为红瓦歇山屋顶，坡屋顶正中设西式老虎窗。主入口处内凹形成门廊，麻石基座，通高组合柱式，木制隔扇门饰有彩色玻璃。门廊上方为二楼的外廊式阳台，宝瓶栏杆装饰。（图 6-7）

图 6-7　吴家花园入口柱式及屋顶庭院

（图片来源：作者自摄）

吴佩孚公馆主入口两侧为对称的多边形凸窗，水泥砂浆仿石粉刷外立面，设有腰线、檐口和屋面宝瓶栏杆装饰，屋顶上方各设一个六角攒尖凉亭，形态轻盈。基座、柱式和屋面凉亭组成了建筑正立面的三段式布局，整体造型简约而又丰富。临街院落墙体宽厚，可登上二层平台，目前作为咖啡厅休闲区，可容数人并排行走，顶部有屋顶花园，砌女儿墙。建筑顶层现已改为了开放的屋顶花园，供游客休憩赏景。室内虽然已经置换成商业功能，但是整体空间形制依然保留了历史风貌。

吴佩孚公馆中式天井与西式露台、庭院结合。外部建筑风格偏欧式古典折中主义，内部的天井体现中国传统建筑结构，呈矩形院落式布局，中庭采用"四水归堂"式天井传统空间设计，既可以采光，空间格局上又起到了建筑和室外空间之间过渡缓冲的作用。庭院中的家具、小品和雕塑等多呈现出欧式风格韵味。（图 6-8、图 6-9）

图 6-8　吴家花园内庭院装饰与陈设

（图片来源：作者自摄）

图 6-9 吴家花园建筑外立面细节

（图片来源：作者自摄）

吴家花园现已改造为民宿，室内外空间层次分明，具有民国时期的装饰特色。一层有接待的公共空间，采用的家具多为欧式风格，摆钟、壁灯、壁炉等室内陈设精致，造型复古，具有西方古典主义风格。充分展现出民国时期的审美取向。室内现有的墙体等基础设施进行过修缮和重新粉刷，保留建筑原有空间划分，作为民宿的用房，风格上采用简洁现代风格，同时加入欧式家具和陈设等作为点缀，体现民国室内风格。家具方面多选用欧式成套的家具，每一间房间里都根据不同配色和空间布局搭配有复古设计，符合民国装饰特色。（图 6-10）

图 6-10 吴家花园二层开放的露台设计，吴家花园栏杆、柱础、壁炉、沙发、衣柜、壁灯装饰

（图片来源：作者自摄）

续图 6-10

6.2 原俄租界公馆

6.2.1 李凡诺夫公馆(汉口洞庭街 60 号)

1. 建筑历史

自 1861 年汉口开埠以来，俄商在沿长江的俄国租界地选址建造砖茶厂、打包厂、货栈，其中两座最重要的工业厂房是新泰砖茶厂和顺丰砖茶厂。李凡诺夫(Maxim Litvinov S. W. Livinoff)是汉口顺丰砖茶厂厂主,1863 年他在原英租界江滩边购买一块地皮,建立汉口顺丰砖茶厂。1917 年十月革命爆发,受苏俄国内形势影响,顺丰砖茶厂关闭,1919 年举家迁往美国。1919 年至 1939 年,该公馆被军阀接管,用于居住。1993 年李凡诺夫公馆被武汉市人民政府列为优秀历史建筑,作为俄国茶商在汉留存居所,是中俄万里茶道在汉口发展、兴衰历史以及近代俄商在汉口经济活动的见证,具有丰厚的历史价值。1994 年该建筑部分空间改造为别克·乔治酒吧,用于商业,其内部陈设及装饰设计与这栋历史建筑原有的俄式风格融合,风格十分协调。2007 年,公馆右侧一至三层被著名画家冷军遵照原有设计风格与布局改造为画室和展厅,并在这栋老房子创作出许多画作。(图 6-11)

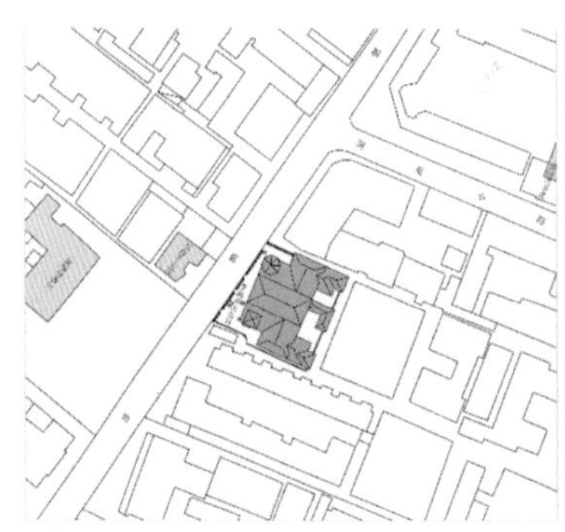

图 6-11　李凡诺夫公馆所在区域及 1914 年公馆建筑历史照片

(图片来源:作者自绘;http://www.greattearoute.com/index.php/index/index/newsdetail? Id=1)

2. 建筑装饰

李凡诺夫公馆西面为洞庭街,法国领事馆旧址与其隔街相对,北面为洞庭小路,东面和南面目前均为居民住宅,坐东北朝西南,三层砖木结构。建筑外墙清水红砖砌筑,屋顶高低错落,建筑底层设有尺度较大的砖石拱券,三层局部设有八角红瓦攒尖顶小塔楼,具有标志性特色。这幢别墅前后院花园与植被较为丰富,建筑整体造型高低错落,树木与地道的俄式尖顶搭配玲珑有致。建筑学上称这类建筑风格为斯拉夫建筑,即“帐篷顶”。灵感起源于俄罗斯民族早期的游牧生活,后与西亚土耳其拜占庭式建筑模式相结合,形成洋葱头穹庐顶和帐篷尖顶混合交融。(图 6-12)

李凡诺夫公馆为顺应汉口冬天寒冷、夏天炎热的内陆季风气候,平面设计成“凹”字形。主体建筑二层、三层均设计有阳台,原有上下两层的外廊式结构,通透

图 6-12　李凡诺夫建筑外立面及具有标志性的尖顶塔楼

（图片来源：作者自摄）

性非常强。这种虚实相间的设计使这幢面积较大的建筑产生内外交融特色，在建筑装饰上突出建筑本身的结构美，有红砖、红瓦、石柱栏杆。室内环境产生一种自然的微气候效应，它既是一种建筑美学体现，更适应了汉口炎热的夏季气候。

李凡诺夫公馆立面装饰层次分明，比例协调。位于公馆西南侧的主入口保留着年代久远古朴厚重的大门和镂空院墙，门斗设计给入口空间带来较为舒适的空间尺度，红砖砌成的半圆拱顶比例协调，使得别墅门廊造型特别，充分突显入口特色。外窗有方形、圆形，窗户的上部和门廊一样为半圆拱顶，体现西方流行的外廊拱券特色。二楼左右两侧各自挑出一个小半圆形阳台，两扇对开红色木质百叶门和建筑外立面红砖砌筑相呼应，加上铁艺卷草栏杆装饰，突显植物形态，其自然变换给人一种柔美的视觉效果。（图 6-13）

图 6-13　李凡诺夫公馆入口、半圆形拱门、砖砌拱券窗户及半圆形铁艺阳台设计

（图片来源：作者自摄）

李凡诺夫公馆作为汉口俄租界的重要遗存建筑，其内部装饰和细节设计也具有较高研究价值。从建筑门窗、立柱到楼梯、台阶、内饰均有特色装饰。加之这栋建筑有着深厚历史文化背景，从历史建筑保护的角度，如何深入挖掘这些珍贵的装饰构造并对其进行有效合理的修缮，能够及时、恰当解决建筑中已经存在的老旧及残损问题，并从建筑可持续发展角度进行长期有效的保护，这些都是需要思考的问题。如能够将室内壁炉、墙裙、吊顶装饰完整保留与协调运用等。（表 6-1、图 6-14、图 6-15、图 6-16、图 6-17）

表 6-1　李凡诺夫公馆室内外建筑装饰现状

编号	部位	现状残损记录	残损原因
1	建筑平面	建筑平面格局有所改变，一层靠内侧的立柱已被封入室内，正立面中段二、三层阳台被封闭为室内房间，西南立面二层加建为房间。室内空间被重新分割	后期使用者的改建、加建
2	屋顶	屋顶局部漏雨处较多，西南面加建现象严重，部分瓦件破损	年久失修，后期使用者加建频繁
3	墙体	承重墙基本完整，未出现严重的结构裂缝，部分墙体脏污、脱落，红砖酥碱	年久失修
4	地板	局部出现糟朽、面层油漆脱落	蚁害严重
5	门窗	室内木门保存状况良好，局部有脱漆现象，部分门窗仍沿用原五金件。室外拱门保存状况良好	年久失修，人为破坏
6	楼梯	室内楼梯基本保存完好，但原油漆颜色已发生改变，局部油漆轻微脱落	年久失修
7	细部装饰	二层部分房间现存原始天花线脚装饰和壁炉，外立面混凝土立柱、砖石拱券、铁艺栏杆保存良好，部分出现脱落，掉漆现象严重	年久失修
8	室内陈设	多数房间已改变原有陈设	使用者更换
9	设备设施	落水管、空调挂机等设备影响外立面效果	使用者加建

续表

编号	部位	现状残损记录	残损原因
10	庭院	前院植物丰富，景观良好，后院地面排水不畅	年久失修
11	地下一层	白蚁现象严重，面临严重安全隐患	年久失修

图 6-14　李凡诺夫公馆预想设计图

（图片来源：方雪丽绘制）

图 6-15　俄式建筑中经常使用的立式炉具

（图片来源：《密勒氏评论报》）

图 6-16　李凡诺夫公馆原貌还原建模

（图片来源：方雪丽绘制）

图 6-17　李凡诺夫公馆中各类门、窗、楼梯、柱子等装饰构件

（图片来源：方雪丽绘制）

6.2.2 唐生智公馆

1. 建筑历史

唐生智，国民党高级将领，湖南东安人，参加辛亥革命等战争。1924 年任湖南省主席，后参加北伐，任第八军军长。1927 年任国民革命军总指挥，1929 年任南京国民政府军事参议院院长，第五路军总指挥，1935 年被任命为陆军上将，1949 年参加湖南和平起义，历任人大、政协等高职。唐生智公馆位于汉口胜利街 183 号，建于 1903 年，原屋主为俄国人。1926 年冬至 1927 年冬唐生智曾在此居住，因而被称为唐生智公馆。（图 6-18）

图 6-18 唐生智公馆建筑立面设计

（图片来源：作者自摄）

2. 建筑装饰

唐生智公馆位于黎黄陂路与胜利路交叉口，建筑为三层砖混结构，新古典主义建筑风格。公馆主楼共有三层，一层设有高台阶，平面呈长方形，横纵均为三段式构图。建筑上部有厚重的檐口结构，两侧楼顶上建有圆形穹顶塔楼，嵌入长条形木窗装饰。建筑底部为入口，中部四开间，三层中部的二开间为半圆形内阳台。建筑外墙古典主义风格装饰极具特色，双塔底层有四根粗壮的罗马立柱，檐线、腰线和凸出雕花明显。（图 6-19）

主楼共有三层，没有地下室。一层设有高台阶，庭院通过门廊通往室内。主门通往宽敞的客厅，整个楼体分为左、中、右三个部分。中部是宽敞的主活动区，这个开放空间曾是私人宴会和舞会的理想场所。左右两侧的正方体立面是楼梯通道，大厅两侧的二楼和三楼则包括客卧和主卧等私人空间。（图 6-20）

图 6-19　唐生智公馆建筑阳台栏杆及地面装饰
（图片来源：作者自摄）

图 6-20　唐生智公馆建筑装饰设计
（图片来源：作者自摄）

1993 年，唐生智公馆被列为武汉市二级优秀历史建筑。2002 年 4 月至 2003 年 3 月由当时的使用单位武汉凯威啤酒屋股份有限公司出资，对建筑进行修缮，现为中共中央机关旧址纪念馆组成部分。目前，唐生智公馆已经置换其空间功能，改造为小型博物馆。唐生智公馆建筑本身就具有极其重要的历史价值，也具有很强的时代性。改造为博物馆的公馆建筑以展示、研究和收藏近代珍贵物品及历史信息为主，其功能更在于体现城市发展内涵这一主题。唐生智公馆里居住过很多历史名人，该馆作为陈列馆使用，不仅可以保护公馆建筑风貌，保持其建筑活力，而且还能为公馆的修缮提供一定的资金。博物馆既是社会公众汇聚场所和十分重要的社会教育资源，也是城市建筑文化的延续，它能实现公众与展品的互动，以公众和藏品并重的方式让公馆再现其当下活力。（图 6-21）

图 6-21　唐生智公馆室内展示空间及特殊展品

（图片来源：作者自摄）

6.2.3 宋庆龄故居

1. 建筑历史

宋庆龄，祖籍海南省文昌市，1893 年 1 月 27 日出生于上海。1907 年宋庆龄赴美国留学，考入位于佐治亚州的卫斯理安学院(The Wesleyan College)，1913 年 6 月毕业，并获得文学系学士学位。[①] 1914 年宋庆龄归国，青年时代的她追随孙中山，辗转多地，献身革命。1949 年 9 月，宋庆龄任中华人民共和国中央人民政府副主席，1959 年和 1965 年继续被选为中华人民共和国副主席，1981 年 5 月加入中国共产党，同月 29 日因病在北京寓所逝世。(图 6-22)

图 6-22 上海宋庆龄故居，以及宋庆龄在院内参与的活动合影
(图片来源：《故居探秘——宋庆龄故居游戏书》)

宋庆龄汉口旧居纪念馆是华俄道胜银行汉口分行旧址，位于武汉市江岸区沿江大道 162 号，始建于 1896 年。1926 年华俄道胜银行宣布全面停业，年底，国民政府迁都武汉，此楼成为武汉国民政府的财政部办公地。1927 年，宋庆龄和国民政府先遣人员到达武汉，随即住进了这幢小楼，并在此生活、工作了 8 个月，直至 7 月 17 日因时局动乱而被迫离开汉口。新中国成立后该建筑成为胜利文工团驻地；2002 年 11 月，汉口华俄道胜银行原址被列为湖北省文物保护单位；2008 年 2 月被选为武汉市爱国主义教育基地；2011 年建立了“宋庆龄汉口旧居纪念馆”；2019 年 10 月被列入第六批全国重点文物保护单位汉口近代建筑群。(图 6-23)

---

① Barbara A. Brannon：History of the College：The Soong Sisters. Wesleyan College. 2013-05-01。

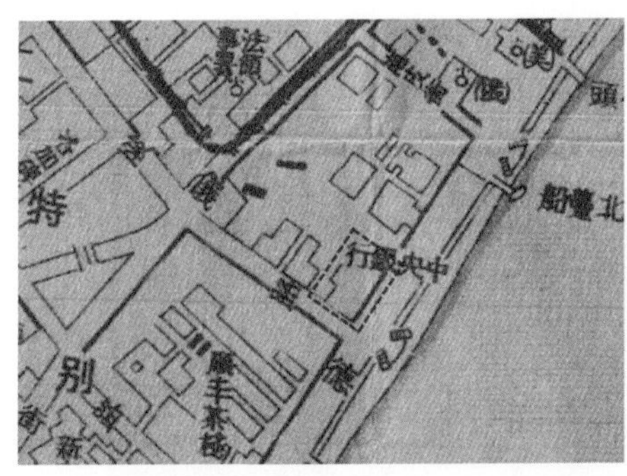

图 6-23 宋庆龄故居区位及历史照片

（图片来源：1938 年武汉三镇地图上改绘；《那个年代的武汉 晚清民国明信片集萃》；汇丰银行网站）

2. 建筑装饰

宋庆龄故居因为原是华俄道胜银行汉口分行建筑，整体建筑风格比起普通民居更类似于银行建筑风格，是一幢造型细腻的四层砖混结构古典风格建筑。建筑正立面呈三段式构图，为外廊式结构，每层拱券和窗户设计均有变化，层级装饰细腻，图案丰富。一层门廊设有连续的拱券，正门门口的立柱装饰有新艺术运动风格的浮雕装饰，这种风格的装饰将植物花卉等自然元素进行组织，在抽象化之后用作装饰图案。二楼走廊采用铸铁栏杆，回廊雕花铸铁栏杆保存良好，植物装饰

图案同样是新艺术运动风格;三楼封闭为带床的室内空间,开矩形窗,形式和二楼总体保持一致。(图 6-24)

图 6-24　宋庆龄故居建筑阳台栏杆立面装饰细节

(图片来源:作者自摄)

博物馆分为两部分,分别是:宋庆龄旧居陈列室与珍品艺术展示馆,展厅面积共 900 平方米。一层为主要展板和文字介绍;二层为宋庆龄旧居陈列室,以复原为主,建筑室内装饰陈设讲究。恢复了宋庆龄会客厅及卧室的情景空间,陈列着当时宋庆龄使用过的藤床、书桌、梳妆台、太师椅等珍贵家具。(图 6-25)

图 6-25　宋庆龄故居室内装饰与陈设

(图片来源:作者自摄)

续图 6-25

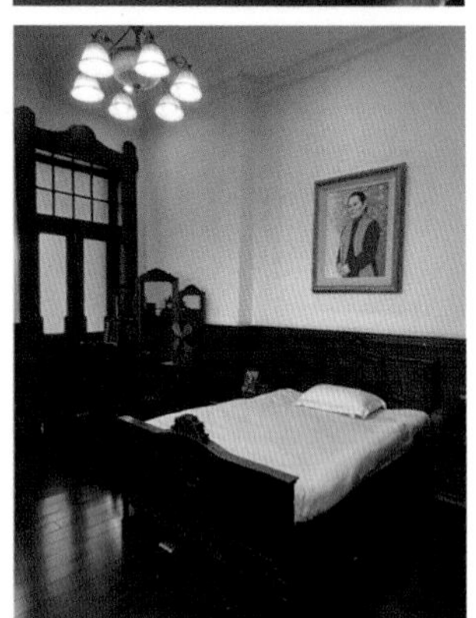

续图 6-25

6.2.4 周苍柏公馆

周苍柏，湖北武昌人，曾任汉口上海商业储蓄银行行长，中国现代著名银行家、实业家、爱国民主人士。1917 年毕业于美国纽约大学经济系。“从 1929 年起，周苍柏开始在东湖边购置荒地，土地面积渐渐扩大为东湖西岸的一大片土地，南至南山、老鼠尾，北至今长天楼，东濒湖边，西临今东湖路，面积约 400 亩。1930 年，周苍柏在风景优美的东湖之滨创设了‘海光农圃’，刻在东湖边的一个牌坊上”[①]。1949 年武汉解放后，时任省政协副主席的他主动将周氏家族培植和修整了数十年的私家园林“海光农圃”捐赠给新中国的人民政府，更名为“东湖公园”，

① 涂文学. 东湖史话[M]. 武汉：武汉出版社，2021：171.

即今天东湖风景区的前身，因此他被誉为“东湖之父”。今天的“海光农圃”依旧是武汉市民休闲出游、乘凉避暑的好去处。（图 6-26）

图 6-26 “海光农圃”历史照片及现状

（图片来源：http://www.cnhubei.com/）

1. 建筑历史

周苍柏公馆 1920 年建成，是 1920 年上海商业储蓄银行汉口分行给行长和副行长建立的在汉住所，共两栋，即现在的黄陂村 6 号和 7 号。建筑是两层砖混结构，由汉昌济营造厂施工。1926 年升任行长的周苍柏买下隔壁小楼。他和夫人住 7 号，孩子们住 6 号，如今 6、7 号建筑均已成为危房，正在加固和修复，希望能够在不久的将来看到这两栋建筑恢复原貌，其室内楼梯、推拉门、建筑外立面均具有典型的装饰特色。（图 6-27）

2. 建筑装饰

周苍柏公馆平面为不规则布局，形式活泼，主入口偏左侧，与院门正对，形成透景效果。建筑本体立面以灰色清水砖为主，做肌理效果，一层凸出部位墙面为腻子灰，房屋外墙基本保持原貌。屋顶为红瓦坡屋顶，并随平面布局变化而形态丰富，错落有序。（图 6-28、图 6-29）

图 6-27　周苍柏故居现状

（图片来源：作者自摄）

图 6-28　周苍柏公馆外立面及屋面瓦的形态

（图片来源：作者自摄）

图 6-29　周苍柏公馆外窗设计

（图片来源：作者自摄）

雨篷、窗棚、阳台及点缀性装饰细部极具特色。门上有圆拱形雨棚，上雕精致花饰，木构雨棚后期经过多次重新刷漆，但结构形式依旧未变，保持原有的形态。窗户为矩形双层木窗，由木制窗套、水泥砂浆窗台及窗各部分构成。室内为实木地板，有梭门隔断，空间整体简洁、实用。（图 6-30、图 6-31）

图 6-30　周苍柏公馆外窗、楼梯、室内门等装饰细节

（图片来源：作者自摄）

续图 6-30

续图 6-30

图 6-31　20 世纪美国独栋小别墅，类似周苍柏故居建筑形态

（图片来源：《Architectural Review》）

6.3 原法租界公馆

6.3.1 詹天佑故居

1. 建筑历史

詹天佑，生于广东省南海县(现广州市荔湾区)，晚清民国铁路专家，史称中国

铁路第一人。詹天佑 1878 年考入耶鲁大学土木工程系，专修铁路工程，1881 年毕业获得学士学位，1888 年进入中国铁路公司，此后将毕生精力献给中国铁路事业。清朝末年，詹天佑与武汉结缘，“为筹建粤汉、川汉铁路，在汉口成立了办事机构，著名工程师詹天佑于 1909 年出任川汉铁路总工程师兼会办，又任商办粤汉铁路总理兼总工程师。”[①]后詹天佑应孙中山之邀，于 1914 年来到武汉，最后于 1919 年在汉口病故。

詹天佑故居建于 1912 年，位于武汉市汉口洞庭街 65 号(原俄哈街 9 号)，是詹天佑在武汉担任汉粤川铁路督办总公所会办时购地并亲自设计建造的。1913 年，詹天佑全家搬至汉口居住。此后直至 1919 年因病去世，詹天佑及其家人都居住于此。1919 年至 1949 年，该公馆先后作为战时急救中心、比利时人住宅、湖北省五金矿产进出口公司职工宿舍使用。1992 年，武汉市人民政府迁出公馆内的居民，对建筑进行修缮与恢复，并筹办詹天佑故居陈列室。1993 年 4 月 26 日，詹天佑故居陈列室对外开放。1995 年，詹天佑故居被列为武汉市青少年爱国主义教育基地。2001 年，詹天佑故居被公布为全国重点文物保护单位，并在故居内设文物管理办公室，成为武汉市第一家科技名人纪念馆。(图 6-32)

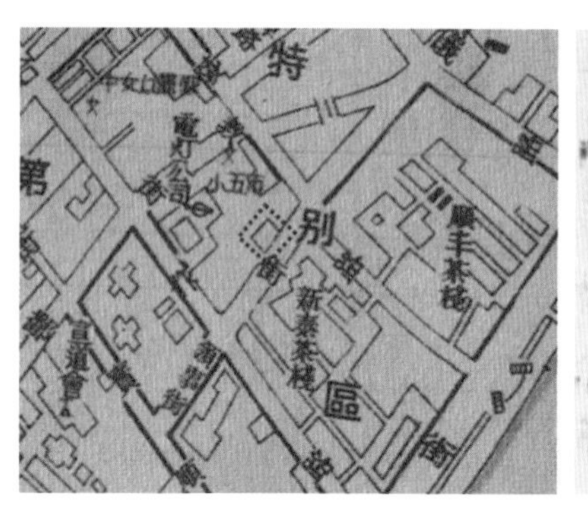

图 6-32　詹天佑故居区位及历史照片

(图片来源：作者在 1938 年武汉三镇地图上改绘)

2. 建筑装饰

詹天佑故居由门房、主楼和附楼组成，平面布局为前庭后院式，是典型的外廊式风格。故居坐西北朝东南，面临洞庭街，背靠鄱阳街小学。建筑坡瓦阔檐，为砖混结构，整体形态为正四方体，四平八稳，端方平实，朴素大方。既有西式的结构

① 《汉口租界志》编纂委员会. 汉口租界志[M]. 武汉：武汉出版社，2003：455.

和气质，也具备中国建筑的精神和气韵，讲究居屋的朝向，建筑构架平行、对称、方正。拱券外廊式建筑立面与门厅入口相接。双层拱券使立面丰富而协调，厚实的红色西式瓦顶，瓦脊耸起宽而不高，顶上设有老虎窗。大门朝街，庭后有院，是一个典型的闹中取静的独立式庭院住宅。（图 6-33）

图 6-33　詹天佑故居建筑现状照片

（图片来源：作者自摄）

楼房正面设拱券大门，是 19 世纪末和 20 世纪初流行于欧洲、美洲的一种极为普遍的建筑样式。建筑朝街，正面上下两层都建有外廊式阳台。其铁艺栏杆较有特色，中间以方形砖柱相隔。外窗与楼下门廊安装对开半圆拱券型玻璃窗，木质窗框镶嵌彩色玻璃，造型如同中国格栅窗形式。（图 6-34）

屋子正面有里外两层大门，外边一层为砖砌的白色半圆拱顶门框，进去是一小四方门厅，由门厅进入大门，大门正中是走廊及楼梯空间，两边为室内用房。走廊左边第一个间原是客厅，现作为陈列室。室内天花板吊顶依然保存良好，石膏

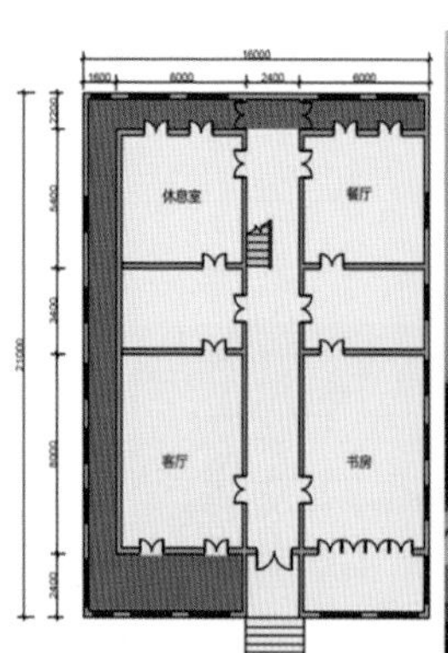

图 6-34　詹天佑故居平面图及模型、外窗

（图片来源：作者自摄）

装饰线条层叠垒集，典雅适中。客厅另开门进入餐厅，顶部设置砖砌的白色半圆拱顶门框，内层设置深黑褐色木质门框及半圆拱顶。楼梯空间由詹天佑亲自设计，楼梯、门框和墙裙均使用当时民国流行的深褐色，扶手样式简洁，墙上设有落地玻璃长窗，光线透过玻璃照亮楼梯间，提供了良好的采光。室内全铺宽条木地板，目前刷成深枣红色。二楼房间两边分开，右边的房间是詹天佑夫妇的卧室，卧室朝西，一面开设玻璃门，门外是外廊式阳台。如今这里为陈列室，内部收纳着民国家具。从走廊尽头上楼，楼梯转角处有窗户采光和通风，楼梯旁边通往后院，但花园今已不复存在。（图 6-35、图 6-36）

图 6-35　詹天佑故居门窗、楼梯、壁炉装饰

（图片来源：作者自摄）

续图 6-35

图 6-36　詹天佑故居室内家具及陈设设计

（图片来源：作者自摄）

续图 6-36

6.3.2 萧耀南公馆

1. 建筑历史

萧耀南,湖北黄冈孔埠萧家大湾人。晚清秀才出身,高等军校毕业。1921 年任湖北督军,1923 年任两湖巡阅使,1924 年至 1925 年任湖北省省长。在其督鄂期间，推动了湖北水利工程的兴建并在水利资料编撰等方面作出了重要贡献。萧耀南公馆于 1925 年由罗万顺营造厂施工建造。此后，该建筑在 1949 年至 1973 年间作为武汉市居民住宅；1973 年至 1993 年作为汉口车站街办事处。1993 年萧耀南公馆被评为武汉市二级优秀历史建筑。萧耀南公馆位于汉口中山大道 911 号，北面为昌年里，南面为中山大道，东面为居民住宅及门店，建筑为独院式别墅，坐北朝南，为两层砖混结构，1993 年因办公需要加建三层和四层，后于 2009 年、2014 年经历过两次修缮，是汉口原法租界重要的公馆建筑。

2. 建筑装饰

萧耀南公馆为法式建筑，沿街而建，属于晚期古典主义风格。建筑平面布局为四边形，红瓦四坡顶，高低起伏、错落有致；外墙有假麻石拱券门窗，顶层檐口厚重。立面呈三段式构图，样式精美；正面设两层券廊，左右两侧耳房凸出，均为八角形立面转角。建筑底层为砂岩勒脚，正中设拱形入口大门，部分拱形门窗改为黑色长条形铝合金门窗，一二层间有白色线条装饰。二层为红色木质拱窗，多边形转角凸窗有白色锁石、几何纹样装饰，现存原檐口砖砌椽头，上托混凝土现浇天沟，原有外拱廊现已封为室内房间。三层为红色木质拱窗，多边形转角凸窗上设阳台和白色宝瓶栏杆。四层为方形铝合金门窗，整体呈退台式，外设白色宝瓶栏杆，四层均为长条形铝合金门窗。（图 6-37）

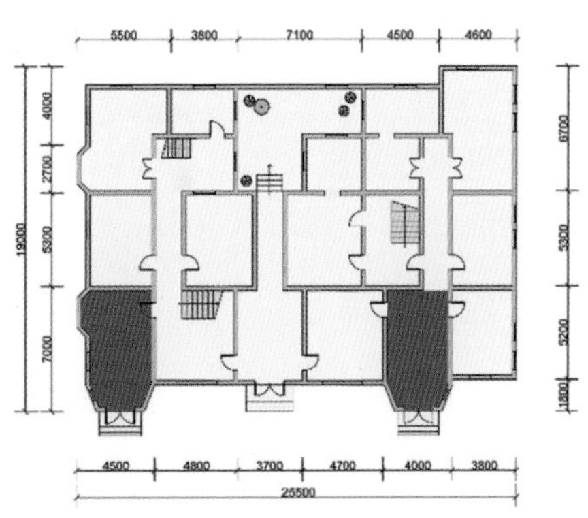

图 6-37　肖耀南公馆现状照片及平面图

（图片来源：作者自摄）

续图 6-37

6.3.3 涂堃山公馆

1. 建筑历史

涂堃山，武汉人，早期为英属亚细亚石油公司销售总代理，即“买办”，后期经营实业，1948 年携家人前往美国。公馆建于 1917 年，涂堃山在汉期间居住于此。1949 年，涂堃山举家迁往美国后房屋交由部队代管，后有若干家公司租用，至 2011 年维修改造成了如今的中粮君顶会所，现为武汉市远航贸易公司会所。1993 年，涂堃山公馆被列为武汉市二级优秀历史建筑。（图 6-38）

2. 建筑装饰

涂堃山公馆位于江岸区车站路 10 号，建筑为三层砖木结构，其中地上两层，地下一层，一层和二层的门廊均完全开放，并设计有阁楼，为西班牙式建筑风格。“古典主义流行于西方 18 世纪建筑界。当时的西方资产阶级还处在上升时期，他们厌恶封建贵族建筑装饰的矫揉造作，而向往古罗马时期的风采，于是古典主义在建筑界风行一时。”[①]涂堃山公馆就具有折中主义古典简洁的特征。建筑房型规

① 皮明庥，邹进文. 武汉通史 · 晚清卷（上卷）[M]. 武汉：武汉出版社，2006：128.

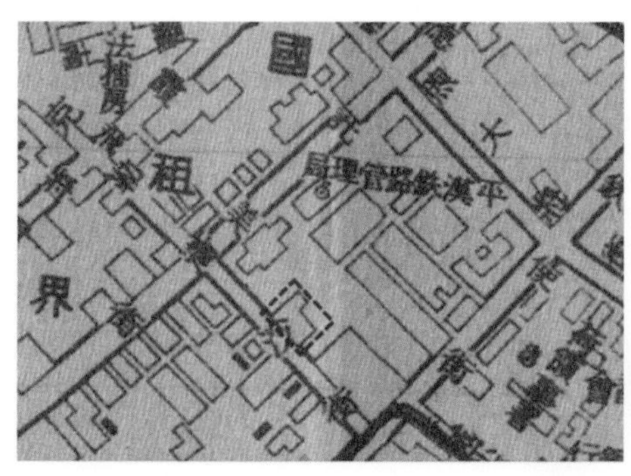

图 6-38　涂堃山公馆历史照片及区位

（图片来源：1938 年武汉三镇地图截图；老照片为邓伟明老师提供）

矩方正，平面呈矩形，红色坡屋顶。西南面为庭院。建筑正立面居中设计西班牙风格入口，门斗上方为拱券形式，圆形拱顶下装饰有两根精美的陶立克柱。建筑正立面设计有六扇通高窗户，侧立面设置狭长木质百叶窗，与大门形成和谐的门窗布局。建筑主体立面底层为火烧面花岗岩勒脚，台阶两侧则放置有石狮子作为装饰。主入口两侧为开敞外廊，另设侧门、后门两个次入口，其中右侧门可通往东面别墅。（图 6-39、图 6-40）

建筑主体外墙使用淡黄色涂料，檐口及其他装饰构件则采用白色涂料饰面。对这类历史建筑的外立面修复可以参考类似风格的其他保存状态较完好的建筑，如涂堃山公馆作为一个西班牙风格的建筑，其正立面山墙可以借鉴经典西班牙风格建筑中的山墙形式。这种提取建筑中类似特点和细节并加以利用的方法，可以更好地再现历史建筑的风貌。（图 6-41）

图 6-39　涂堃山公馆建筑整体和局部照片(一)

（图片来源：作者自摄）

图 6-40　涂堃山公馆建筑整体和局部照片(二)

(图片来源:作者自摄)

图 6-41　涂堃山公馆正面山墙及西班牙风格建筑

(图片来源:作者自摄;《The Architectural Record》1917)

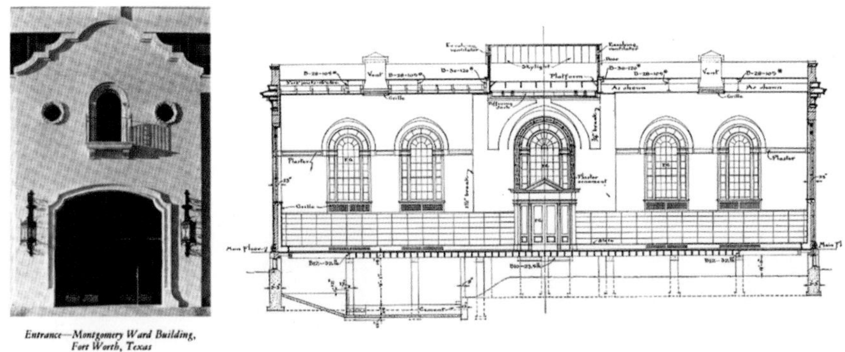

续图 6-41

涂堃山公馆的室内装饰同样讲究，体现典雅精致特点。室内装潢保存较为完好，吊灯、壁炉等近代家具电器均独具特色。在涂堃山公馆正门入口处有复古欧式风格的吊灯，这种玻璃吊灯在民国时期的欧式风格洋房住宅中很常见。1882年，电灯开始出现于上海公共建筑室内，并逐渐进入大众家庭，取代煤油灯。电灯在改善室内光照模式的同时，也在一定程度上影响民国室内陈设风格。厅堂吊顶上通常安装较大的吊灯作为主要照明，光源以暖黄色为主，灯罩的不同选择会呈现出多样的光环境视觉效果。民国时期公馆吊顶会将电器结合顶面造型设计，多以圆形、椭圆形、方形中心石膏盘装饰大吊灯或电扇，吊顶四周与转角处有浮雕立体花纹图案装饰，以突出视觉中心。涂堃山公馆整体吊顶风格偏向古朴、典雅、简约，玻璃吊灯成为顶部最有特色的装饰。（图 6-42）

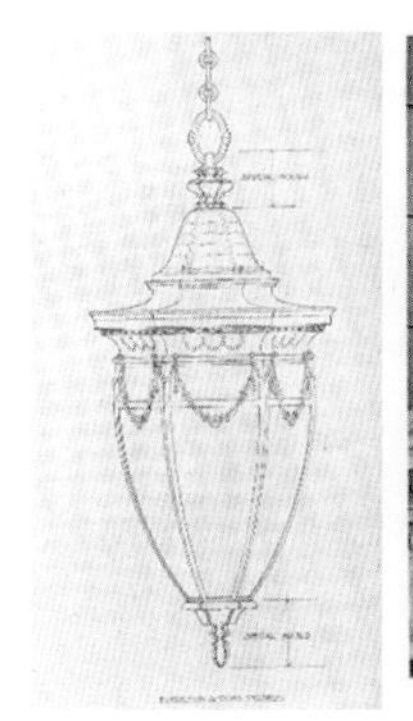

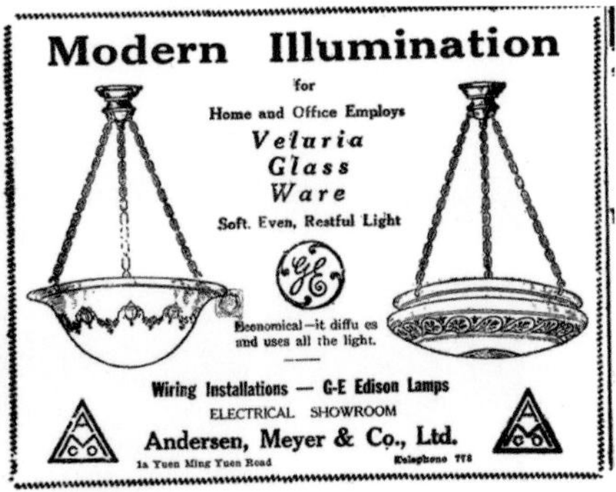

图 6-42　民国时期的灯具

（图片来源：《The Architectural Record》1917）

装饰性的花草纹饰也是涂堃山公馆内部装潢的一大特色。公馆的木墙裙、木制楼梯扶手的柱头上局部线条都细致地雕刻植物图案，和几何风格的地砖纹饰搭

配，是涂堃山公馆独具特色的室内符号。公馆还设有精美的壁炉，彩色的瓷砖和深褐色原木两种材质搭配，局部装饰有植物图案，风格典雅又不失活泼。(图 6-43)

图 6-43 涂堃山公馆室内陈设细节、地面铺装及壁炉

(图片来源：作者自摄)

涂堃山公馆在黎黄陂路上还有一栋，其设计带有新古典主义风格。其建筑装饰在阳台、山墙上均有丰富呈现，立体水果、花篮图形，生动逼真。在未来，对汉口公馆建筑的修复可首先参考历史建筑室外老照片，分析其不同的装饰细节，对相似建筑材质和建筑风格进行深入学习，运用当下的材料进行修补或替换，从而形成历史公馆原貌的恢复。在室内空间，修复和设计需要同步进行，可依据相似建筑空间及同期建筑样式，比较室内装饰和家具陈设，合理规划展示，布置具有独特风格的公馆，融入涂堃山公馆的室内空间。(图 6-44)

图 6-44 涂堃山在黎黄陂路上的另外一栋公馆建筑，其建筑装饰图形丰富

(图片来源：《The Architectural Record》)

Hankou Yuanzujie Jianzhu Zhuangshi

附录

附录 A 汉口原租界洋行、航运、公寓、娱乐建筑一览表

附表 A-1 汉口原租界洋行建筑特征及经营范围汇总

租界区域	洋行名称	开设时间	主要业务	建筑结构	地址	建筑装饰特点	总计
英租界	宝顺洋行 Evans Pugh &Co.	1861 年	经营茶叶的进出口贸易	砖木结构	天津路 5 号	新古典主义风格，清水红砖外墙	13
	怡和洋行 Jardine Matheson &Co. Ltd.	1862 年	主营航运业，兼营进出口贸易	砖木结构	沿江大道原英租界(河街)	三段式结构，外廊式建筑，立面构图简洁稳定	
	太古洋行 Butterfield & Swire Co3	1866 年	主营航运，兼营进出口贸易	砖木结构	沿江大道 140 号	巴洛克风格，建筑严谨对称，墙面装饰设计精美	
	麦加利银行 The Chartered Bank of India Australia and China	1865 年	一般银行业务	砖木结构	洞庭街 55 号	古典主义风格，塔尖保留新艺术运动建筑风格	
	保安洋行 Union Insurance Society of Canton	1914 年	主要经营各项保险业务	砖混结构	青岛路 8 号	巴洛克风格，柱式、入口及塔楼装饰丰富华丽	
	卜内门洋行 Brunner Mond (UK)Ltd.	1921 年	经营纯碱起家，主营纯碱、化学肥料、肥皂	砖混结构	胜利街 71 号	折中主义，阳台装饰设计丰富	

续表

租界区域	洋行名称	开设时间	主要业务	建筑结构	地址	建筑装饰特点	总计
英租界	景明洋行 Hemmings & Berkley Co.	1921年	主营工程设计	钢筋混凝土结构	鄱阳湖53号青岛路口	新古典主义，立面装饰起伏多变	13
	亚细亚火油公司 Asiatic Petroleum Co.	1924年	主要经营我国华中地区汽油、煤油、机油业务	钢筋混凝土结构	天津路1号	折中主义，装饰简洁实用，使用中式纹样，立面造型别具一格	
	日清轮船公司 Nisshin Kisen Kaisha	1928年	前身是日本大阪商船公司	钢筋混凝土结构	沿江大道江汉路转角处	折中主义，拐角处有穹顶圆形塔楼	
	三义洋行 Nielson & Macolm	20世纪初	主营工程设计	钢筋混凝土结构	中山大道708号	巴洛克风格	
	太平洋行 Ramsay & Co.	20世纪初	船舶代办及保险	砖混结构	沿江大道上海路口	现代主义，立面红砖外墙，装饰呈几何形	
	和记洋行 Boyd & Co.	1903年	主营食品类进出口贸易	钢筋混凝土结构	胜利街六合路	现代主义，大楼设计简洁，呈方形几何外立面	
	亨达利洋行 Hope Brother's & Co.	1921年	主营钟表加工销售贸易	钢筋混凝土结构	中山大道557号	新艺术运动风格的阳台、建筑山墙装饰精美	

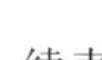

续表

租界区域	洋行名称	开设时间	主要业务	建筑结构	地址	建筑装饰特点	总计
俄租界	惠罗公司 Whiteaway, Laidlaw & Co. Ltd.	1915 年	主营茶叶、麻丝贸易	砖混结构	南京路 100 号	现代主义风格，顶部圆形塔楼风格独特	5
	新泰洋行 The Asiatic Trading Co.	1924 年	主营砖茶贸易	钢筋混凝土结构	沿江大道和兰陵路交会处	新古典主义，柱式、檐口装饰丰富	
	顺丰洋行 Tokmakopf, Molotkorr & Co.	1873 年	主营砖茶贸易	砖混结构	沿江大道上海路	新古典主义，清水砖外墙	
	阜昌洋行 Molchanoff, Pechatnoff& Co.	1875 年	主营砖茶贸易	砖混结构	南京路与洞庭街交会处	新古典主义，清水砖外墙	
	三北轮船公司 San Peh Steam NavigationCo.	1922 年	经营长江航线航运	钢筋混凝土结构	沿江大道 167 号	新古典主义，三段式结构，立面装饰简洁	
法租界	立兴洋行 Racine Ackerman & Co.	1895 年	主要经营芝麻、桐油、猪鬃、牛羊皮等土产出口业务	砖混结构	中山大道 1004 号	入口处拱廊和山墙设计亮眼，植物装饰丰富	2
	慎昌洋行 Andorsen Moyer & Co. Ltd.	1916 年	主要经营综合进口和实业工程	钢筋混凝土结构	麟趾路	现代主义	

续表

租界区域	洋行名称	开设时间	主要业务	建筑结构	地址	建筑装饰特点	总计
德租界	咪吔洋行 Meyer & Co.	1901 年	主营进出口贸易及航运	砖混结构	沿江大道二曜路口	折中主义，建筑一侧设方形塔楼	8
	美最时洋行 Melchers & Co.	1908 年	经营进出口贸易和轮船业务，并建有蛋厂、电灯厂和货栈	钢筋混凝土结构	一元路 2 号	巴洛克风格，建筑呈“凸”形平面	
	安利英洋行/瑞记洋行 Arnhold Brothers & Co.	1935 年	主要经营中国土产品的出口和五金、钢铁、石油及牛羊皮等贸易	钢筋混凝土结构	四唯路 6 号	现代主义，Art Deco 风格，立面及入口装饰精美	
	捷臣洋行 Jebsen & Co.	1908 年	一般银行业务	钢筋混凝土结构	一元路 2 号	新古典主义风格	
	西门子洋行 Siemens China & Co.	1920 年	承办工程、电气机械及关系品	钢筋混凝土结构	中山大道 1004 号	装饰主义风格	
	亨宝轮船公司 Hamburg-Amerika Linie	20 世纪初	经营航运业务	砖砌筑结构	三阳路段	古典主义风格	
	禅臣洋行 Siemssen &Co.	1887 年	保险及进出口事务等	砖砌筑结构	二曜路和沿江大道路交会处	新古典主义风格	
	嘉利洋行 Schnabel, Gaumer & Co.	20 世纪初	蛋白制作、土货输出入	钢筋混凝土结构	五福路，胜利街至沿江大道路段	现代主义风格	

续表

租界区域	洋行名称	开设时间	主要业务	建筑结构	地址	建筑装饰特点	总计
日租界	三井洋行 Mitsui Bussan Kaisha，Ltd.	1902 年	以经营进出口贸易、航运业为主，如租船向上海输入煤炭业务	砖混结构	太平街江汉关旁	新古典主义建筑，建筑线条简洁明快，人性化设计突出	4
	三菱洋行 Mitsubishi Co. ,Ltd.	1902 年	在进口方面主要经营车精制白糖、海味品，出口货物主要是牛羊皮、猪鬃和丝绸、漆器等	砖混结构	太平街江汉关旁	折中主义，建筑层次丰富，设有八角形塔楼	
	美孚石油公司 Standard Vacuum Oil Co.	1903 年	主要经销品种是“美孚”、“虎”、“鹰”牌煤油，以及汽油、柴油、蜡烛、凡士林等	砖混结构	江岸路 5 号	中西结合	
	日信洋行 Japan Cotton Trading Co. ,Ltd.	1917 年	主要经营棉、纱、布的贸易，收购棉花供应日本纱厂，并销售日本的棉布棉纱	钢筋混凝土结构	江汉路 2 号	文艺复兴式，三段式构造，檐口顶有女儿墙，整体立面庄重	

附表 A-2　近代汉口航运一览表

（以武汉租界志为依据，作者自绘）

租界区域	航运公司	英文名称	运营时间	吨位	轮船数量	行驶航线
英国	宝顺洋行	Evans Pugh Co.	1861—1867 年	1623	4	沪汉航线
	吠礼查洋行	Fletcher & Co.	1863—1864 年	1223	2	沪汉航线
	广隆洋行	Limdsay & Co.	1864—1865 年	4841	2	沪汉航线
	赫尔特轮船公司	Hapag-Lloyd AG	1865—1900 年	不详	不详	不详
	惇信洋行	Dyce & Co.	1866 年	733	1	沪汉航线
	公正轮船公司	Union Steam Navigation Co.	1867—1873 年	3920	3	沪汉航线
	马立师洋行	Morris& Co.	1871—1876 年	1547	3	沪汉航线
	太古轮船公司	Butterfield & Swire	1873—1938 年	41960	22	长江干线
	怡和洋行	Jardine Matheson&Co. ,Ltd.	1862—1938 年	39281	16	长江干线
	麦边洋行	McBain，George	1902—1903 年	1324	2	不详
	亚细亚火油公司	Asiatic Petroleum Co.	1924—1938 年	6444	11	沪汉航线
	隆茂洋行	Macrenzie & Co.	1920—1924 年	891	2	宜渝航线
	祥太木洋行	China Export& Import	1920—1936 年	1724	2	沪汉航线
法国	东方轮船公司	Compagnie Asiatique de Navigation	1906—1911 年	5734	2	沪汉航线
	吉利洋行	Warenhaus Max Grill	1920—1926 年	1394	3	宜渝航线
德国	北德意志轮船公司	Norddeutscher Lloyd	1900—1903 年	6728	4	沪汉航线
	亨宝轮船公司	Hamburg-Amerika Linie	1900—1907 年	3632	2	沪汉航线
日本	大阪株式会社	Osaka Shosen Kaisha	1898—1907 年	12288	7	沪汉、汉宜航线
	日本邮船会社	Nippon Yusen Kabushiki Kaisha	1904—1908 年	1324	2	沪汉航线
	日清汽船株式会社	Nisshin Kisen Kaisha	1907—1938 年	35028	17	长江全线及支线
	川崎汽船株式会社	Kawasaki Kisen Kaisha	1916 年	488	1	沪汉航线

续表

租界区域	航运公司	英文名称	运营时间	吨位	轮船数量	行驶航线
美国	霍华德洋行	Howard & Co.	1861—1862 年	350	2	沪汉航线
	琼记洋行	Augustine Heard & Co.	1861—1867 年	1623	3	沪汉航线
	旗昌轮船公司	Russell&Co.	1861—1876 年	16830	9	沪汉航线
	同孚洋行	Olyphant & Co.	1864—1866 年	4179	5	沪汉航线
	佛格洋行	Vogue Trading Co.	1866—1867 年	590	1	沪汉航线
	美记洋行	Bremen Colonial & China Trading Co.	1872 年	241	1	沪汉航线
	美孚石油公司	Standard Oil Co.	1913—1938 年	5224	5	长江干线及支线
	大来洋行	Robert Doller Co.	1914—1928 年	241	3	长江干线及支线

附表 A-3　汉口原租界地公寓概览

租界区域	公寓名称	建成时间	创建人或机构	设计者	建筑装饰特点
英租界	上海村	1923 年	李鼎安	不详	折中主义风格 檐口装饰丰富 文艺复兴门头
	德林公寓	1925 年	王光	景明洋行	古典主义风格建筑 屋顶分布望柱栏杆
	金城里	1931 年	周作民	庄俊	文艺复兴式建筑 通廊式住宅外阳台
	大陆坊	1934 年	大陆银行	庄俊	古典复兴式建筑 外凸式墙面梯形造型 中式传统纹样细节
俄租界	珞珈山街公寓	1927 年	不详	德国石格司建筑事务所	欧洲联排式住宅建筑 西班牙式建筑风格
	巴公房子	1910 年	巴诺夫	景明洋行	古典主义建筑 俄罗斯风格

续表

租界区域	公寓名称	建成时间	创建人或机构	设计者	建筑装饰特点
俄租界	信义公所	1924 年	六国教会组织	德国石格司 建筑事务所	古典主义建筑 现代主义风格
法租界	立兴洋行公寓	1923 年	立兴洋行	三义洋行	古典主义建筑 砖雕花饰精美
德租界	江汉关公寓	1924 年	不详	不详	外廊式建筑
日租界	日本军官宿舍	1909 年	日本三菱公司	福井房一	文艺复兴式建筑 砖木结构西式住宅 日本式红瓦坡顶

附表 A-4　汉口原租界公馆建筑与现状

租界区域	建筑名称	建成时间	建筑地址	现具体用途
英租界	英国领事馆	1861 年	天津路 6 号	闻一多基金会办公
	鲁兹公馆	1913 年	鄱阳街 34 号	武汉市江岸区 审计办公
	万尧芳公馆	1921 年	铭新街 19 号	商业
	吴佩孚公馆	1922 年	南京路 124 号	民宿、咖啡厅
	叶蓬公馆	1932 年	青岛路 15 号	武汉城投房产集团 公司办公楼
	姚玉堂公馆	1937 年	鼎新里 1 号	多户居民住宅
	苏汰余公馆	1937 年	鼎新里 2 号	多户居民住宅
	居住者不详	1937 年	南京路 113 号	武汉亚为企业 托管有限公司
	居住者不详	1949 年	胜利街 325 号	武汉铁路局 武汉中力物流公司

续表

租界区域	建筑名称	建成时间	建筑地址	现具体用途
英租界	居住者不详	不详	铭新街 17 号附 2 号	多户居民住宅
	居住者不详	不详	铭新街 13 号附 1 号	多户居民住宅
	居住者不详	不详	铭新街 7 号	多户居民住宅
	居住者不详	不详	吉庆街 39 号	多户居民住宅
	居住者不详	不详	铭新街 5 号	住宅兼商业
	居住者不详	不详	铭新街 9 号	住宅兼商业（平价超市）
俄租界	俄国领事馆	1902 年	洞庭街 90 号	办公兼餐饮（粗茶淡饭汉口会馆）
	那可伐申公馆	1902 年	洞庭街 54 号	江岸区房地产公司
	李凡洛夫公馆	1902 年	洞庭街 88 号	住宅兼办公兼商业
	周苍柏公馆	1920 年	黎黄陂路 5 号	部队军官住宅
	美国领事馆	1905 年	车站路 1 号	武汉市人才服务中心
	唐生智公馆	1913 年	胜利街 183 号	中共中央机关旧址纪念馆
	周星堂公馆	1923 年	胜利街兰陵路 58-2 号	江岸区疾病预防控制中心
	俄商住宅	1905 年	兰陵路 58 号	多户居民住宅
	傅绍庭公馆	1926 年	黎黄陂路 29 号	武汉市商务局办公场地
	宋庆龄故居	1926 年	黎黄陂路 161～162 号	宋庆龄故居纪念馆
	涂堃山公馆	1926 年	黎黄陂路 27 号	商业
法租界	法国领事馆	1892 年	洞庭街 81 号	武汉市政府老干部住宅
	刘歆生晚年公馆	1900 年	伟英里 13 号	民居
	涂堃山公馆	1917 年	车站路 10 号	武汉市远航贸易公司会所

续表

租界区域	建筑名称	建成时间	建筑地址	现具体用途
法租界	程汉卿公馆	1924 年	友益街 16 号	中华全国总工会办公
	叶凤池公馆	1920 年	友益街 16 号	中华全国总工会旧址纪念馆
	詹天佑公馆	1912 年	洞庭街 51 号	詹天佑纪念馆
	萧耀南公馆	1925 年	中山大道 911 号	办公兼商业
	涂瀛洲公馆	1930 年	车站路 8 号	办公
	梁俊华公馆	1938 年	洞庭街 107 号	商业街
	陈柏华公馆	1937 年前	中山大道 891～903 号	住宅
	关麟书公馆	1937 年前	蔡锷路 1 号	住宅
	尉迟矩卿公馆	1939 年	黄兴路天福里 13 号	商圈茶馆
	谢文甫公馆	不详	忠义村 1 号	住宅
德租界	德国领事馆	1895 年	一元路 2 号	市政府外办办公楼
	居住者不详	1903 年	坤厚里 1 号	住宅
	邮务长公馆	1912 年	中山大道 899 号	中南国旅
	邓垦故居	1917 年	一元路 4 号	住宅
日租界	同仁会医院院长住宅	1911 年	胜利街 333 号	学校
	日本领事馆	1913 年	山海关路 4 号	汇申大酒店
	明治寻常高等小学校长公馆	1930 年	卢沟桥路 66 号	餐厅
	李石樵公馆	1932 年	中山大道 1622 号西北	商业
	夏斗寅公馆	1932 年	中山大道 622 号	商业

附表 A-5 汉口原租界娱乐建筑概况

租界	代表建筑	租界区域	年代	建筑风格	建筑类型	现用途	地点
英租界	华商赛马	英	1919 年以后	古典主义	公会俱乐部	办公	江岸区汇通路 18 号
	璇宫饭店	英	1931 年	古典主义	饭店旅馆	宾馆	江岸区江汉路 129 号
	普海春大酒店	英	20 世纪初	古典主义	饭店旅馆	文化馆	江岸区江汉路 104～106 号
	太平洋饭店	英	不详	折中主义	饭店旅馆	影楼	江岸区中山大道 910 号

续表

租界	代表建筑	租界区域	年代	建筑风格	建筑类型	现用途	地点
俄租界	美国海军青年会	俄	1915 年	古典主义	公会俱乐部	办公	黎黄陂路 10 号
	上海大戏院	英	1931 年	近代风格	戏院影院	饭店	江岸区洞庭街 76 号
	俄国总会	俄	约 1916 年	新艺术运动/西式折中主义	公会俱乐部	居住	兰陵路 17～19 号
	东方大旅馆	俄	不详	近代风格	饭店旅馆	医院	中山大道黎黄陂路路口
法租界	中央大戏院	法	1918 年	新艺术运动	戏院影院	电影院	江岸区蔡锷路 28 号
	德明饭店	法	1919 年	古典主义	饭店旅馆	饭店	蔡锷路与胜利街交会处
日租界	三菱洋行职员宿舍及松廼家酒店	日	1909 年	和式·洋风	饭店旅馆	居住	江岸区胜利街 272 号
租界区域外	西商赛马	租界扩展区	1905 年	英式古典	公会俱乐部	学校	解放公园路 38 号

附录 B
汉口原租界区建筑结构、材料一览表

附表 B-1　汉口原租界区建筑结构和材料表

<table>
<tr><th>材料</th><th colspan="2">图片资料</th></tr>
<tr><td rowspan="3">砖</td><td>红砖</td><td></td></tr>
<tr><td>文字红砖</td><td>
</td></tr>
<tr><td>青砖</td><td></td></tr>
</table>

续表

材料		图片资料
砖	青红砖	
石材	红砂岩	
	麻石(花岗岩)	
	砂浆抹面	

续表

材料		图片资料
瓦材	红瓦	
	异形瓦	
木材	屋顶结构	
	实木门	
	木框玻璃门	

续表

材料		图片资料
木材	木框玻璃门	
	窗	
	栏杆	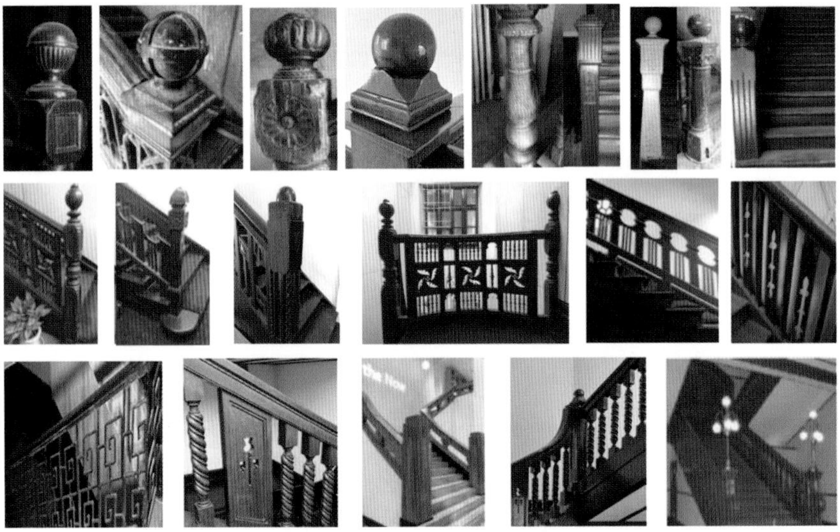
	壁炉	

续表

材料		图片资料
木材	壁炉	
	墙裙	
水泥	水泥装饰	
	水泥穹顶	

续表

材料		图片资料
石膏	角线	
	灯盘	
金属	铸铁窗	
	铸铁通风口	

续表

材料	图片资料	
金属	铸铁栏杆	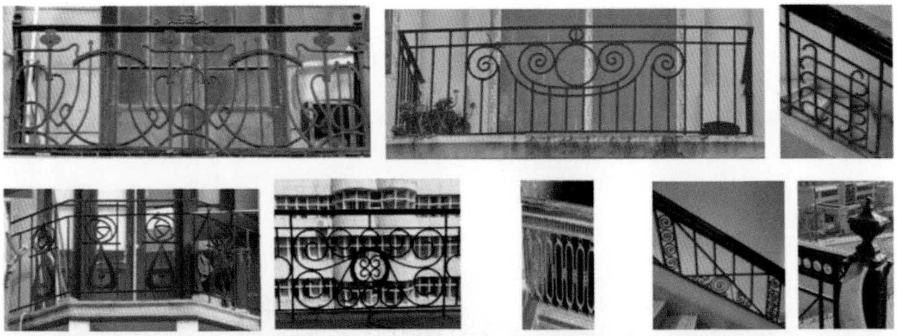
	铸铁门	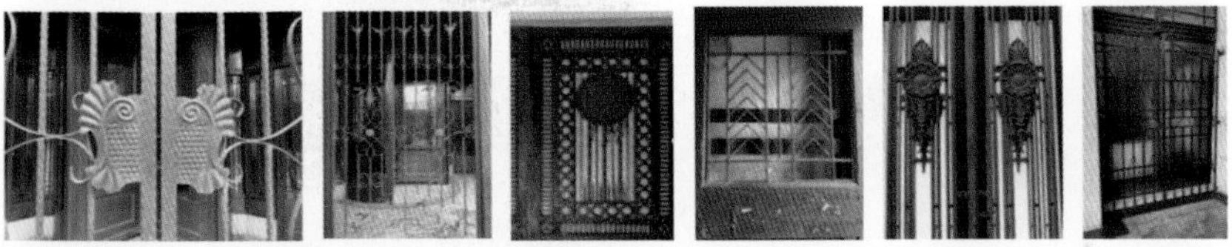
玻璃	单色玻璃窗	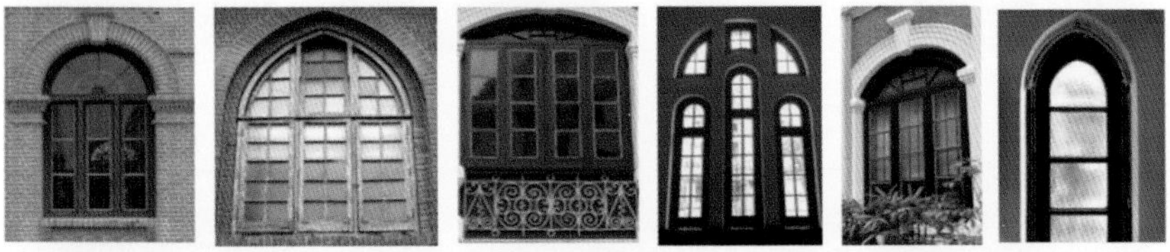
	彩色玻璃窗	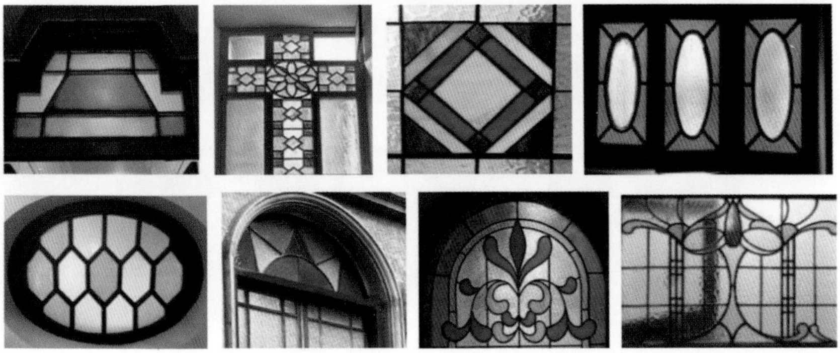

附录 C
汉口原租界区建筑墙面、地面艺术装饰一览表

附表 C-1　汉口原租界区建筑墙面和地面艺术装饰表

墙壁	壁炉墙面拼花	原有现状与细节修复
墙壁	墙面瓷砖拼花	
地面	瓷砖拼花	原有现状与修复效果

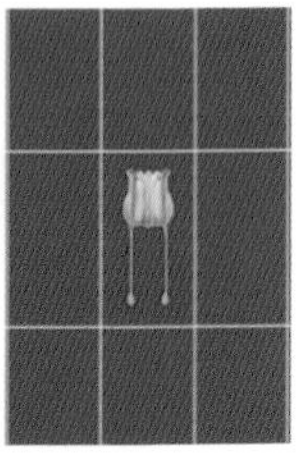

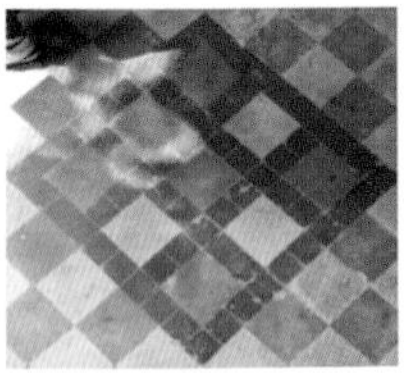

续表

<table>
<tr><td rowspan="5">地面</td><td rowspan="5">马赛克拼花</td><td colspan="3">原有现状与修复效果</td></tr>
<tr><td>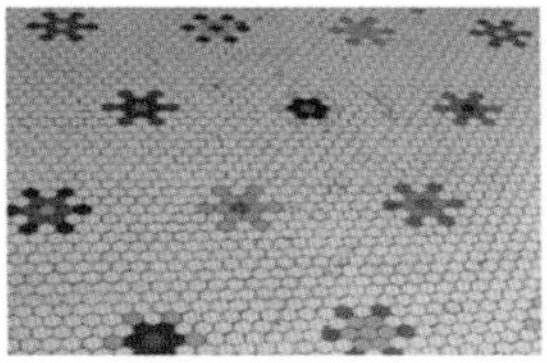</td><td>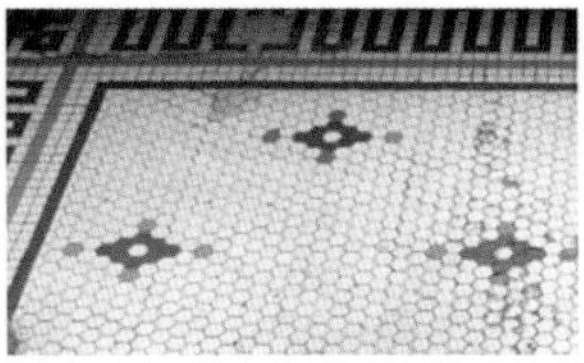</td><td>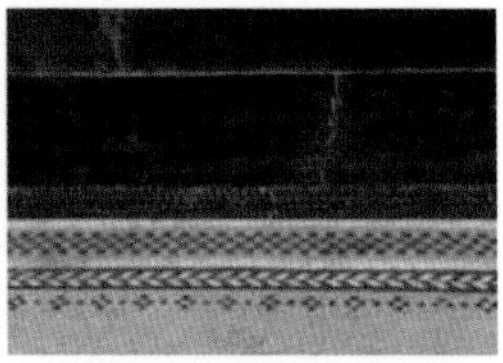</td></tr>
<tr><td>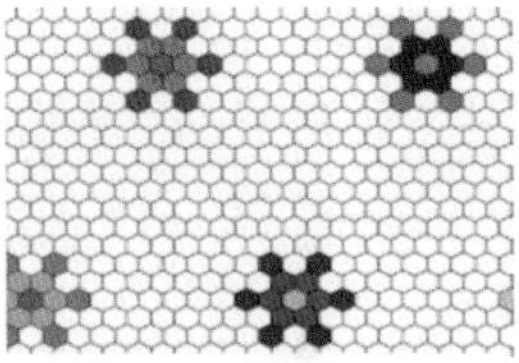</td><td>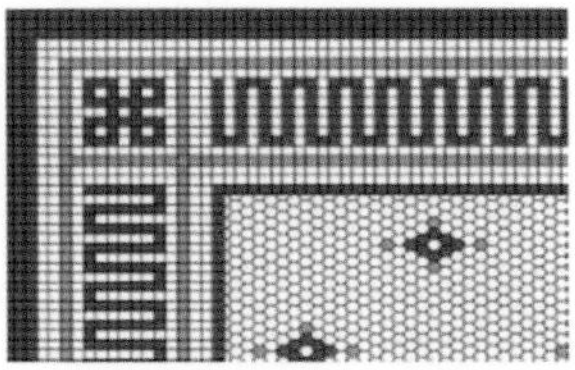</td><td>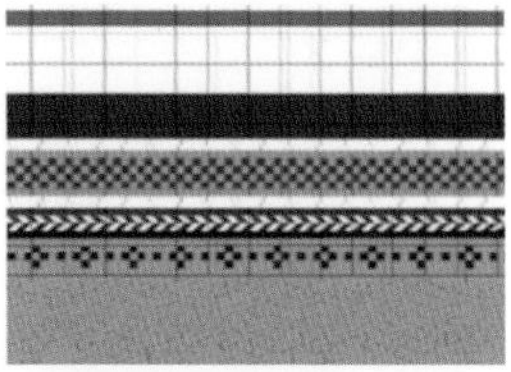</td></tr>
<tr><td>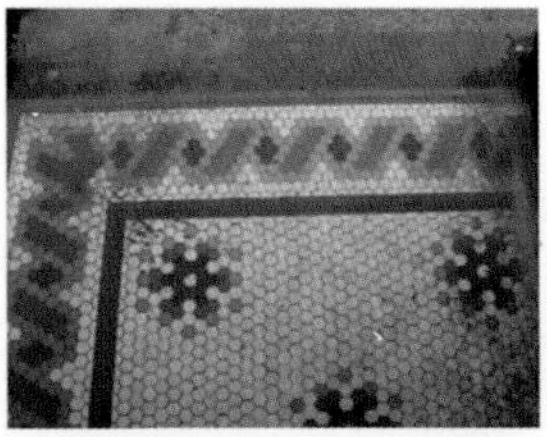</td><td>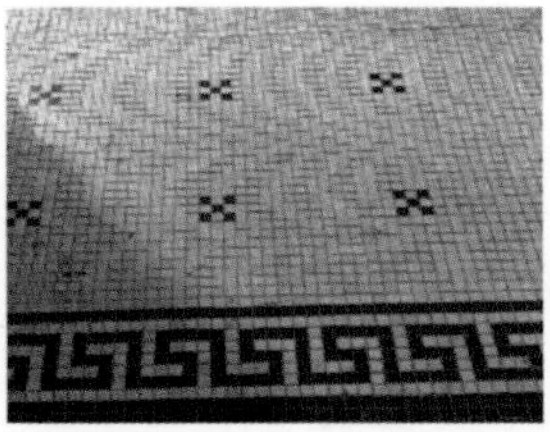</td><td>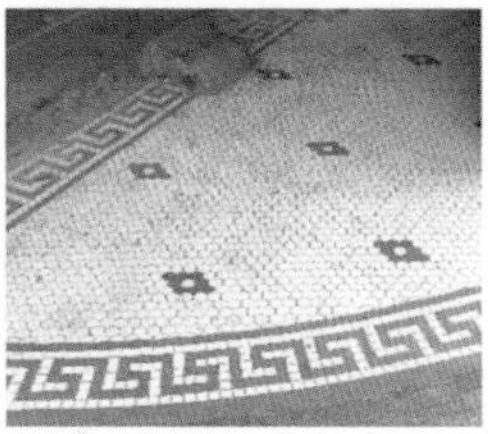</td></tr>
<tr><td>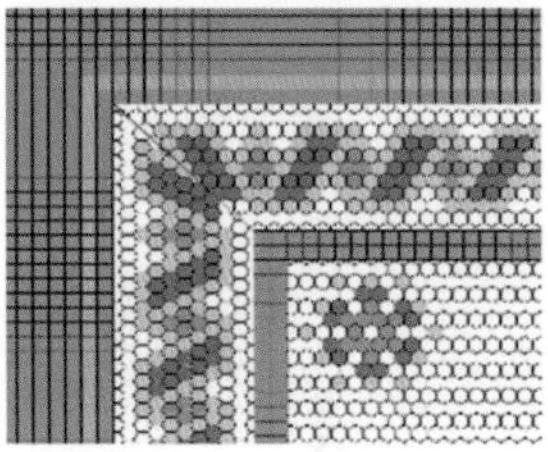</td><td>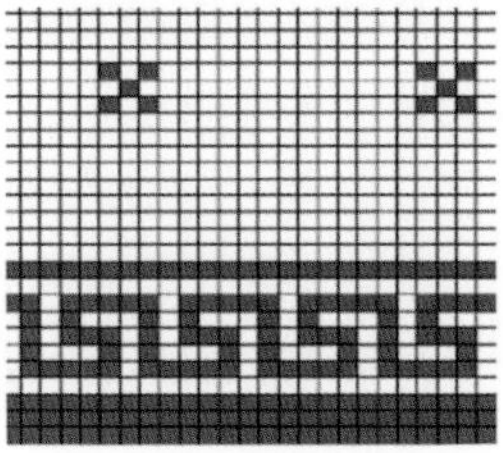</td><td>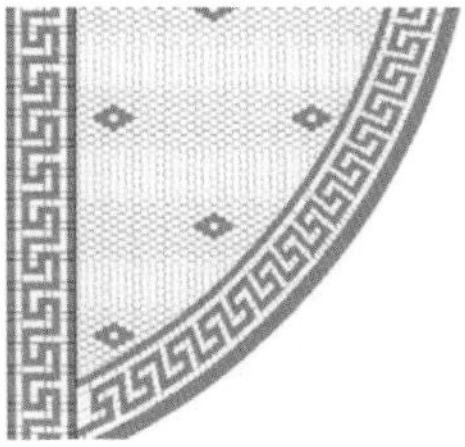</td></tr>
<tr><td rowspan="2">地面</td><td rowspan="2">水磨石花纹</td><td colspan="3">原有现状与修复效果</td></tr>
<tr><td>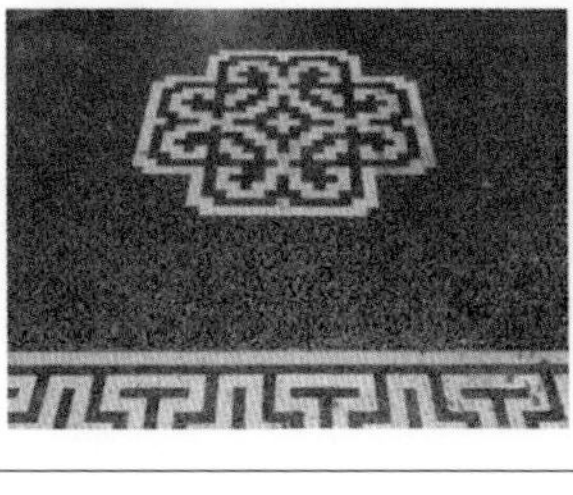</td><td>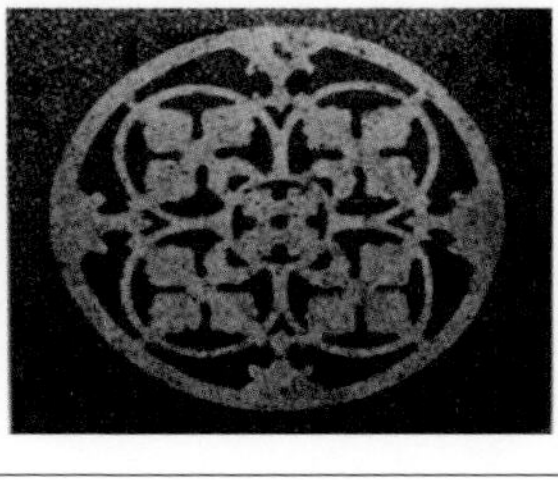</td><td>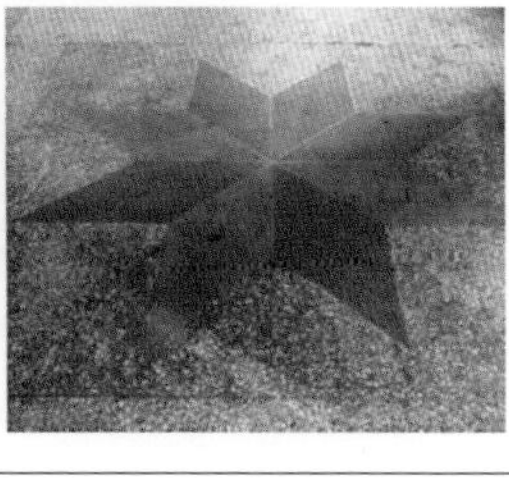</td></tr>
</table>

续表

地面	水磨石花纹	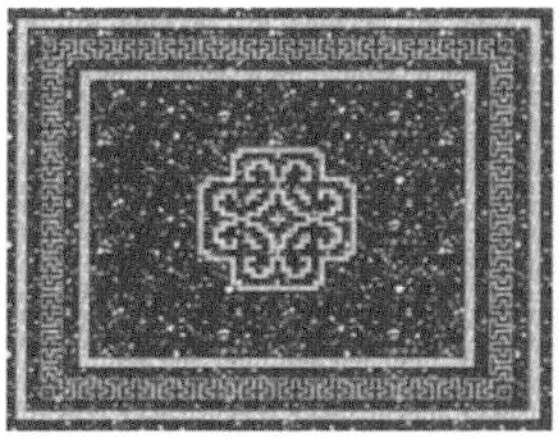	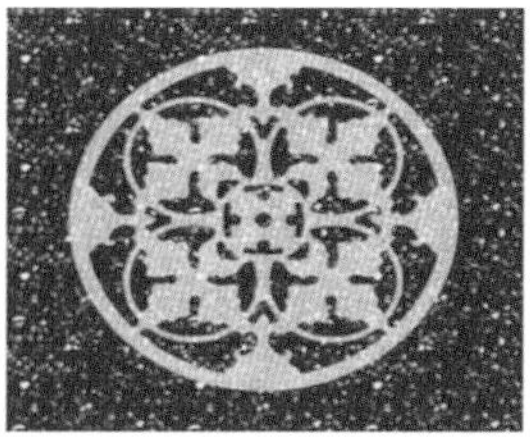	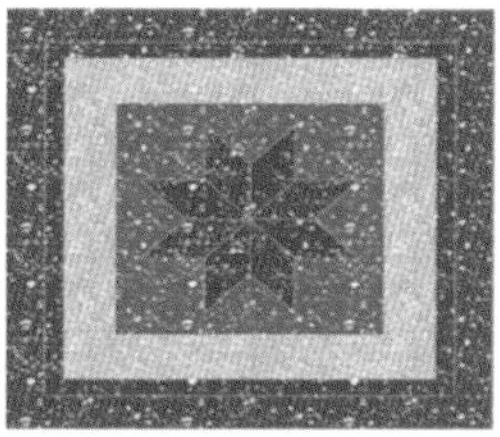
地面	水磨石花纹	原有现状与修复效果		
		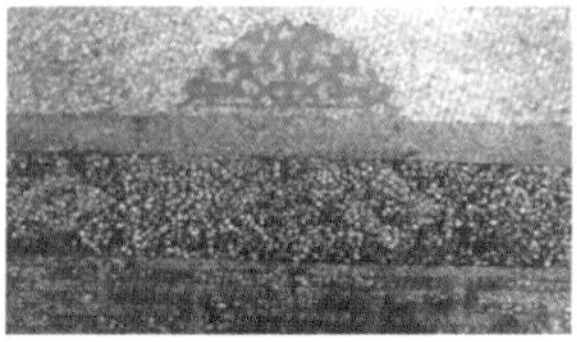	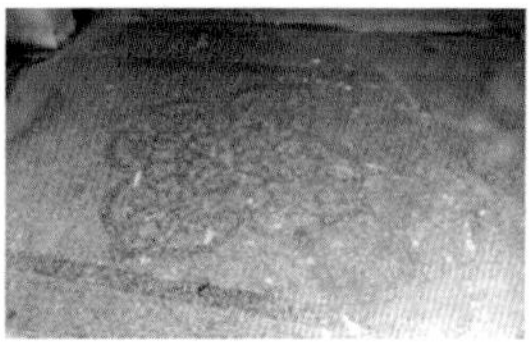	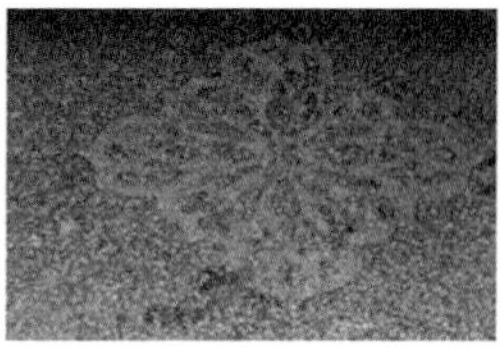
		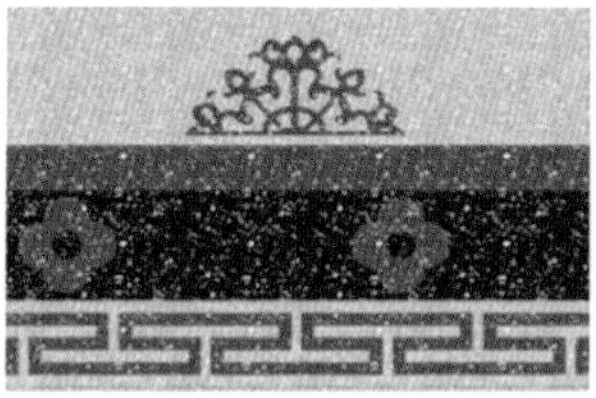	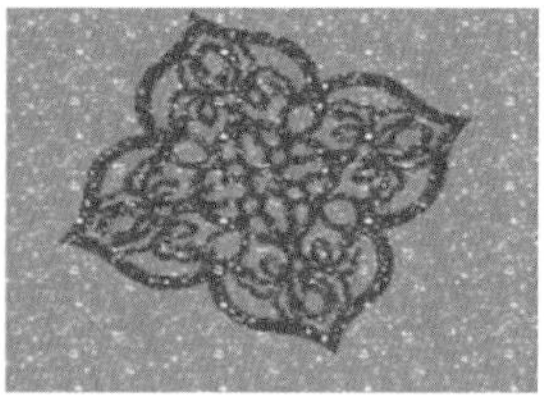	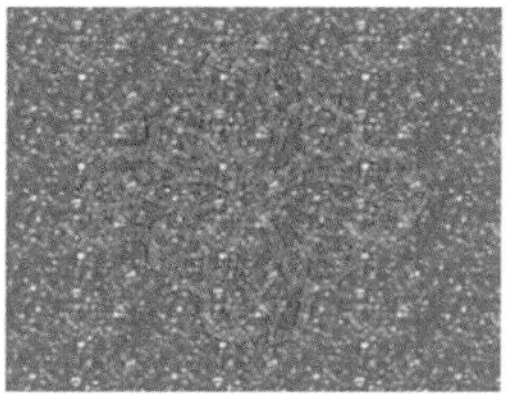
		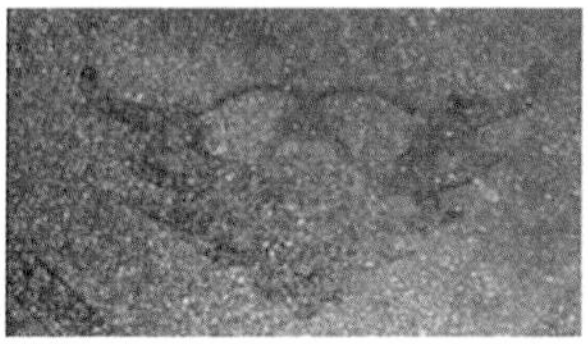	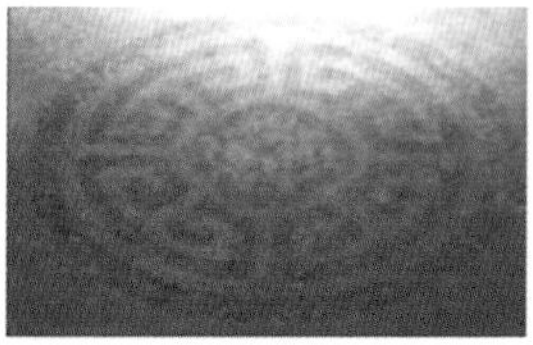	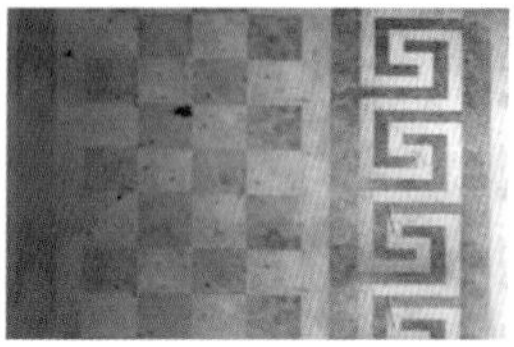
		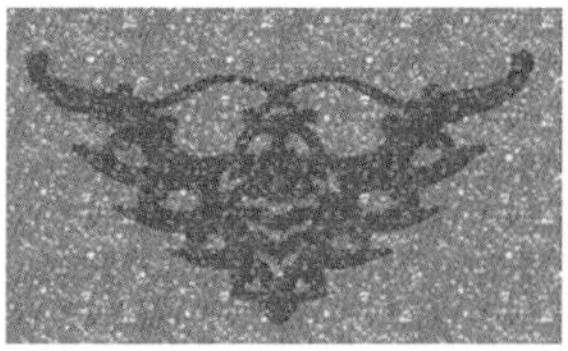	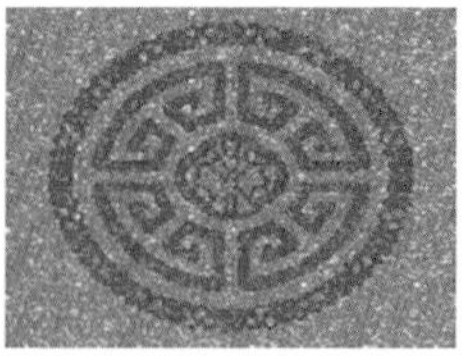	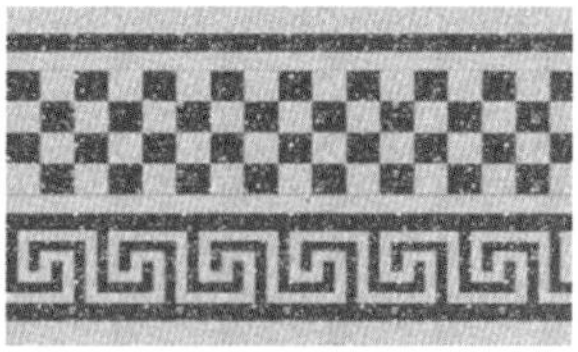

附录 D
汉口原租界建筑装饰图形一览表

附表 D-1　汉口历史建筑植物、动物、人物装饰图形分类

建筑构件	植物装饰图形：玫瑰花、卷草、葡萄、风铃草、茛苕叶、菊花、棕榈叶等
山墙	
柱式	
檐口	
门	
牛腿	

续表

建筑构件	植物装饰图形：玫瑰花、卷草、葡萄、风铃草、莨苕叶、菊花、棕榈叶等
拱顶石	
扶手	
栏杆	
外窗	
内窗	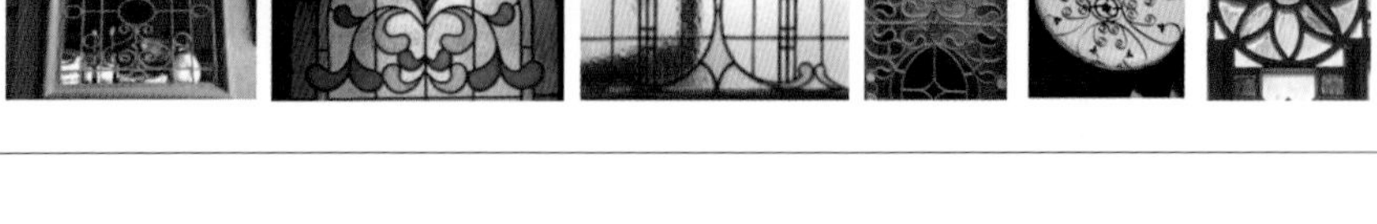

续表

<table>
<tr><td>建筑构件</td><td>植物装饰图形：玫瑰花、卷草、葡萄、风铃草、莨苕叶、菊花、棕榈叶等</td></tr>
<tr><td>天花</td><td> 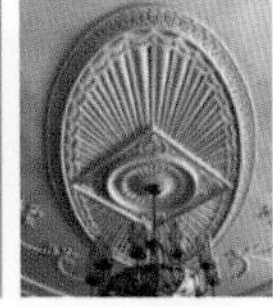   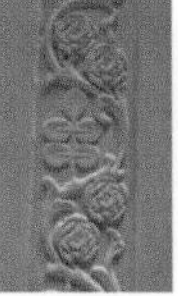 </td></tr>
<tr><td>建筑构件</td><td>动物、人物装饰图形：狮子、老鹰、龙、神像等</td></tr>
<tr><td>柱式</td><td>    </td></tr>
<tr><td>山墙、拱券、塔楼钟</td><td> 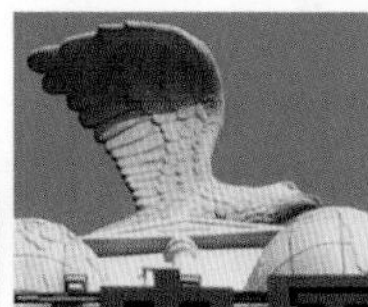   </td></tr>
</table>

附表 D-2　汉口历史建筑几何装饰图形分类

<table>
<tr><td>装饰构件</td><td>建筑装饰几何图形：圆形、三角形、波浪线、折线形、半圆形、涡卷形等</td></tr>
<tr><td>山墙</td><td>     </td></tr>
<tr><td>檐口</td><td>      </td></tr>
</table>

续表

装饰构件	建筑装饰几何图形：圆形、三角形、波浪线、折线形、半圆形、涡卷形等
柱式	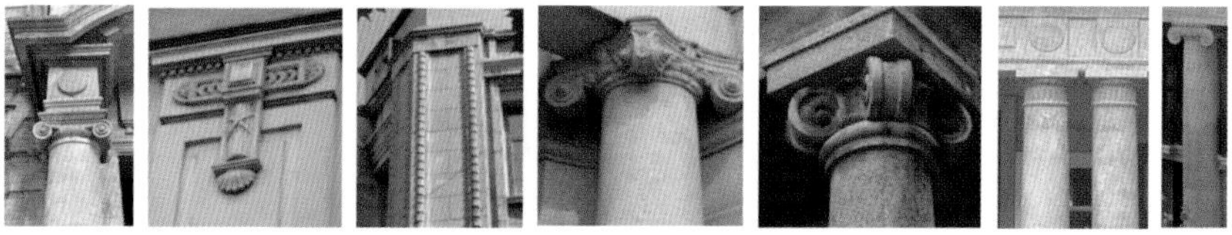
阳台	
外门	
内门	
牛腿	
扶手	
栏杆	

续表

装饰构件	建筑装饰几何图形：圆形、三角形、波浪线、折线形、半圆形、涡卷形等
铺地	
拱顶石	
外窗	
内窗	

附表 D-3　汉口历史建筑中传统图形分类

传统建筑装饰图形：开门见喜、连升三级、盘长纹、云纹、回纹、万字纹、寿字纹等

续表

传统建筑装饰图形：开门见喜、连升三级、盘长纹、云纹、回纹、万字纹、寿字纹等

附录 E
汉口轮船公司旗帜图形

怡和洋行（英）
Jardine Matheson & Co.

太古洋行（英）
Butterfield & Swire

美最时洋行（英）
Melchers & Co.

天祥洋行（英）
Dodwell & Co.,Ltd.

和记洋行（英）
Boyd & Co.

德记洋行（英）
Tait & Co.

亚细亚火油公司（英）
Asiatic Petroleum Co., Ltd.

义记洋行（英）
Holliday,Wise & Co.

礼和洋行（德）
Carlowitz & Co.

咪吔洋行（德）
Meyer & Co.

瑞生洋行（德）
Buchheister & Co.

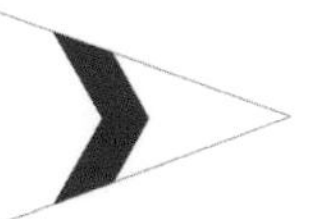
西门子洋行(德)
Siemens China & Co.

日清轮船公司（日）
Nisshin Kisen Kaisha

三井洋行（日）
Mitsui Bussan Kaisha,Ltd.

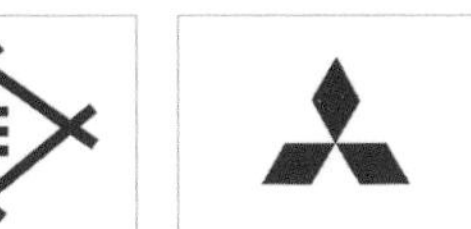
三菱洋行（日）
Mitsubishi Kaisha,Ltd.

大阪商船会社（日）
Osaka Shosen Kaisha

铁行轮船公司（英）
P&O Steam Navigation Co.

道格拉斯轮船有限公司（英）
Douglas Steamship Co.

赉赐洋行（英）
Moller & Co.

太平洋轮船公司（美）
Pacific Steamship Co.

东洋轮船公司（日）
Toyo Kisen Kaisha

日本邮船公司（日）
Nippon Yusen Kaisha

法国邮船公司（法）
Messageries Maritimes

爪哇中日线（荷）
Java-China-Japan Line

附图 E-1　汉口轮船公司旗帜图形

参考文献

References

中文著作

[1] 陈徽言. 武昌纪事[M]. 满清野史丛书本,1865.

[2] 金城银行. 金城银行创立二十年纪念刊[M]. 上海:金城银行总行江西路二百号,1938.

[3] 武汉市地名委员会. 武汉地名志[M]. 武汉:武汉出版社,1990.

[4] 江浦,朱忱,饶钦农,胡锦贤. 汉口丛谈校释[M]. 武汉:湖北人民出版社,1990.

[5] 费成康. 中国租界史[M]. 上海:上海社会科学院出版社,1991.

[6] 李传义,张复合. 中国近代建筑总览—武汉篇[M]. 北京:中国建筑工业出版社,1992.

[7] 湖北省地方志编纂委员会. 湖北通志:大事件[M]. 武汉:湖北人民出版社,1994.

[8] 武汉地方志编纂委员会. 武汉市志:城市建设志[M]. 武汉:武汉出版社,1996.

[9] 武汉地方志编纂委员会. 武汉市志:社会志[M]. 武汉:武汉大学出版社,1997.

[10] 彭一刚. 建筑空间组合论[M]. 北京:中国建筑工业出版社,1998.

[11] 李传义,张复合. 中国近代建筑总览:武汉篇[M]. 北京:中国建筑工业出版社,1998.

[12] 皮明庥,吴勇. 汉口五百年[M]. 武汉:湖北教育出版社,1999.

[13] 章开沅,张正明,罗福惠. 湖北通史:晚清卷[M]. 武汉:华中师范大学出版社,1999.

[14] 池莉. 老武汉:永远的浪漫[M]. 南京:江苏美术出版社,1999.

[15] 胡榴明. 三镇风情:武汉百年建筑经典[M]. 北京:中国建筑工业出版社,2001.

[16] 涂勇. 武汉历史建筑要览[M]. 武汉:湖北人民出版社,2002.

[17] 常青. 建筑遗产的生存策略[M]. 上海:同济大学出版社,2003.

[18]《汉口租界志》编撰委员会. 汉口租界志[M]. 北京:中国建筑工业出版

社,2003.

[19] 杨秉德.中国近代中西建筑文化交融史[M].武汉:湖北教育出版社,2003.

[20] 李百浩.湖北近代建筑[M].北京:中国建筑工业出版社,2005.

[21] 张凡.城市发展中的历史文化保护对策[M].南京:东南大学出版社,2006.

[22] 方方.汉口租界[M].武汉:湖北美术出版社,2006.

[23] 过伟敏,史明,邱冰,等.建筑艺术遗产保护与利用[M].江西:江西美术出版社,2006.

[24] 赖德霖.中国近代建筑史研究[M].北京:清华大学出版社,2007.

[25] 彭建新.凝固的记忆:武汉老街巷[M].武汉:武汉出版社,2008.

[26] 常青.历史环境的再生之道[M].上海:同济大学出版社,2009.

[27] 周卫.历史建筑保护与再利用——新旧空间关联理论及模式研究[M].北京:中国建筑工业出版社,2009.

[28] 陈李波.城市美学四题[M].北京:中国电力出版社,2009.

[29] 皮明庥.发现武汉、记忆武汉——皮明庥文集[M].武汉:湖北教育出版社,2010.

[30] 邹德侬,戴路,张向炜.中国现代建筑史[M].北京:中国建筑工业出版社,2010.

[31] 刘奇志.近现代优秀历史建筑保护研究[M].北京:中国建筑工业出版社,2012.

[32] 刘英姿.汉口法国租界及其建筑[M].武汉:武汉出版社,2013.

[33] 张复合.三十年雁迹泥痕:中国近代建筑研究与保护文选:1985—2014[M].北京:清华大学出版社,2015.

[34] 黄元.中国近代建筑纲要[M].北京:中国建筑工业出版社,2015.

[35] 陈李波,徐宇甦,眭放步,等.武汉近代公馆·别墅·故居建筑[M].武汉:武汉理工大学出版社,2016.

[36] 徐宇甦,陈李波,吴诗瑶,等.武汉近代领事馆建筑[M].武汉:武汉理工大学出版社,2016.

[37] 赖德霖,伍江,徐苏斌.中国近代建筑史:第二卷[M].北京:中国建筑工业出版社,2016.

[38] 武汉市档案馆.老房子的述说:武汉近现代建筑精华集萃[M].武汉:武汉出版社,2016.

[39] 王汗吾,吴明堂.汉口五国租界[M].武汉:武汉出版社,2017.

[40] 丁援,李杰,吴莎冰,等.武汉历史建筑图志[M].武汉:武汉出版社,2017.

[41] 冯天瑜,陈勇.国际视野下的大武汉影像:1838—1938[M].北京:人民出版社,2017.

[42] 方秋梅.近代汉口市政研究:1861—1949[M].北京:中国社会科学出版社,2017.

译著

[43] [美]勒费窝.怡和洋行:1842—1895年在华活动概述[M].陈曾年,乐嘉书,译.上海:上海社会科学出版社,1986.

[44] [丹麦]马易尔.一位丹麦实业家在中国[M].白慕申,林桦,译.北京:团结出版社,1996.

[45] [中]范锴.汉口丛谈校释[M].江浦,译.武汉:湖北人民出版社,1999.

[46] [美]爱德华,T,怀特.建筑语汇[M].林敏哲,林明毅,译.大连:大连理工大学出版社,2001.

[47] [日]水野幸吉著.中国中部事情:汉口[M].武德庆,译.武汉:武汉出版社,2014.

[48] [美]罗威廉.汉口:一个中国城市的冲突和社区:1796—1895[M].鲁西奇,罗杜芳,译.北京:中国人民大学出版社,2016.

[49] [美]罗威廉.汉口:一个中国城市的商业和社会:1796—1889[M].江溶,鲁西奇,译.北京:中国人民大学出版社,2016.

期刊论文

[50] 王鲁明.观念的悬隔——近代中西建筑文化融合的两种途径[J].新建筑,2006(05):54-58.

[51] 胡戎睿,胡绍学.关于武汉近代建筑遗产保护与再利用问题的思考[J].建筑学报,2007(05):15-18.

[52] 陈晶,殷炜,谭刚毅,等.近代汉口租界建筑风格演替及保护——兼议名城保护中建筑样本的多样性及空间存续关系[J].中国名城,2009(12):38-45.

[53] 申洁,许泽凤,林珑等.城市文化传承视角下对历史建筑保护的思考——以武汉近代历史居住建筑为例[J].中外建筑,2010(11):65-68.

[54] 蒋梁鹏,杨昌鸣,李湘桔等.近现代历史建筑保护更新模式探析[J].建筑学报,2012(S2):76-79.

[55] 肖伟,王祥.武汉近代建筑遗产的传承与发展[J].建筑学报,2012(09):113-115.

[56] 杨一帆. 中国近代的建筑保护与再利用[J]. 建筑学报,2012(10):83-87.

[57] 徐宗武,杨昌鸣,王锦辉,等."有机更新"与"动态保护"——近代历史建筑保护与修复理念研究[J]. 建筑学报,2015(S1):242-244.

学术论文

[58] 马超. 旧建筑内部空间改造再利用研究[D]. 天津:天津大学,2003.

[59] 陈蔚. 我国建筑遗产保护理论和方法研究[D]. 重庆:重庆大学,2006.

[60] 刘霞. 汉口原租界区近代住宅居住环境改善研究——关注弱势居住群体、保护建筑及城市特色[D]. 武汉:华中科技大学,2006.

[61] 李奇伟. 汉口法租界历史性建筑保护与再利用研究[D]. 武汉:华中科技大学,2006.

[62] 张倩倩. 汉口英租界近代砖砌建筑保护与再利用研究[D]. 武汉:华中科技大学,2007.

[63] 刘利钊. 近代建筑内部空间保护与再利用研究——以上海地区为例[D]. 西安:西安建筑科技大学,2012.

[64] 熊贝妮. 武汉旧城住区更新研究——以汉口原租界住区为例[D]. 天津:天津大学,2016.

英文文献

[65] Thomas W Blakiston. Five Months on the Yang-Tsze[M]. London:John Murray,1862.

[66] Macdonald Stephenson. Railways in China[M]. London:J. E. Adlard, Barthol o mew Close,1864.

[67] Presented to both House of Parliament. Reports from the Foreign Commissioners atthe Various Ports in China for the year 1865[R]. London: Harrison and Sons,1867.

[68] Augustus Raymond Margary. Notes of a Journey from Hankowto Ta-Li Fu [M]. Shanghai:F & C,Walsh,1875.

[69] Shanghai House Assessment Schedule: for the settlements north of theYang-King-Pang[R]. Shanghai:Celestian Empire Office,1876.

[70] S Wells Williams. The Middle Kingdom[M]. New York:Charles Scribner's Sons,1883.

[71] Mrs Bryson. Child Life in Chinese Homes[M]. London: The Religious

Tract Society,1885.

[72] Gordon Cumming. Wanderings in China[M]. Edinburgh and London: W, Blackwood and Sons,1886.

[73] Schroeter H. The trade of the province of Kwang-Si and of the city of Woo-Chow-foo,a treaty-port of the future; being an appendix to "Bericht über eine Reise nach Kwang-Si"[M]. Canton:E-Shing Printing Office,1887.

[74] China Customs Gazette. Imperial Maritime Customs[R]. Shanghai,1887.

[75] China Customs Gazette. Imperial Maritime Custom[R]. Shanghai: The Anspecto rs General of Customs,1888.

[76] John Crerar. Non Est Mortvvs Qvi Scientiam Ydicavit[M]. Chicago: The John Crerar Library,1894.

[77] Philadelphia Commercial Museum. Prospectus of United States Commercial Commission to China[S]. Philadelphia,1898.

[78] Mrs J F Bishop. The Yangtze Valley and Beyond[M]. London: John Murray,1899.

[79] Lord Charles Beresford. The Break-up of China[M]. New York and Londo n:Harper & Brothers,1899.

[80] University of California. Classified Catalogue of Books,Pamphlets,Maps,Views, &c. Relating to Asia[M]. London:83,High Street,Marylebone,1900.

[81] Eliza Ruhamah Scidmore. China The Long-Lived Empire[M]. New York: The century Co,1900.

[82] Clive Bigham. A year in China, 1899-1900[M]. New York: Macmillan company,1901.

[83] Captain F Brinkley. Its History,Arts,and Literature[M]. Boston Tokyo:J B Millet Company,1902.

[84] Imperial Maritime Customs Names of places on the Chinacoast and the Yangtze River[R]. Shanghai:Statistical Dept. of the Inspectorate General of Customs,1904.

[85] Mrs Archibald Little. Round about My"Peking Garden"[M]. London: T, Fisher Unwin,1905.

[86] Diplomatic and Consular Reports report:trade of Kiukiang for the year 1904 [R]. London:H M Stationery Office,1905.

[87] Arnold Wright. Twentieth century impressions of Hongkong, Shanghai, and

other treaty ports of China: their history, people, commerce, industries, and resources[M]. London:Lloyds Greater Britain publishing Company,1908.

[88] Hosea Ballou Morse. The trade and administration of the Chinese empire [M]. London:Hazzil,Watson and Viney,1908.

[89] M Kennelly. L Richard's Comprehensive Geography of the Chinese Empire and Dependencies[M]. Shanghai:T'Usewei Press,1908.

[90] Samuel Merwin. Drugging anation: The Story of China and the Opium Curse[M]. New York:Fleming H. Revell Company,1908.

[91] Bernard Upward. The sons of Han:Stories of Chinese lifeand mission work [M]. London:Missionary Society,1908.

[92] Imperial Maritime Customs Service list[Z]. Shanghai:Statistical Dept. of the Inspectorate General. Shanghai,1909.

[93] Edward C Perkins. A glimpse of the heart of China[M]. New York: Fleming H Revell company,1911.

[94] Associated chambers of commerce of the Pacific coast. A visit to China; being the report of the commercial commissioners from the Associated Chambers of Commerce of the Pacific Coast, invited to China by Chambers of Commerce of that Country, September-October1910[R]. San Francisco Cal,1911.

[95] Hankow Daily News. Dairy of the revolution[N]. Hankow:Hankow Daily News,1911.

[96] Robert Dollar. Private diary of Robert Dollar on his recent visits to China [M]. San Francisco:W,S,Van Gott & CO,1912.

[97] Edward Alsworth Ross. The Changing Chinese[M]. New York: The Century Co,1912.

[98] Percy Horace Kent. The passing of the Manchus[M]. New York: Longmans & Green,1912.

[99] The China year book[M]. Shanghai:North China Daily News & Herald, 1912-1939.

[100] Carl Crow. The traveler's handbook for China(including HongKong) [M]. San Francisco:San Francisco News,1913.

[101] Charles William Wason. The China Year Book[M],1914.

[102] Elizabeth Cooper. My lady of the Chinese Courtyard[M]. New York:

Frederi ck A. Stokes Company,1914.

[103] Edith Hart, Lucy C Sturgis. Chin Hsing in China[M]. New York:The Domestic and Foreign Missionary Society,1914.

[104] Supplement to Commerce Reports[R]. Washington D. C: Bureau of Foreign and Domestic Commerce,1917.

[105] Archie Bell. The Spell of China[M]. Boston:The Page Company,1917.

[106] The North-China Desk Hong List[Z]. Shanghai:Andrdws & George,1917.

[107] Irwin Harrisons & Grosfield. China[M]. New York:Irwin-Harrisons & Grosfield,1919.

[108] T Kawata. Glimpses of China[M]. Tokyo: The Hakubunkwan Printing Co. ,1921.

[109] Chinese & American Engineers. Journal of the Association Chinese & American Engineers[J]. Tientsin:Tientsin Press,1921.

[110] Ministry of Communications. Chinese Government Railways Traveller's Guide[J]. Peking:Ministry of Communications,1922.

[111] Stanley V Boxer. The story of a Chinese Scout[M]. Westminster:London Missionary Society,1922.

[112] L Newton Hayes. The Chinese Dragon[M]. Shanghai:Commercial press Limited,1923.

[113] Louise Crane. China in Sign and Symbol[M]. Shanghai:Kelly & Walsh, LTD,1926.

[114] Lieut Colonel. The Crisis in China[M]. Boston: Little, Brown, and Company, 1927.

[115] Anna Louis Strong. China's Millions[M]. New York:Coward-Mccann, Inc,1928.

[116] Gerald H Moye. The High Lights of Chinese History[M]. Chicago Chinatow n:Ling Long Museum,1933.

[117] Naval IntelligenceDivision. China Proper[M]. Great Britain: Naval Intelligence Division,1945.

[118] Kevin Lynch. Image of the City[M]. Cambrige:MIT Press,1960.

[119] Mumford Lewis. The City in History:Its Origins,its Transformation,and its Prospects[M]. Cambrige:Harcourt Brace & World,1961.

[120] John L Coe. Huachung University[M]. New York: United Board of

Christian Higher Education in Asis,1962.

[121] Nigel Cameron,Carrington Goodrich. The Face of China:As Seen by Photo graphers & Travelers,1860-1912[M]. 1978.

[122] Mario Praz. An Illustrated History of Interior Decoration[M]. Thames & Hudson,1981.

[123] Jacobs J. The Death and Life of Great American Cities,1961[M]. England:Penguin Books Ltd,1984.

[124] Stephen White. John Thomson:A Window to the Orient[M]. New York:Thames and Hudson,1985.

[125] Alexander C. A New Theory of Urban Design[M]. New York:Oxford University Press,1987.

[126] Bernard M. Management guidelines for World Cultural Heritage Site[M]. Rome:ICCROM,1998.

[127] Fan Wen Bing. The Preservation and Renewal of Li nong Housings in Shanghai[M]. Japan:Architectural Institute of Japan,1998.

[128] Arthur Wilson,Walter Hines. The World's Work,Volume 28[M]. Nabu Press,2010.

[129] China. Hai Guan Zong Shui Wu si Shu,Quarterly Trade Returns Volume 157-160[R]. RareBooksClub,2012.

[130] China:International Settleme. Shanghai House Assessment Schedule:For The Settlements North Of The Yang-king-pang[R]. Sagwan Press,2015.

[131] Smith Arthur H. Chinese Characteristics[M]. New York,Chicago,Toronto:Fle ming H Revell Company.

[132] Robert Fortune. A Residence Among The Chinese:Inland,on the Coast,and at Sea[M].

[133] The China year book[M]. London:G,Routldge & Sons.

[134] B L Putnam Weale. The fight for the republic in China[M]. New York.

日文文献

[135] 汉口案内[M]. 三秀舍,1916.

[136] 在汉口帝国总领事馆辖区内事情[M]. 外务省通商局,1925.

[137] 浅居诚一. 日清汽船株式会社三十年史及追补[M]. 凸版印刷株式会社,1941.

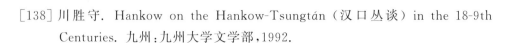

[138] 川胜守. Hankow on the Hankow-Tsungtán（汉口丛谈）in the 18-9th Centuries. 九州:九州大学文学部,1992.

德文文献

[139] Bruckmann, Meier-Graefe. Dekorative Kunst: illustrierte Zeitschrift für angewandte Kunst[M]. Bruckmann, München, 1899.

[140] Eugen Wolf. Meine wanderungun [M]. Stuttgart: Deutsche verlags-anstalt, 1901.

[141] Von Ernst Boerschmann. Die Baukunst und religiöse Kultur der Chinese nKawata, The talkansha[M]. Glimpses of China, Kelly Walsh Limted, Maruzen Kabu shiki Kaisha, 1921.

[142] Ernst Boerschmann. Baukunst und Landschaft in China[M]. Berlin: Verlag Von Ernst Wasmuth A, G, 1926.

[143] VonErnst Boerschmann. Die Baukunst und Religiöse Kultur der Chinese n [M]. Berlin und Leipzig: Verlag Von Walter de Gruyter & Co, 1931.

法文文献

[144] Aug Kuscinski. Voyage: A travers La Mongolie Et La Chine[M]. Paris: Libra irie Hachette Et C, 1883.

[145] Georges Maspero. Paris: La Chine[M]. Paris: Librairie Delagrave, 1925.

图片相册

[146] 保罗・尚皮翁. 中国与日本系列摄影集. 巴黎:A. Block, 1867Sons, 1867.

[147] John Thomson. Illustrations of China and Its People. London: Sampson Low, Marston, Low, and Searle, 1873.

[148] Adolf-Nikolay Boiarskii. Russian Scientific-Commercial Expedition to China. Russia, 1874-1875.

[149] 山本诚阳. 北清事变写真帖. 日本东京, 1901.

[150] 西德尼・D・甘博. 两次革命中的中国:西德尼・D・甘博拍摄的中国和她的人民. 1917—1927.

[151] 亚细亚大观. 亚细亚写真大观社出版, 1924—1940.

[152] 哈里森・福尔曼. 哈里森・福尔曼的中国摄影集, 1937.

[153]《武汉历史地图集》编委会. 武汉历史地图集. 北京:中国地图出版社, 1996.

[154] 广东省立中山图书馆. 旧粤百态:广东省立中山图书馆藏晚晴画报选辑. 北京:中国人民大学出版社,2008.

[155] 费尔曼·拉里贝. 清王朝的最后十年. 北京:九州出版社,2017.

[156] 菲利普·斯普鲁伊特. 比利时-中国:昔日之路(1870—1930). 北京:社会科学文献出版社,2023.

[157] 罗林·张伯伦. 中国地质考察摄影集.

档案

[158] LS031—005—0072—000 湖北省政府建设厅接收享宝轮船公司(机械厂). 湖北省档案馆.

[159] LS031—014—0528—0001 接收汉口美最时电厂. 湖北省档案馆.

[160] LS001—005—1208—0002 特一区一元路灌油路面预算图呈文. 湖北省档案馆.

[161] LS001—005—1209—0001 特一区二曜路水泥三合土路面预算图公函. 湖北省档案馆.

[162] LS001—005—1257—0002 特一区五福路四维路混凝土路工程预算. 湖北省档案馆.

[163] LS020—011—0681—0002 李国炳请租特一区码头后面基地批示. 湖北省档案馆.

[164] LS020—011—0981—0001 承租汉口市特一区一元路官产基地. 湖北省档案馆.

[165] LS080—001—0912—0035 美最时洋行旧址基地分配图. 湖北省档案馆.

[166] LS080—001—0374—0023 汉口德商美最时电厂设立及经营. 湖北省档案馆.

后　　记

《汉口原租界建筑装饰》用八年时间撰写完成，回想2015年暑假设计湖北省电力博物馆一层展厅，开始调研汉口原英租界历史建筑，到2016年申请教育部人文社会科学基金一般项目成功。2016—2020年多次去美国多所大学图书馆查阅汉口相关资料，以及2023年暑假去希腊、德国、意大利亲历欧洲古典建筑，研究工作一路辛苦并快乐。完成这本书是想让更多的人了解武汉近代历史建筑。无数次去汉口各地调研，无数次翻阅资料比较，探寻和记录老汉口成为我生活中的常态。感谢华中科技大学出版社的支持和共同努力，今年这本书最终出版。

感谢对本人调研给予大力支持的武汉市天时建筑工程有限公司总经理裘维亚先生、项目经理何园女士，一次次去巴公房子探秘、景明洋行找壁炉、保安洋行爬露台、麦加利银行看结构、咸安坊寻古井、跑马场上房顶……是你们的支持让我和研究生们了解到真实的建筑装饰与内部构造，拍摄到不为人知的照片。

感谢地方志专家王汗吾老师、董玉梅老师，收藏家刘文斌老师、昌庆旭老师，地图专家徐望生老师，湖北省档案馆王平老师，武汉警察博物馆余耀明先生，以及“汉网社区”热心公益的老师们，你们的无私赠与和亲切指导，让我看到百年前鲜活的汉口老照片、老地图、老物件，对地域性建筑文化有了更深入的理解。多次去窑头口寻觅古代窑址，探访八十六岁高龄的老窑匠王友才先生，一次次发现古砖的过程，也使研究更具有感人的真实性和学习的趣味性。

感谢华中科技大学建筑与城市规划学院的领导、同事，面对各类研究性问题的质疑与分析，能够给予我清晰的思路，在研究中尽情完善。感谢研究生汤佳、呼泽亮、白雨、汤若濛、姚孟、周思怡、方雪丽、夏良娟、徐含璐、程凯文、屈凡、郭野天、胡珺璇、黄婉、刘怡、许文慧、陈佳睿、张梦舒、牛海霖，修改你们的毕业论文过程使我对汉口不同类型的历史建筑知识点积累更深，并思考空间再改造与利用的有效方法。

感谢远在德国慕尼黑的涂琳同学，英国求学的米东阳同学，日本学习的姜紫钰同学，香港学习的吴昌昊同学，他们在各地帮助我寻找到珍贵的汉口文献和图像资料；感谢研究生吴雅贤、吕潇然、石乐衔、谢宇星、王钊宇、周运龙、姚逸凡、窦怡、岳子铭、徐聪、张思维、付燕妮、倪楚悦、黄月盈、李秋彤、万佳成在调研拍摄、测量绘图、整理资料、核实数据、修图制表等成书后期细致的工作。感谢师生共同努力，一起去湖北省档案馆、湖北省图书馆、武汉市地方志办公室查阅和校对资料，深深执着于汉口历史建筑的研究，激励自己不断思考与前行。

Postscripts

It takes me eight years to write the book of 《Architectural Decoration in the Original Concession in Hankou》. I recalled to begin the research of the historical buildings in the original Concession in Hankou with happy and hard all the way. I designed the first-floor exhibition hall of the Hubei Provincial Electric Power Museum in 2015. This is the first research the historical buildings in the original British Concession in Hankou. In 2016, I successfully applied for the Humanities and Social Sciences Fund General Project of the Ministry of Education. From 2016 to 2020, I went to many university libraries in the United States to collect information related to Hankou. In the summer of 2023, I went to Greece, Germany, and Italy to experience European classical architecture to compare with Hankou historical architectures. The purpose of completing this book is to let more people understand in the Republic of China era architecture of Hankow. I had gone to various places in Hankou countless times for research. This special experience has become a normal part of my life. Thanks for the support and joint efforts of Huazhong University of Science and Technology Press, this book was finally published this year.

I would like to thank Mr. Qiu Weiya, the general manager of Wuhan Tianshi Construction Engineering Co., Ltd. and Ms. He Yuan, the project manager, who have given strong support to my research. We went to Bagong Apartment to explore the secrets, Jingming Foreign Company to find the fireplaces, the Baoan foreign company to climb the roof terrace, visiting Macquarie Bank to see the building structure, visiting Xian′anfang to find Ancient Well, climbing the roof of the foreign Racecourse… It is your supports that allowed me and the graduate students to understand the real hiding architectural decoration and internal structure and take unknown photos.

Thanks local chroniclers Wang Hanwu and Dong Yumei, brick collectors

Liu Wenbin and Chang Qingxu, historical map collector Xu Wangsheng, Hubei Provincial Archives expert Wang Ping, Wuhan Police Museum curator Yu Yaoming, and the "Hanwang Community" enthusiastic teachers, your selfless grants and kind guidance have allowed me to see vivid old photos, old maps, and old objects of Hankou in the Repblic of China era. So, I have a deeper understanding of regional architectural culture in Hankou. I went to Yaotoukou many times to look for ancient kiln sites and visited the 86-year-old kiln master Wang Youcai. The process of discovering ancient bricks again and again made the research more touching , authentic and interesting to learn.

I would like to thank the leaders and colleagues of the School of Architecture and Urban Planning of Huazhong University of Science and Technology for giving me clear ideas and perfecting them in my research in the face of questioning and analysis of various research issues. Thanks to graduate students Tang Jia, Hu Zeliang, Bai Yu, Tang Ruomeng, Yao Meng, Zhou Siyi, Fang Xueli, Xia Liangjuan, Xu Hanlu, Cheng Kaiwen, Qu Fan, Guo Yetian, Hu Junxuan, Huang Wan, Liu Yi, Xu Wenhui, Chen Jiarui, Zhang Mengshu, Niu Hailin, for the revision. Your graduation thesis process enabled me to accumulate deeper knowledge about different types of historical buildings in Hankou, and to think about effective methods of space remodeling and utilization.

I would like to thank Tu Lin, a student in Munich, Germany, Mi Dongyang, a student studying in the UK, Jiang Ziyu, a student studying in Japan, and Wu Changhao, a student studying in Hong Kong. They helped me find precious Hankou documents and old image materials overseas;

I would like to thank my graduate students Wu Yaxian, Lv Xiaoran, Shi Leyan, Xie Yuxing, Wang Zhaoyu, Zhou Yunlong, Yao Yifan, Dou Yi, Yue Ziming, Xu Cong, Zhang Siwei, Fu Yanni, Ni Chuyue, Huang Yueying, Li Qiutong, Wan Jiacheng help me with material researching, photography, surveying, drawing, organizing data, verifying data, editing and making tables, etc. The post-production work is meticulous. Thanks for our joint efforts, students and I went to the Hubei Provincial Archives, Hubei Provincial Library, and Wuhan Local Chronicles Office to review and proofread materials. We were deeply committed to the research of Hankou's historical buildings and inspired ourselves to keep thinking and moving forward.